形状記憶合金産業利用技術

～基礎およびセンサ・アクチュエータの設計技法～

変形・変態挙動解析ソフト付

佐久間　俊雄
鈴木　　章彦
竹田　　悠二
山本　　隆栄

NTS

◎付録「変形・変態挙動解析ソフト」のダウンロードについて

「形状記憶合金 産業利用技術」ではご購入者様に限り、付録のソフトデータを
ダウンロードすることができます。ユーザー登録後、インターネットに接続さ
れたパソコン上から、弊社ホームページ内「デジふろ」サイトにてパスワード
を入力してください。なお、当サイト上のデータは著作権法により保護されて
おります。詳細については、当サイトのご利用規約をご覧ください。

◎ユーザー登録方法

以下の情報を記載の上、E-mailにて送信してください。折り返しURLとパスワー
ドをお知らせいたします。

宛　先：㈱エヌ・ティー・エス　営業部
E-mail：actuator@nts-book.co.jp

＊印は必須項目です。

1＊	商品シリアルナンバー（例：N786○○○○） ※書籍ケースの下部に記載してございます	
2＊	氏　名	
3＊	郵便番号	
4＊	住　所	
5＊	電話番号	
6＊	E-mail	
7	団体名	
8	所　属	

◎個人情報の取り扱い

個人情報の取り扱いについては下記アドレスに記載してございます。
http://www.nts-book.co.jp/kojin/index.html

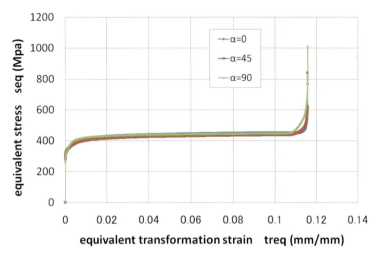

第Ⅱ部第2章図11（P.81）

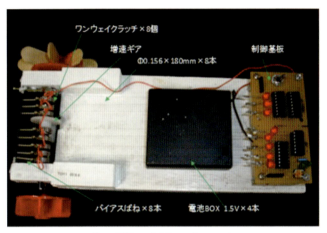

第Ⅳ部第1章図31（P.211）

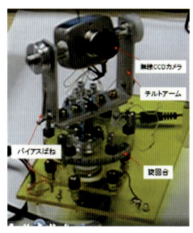

第Ⅳ部第1章図32（P.212）

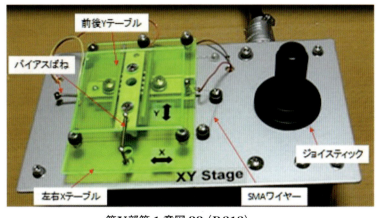

第Ⅳ部第1章図33（P.212）

—ⅲ—

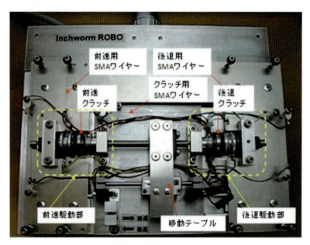

第Ⅳ部第1章図34（P.212）

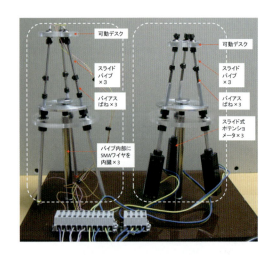

第Ⅳ部第1章図35（P.213）

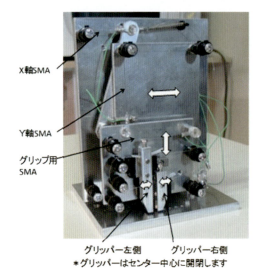

第Ⅳ部第1章図36（P.214）

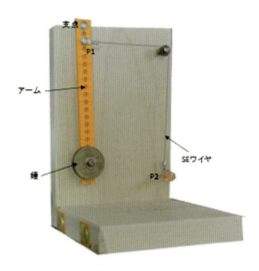

第Ⅳ部第2章図2（P.219）

—ⅳ—

序

　形状記憶合金はその特異な性質から工業，医療などさまざまな分野での応用が期待され，実用化もされている．なかでも，同合金を用いたアクチュエータは，その駆動方法が流体加熱あるいは通電加熱であり，機械的な駆動部分が少ないため，機械的・電気的なノイズがほとんど発生せず，また，システムもコンパクト化が可能であり，関心を寄せる研究者や技術者は多い．

　しかし，形状記憶合金の形状記憶効果や超弾性などの知識を有していても，システムを設計・製作するには種々の課題があり，実用化されているアクチュエータは少ないのが現状である．

　本書の特徴の概略を述べると，以下のようである．

・形状記憶合金を用いた排熱を駆動熱源とする熱エンジンや抵抗値をフィードバックして位置制御が可能な通電式アクチュエータ，および環境温度の変化や外部からの力による抵抗値の変化を温度・ひずみに変換してセンサとして使用する仕組みを，具体的に，かつ，わかり易く記述していること．

・精度のよいシミュレーション手法を提供することにより，材料の選定（形状・寸法等）やシステム設計を行う予備設計が可能であること．

・シミュレーションの基礎となる構成式が，従来から提案されている構成式に比べて必要となる材料定数や実験データが少なくてすむこと．

・材料定数や実験データの取得方法についても，具体的に記述していること．

　本書は，実用化に至っていない課題等を具体的に述べるとともにその解決策を示し，予備設計から製作までの道標を著したものであり，第Ⅰ部～第Ⅴ部で構成されている．

　第Ⅰ部では，形状記憶合金を利用したアクチュエータやセンサを設計・製作するために必要となる形状記憶合金の性質，すなわち形状記憶効果や超弾性の基本的な特性について記述している．尚，本書で取扱う形状記憶合金は，特性に優れ，かつ，材料メーカが供給可能な Ti-Ni 系合金を対象としている．

　形状記憶合金は，その特性を繰り返し利用できることが大きな特徴であるが，繰り返し使用後の特性変化を把握しておくことは，設計を行う上で重要である．そこで，加熱・冷却，負荷・除荷を繰り返したのちの回復力，形状回復量，変態温度の変化等について記述している．また，設計・製作者が所望する特性を発現させるための加工方法，熱処理方法についても記述しており，さらに，特性を評価する試験方法についても詳述している．

　第Ⅱ部では，形状記憶合金の実使用条件となる予変形や，加熱温度等に対する形状回復量や，回復力等の変形挙動をシミュレーションする手法を記述している．形状記憶合金の変態は，固有の変態面および変態方向において生じる．変態面および変態方向を合わせて変態システムと呼ぶことにすると，1つの結晶粒において24通りの変態システムがあり，与えられた力学的条件のもとで，多結晶形状記憶合金のそれぞれの結晶粒でどの変態システムが活性化するかは，内部エネルギが最小となるように決定される．形状記憶合金の変態におけるこのような作用を「アコモデーション」と呼ぶが，一定ひずみの仮説を用いることにより，これを数式

化したモデルがアコモデーションモデルである．またこのモデルは，材料の微視構造を参照するモデルであるため，変形計算に要する計算量が大きくなるが，これを簡略化した現象論的な構成式も合わせて提案している．ただし，簡略化したモデルにおいては，種々の応力／温度条件における変態ひずみ挙動のデータが必要となる．このデータは，実験によって取得する必要があるが，実験をすることが難しい条件におけるデータは，前述のアコモデーションモデルの計算結果により代用することができる．アコモデーションモデルによるシミュレーションについては，読者が解析ソフトを作成できるようその詳細を記述している．本書では，簡略モデルによる解析ソフトを提供しており，さまざまな設計条件に対する変形挙動が解析できる．

第Ⅲ部では，これまで形状記憶合金を利用したアクチュエータが実用化に至っていない理由・課題を具体的に述べ，その解決策を提示している．このために，実際に設計・製作した代表的な具体例を詳述し，読者が実際にアクチュエータを設計・製作する際の考え方，留意すべき点等が理解でき，具体例を参考に新たなアクチュエータを設計・製作できる内容となっている．

第Ⅳ部では，これまでほとんど応用例がないセンサとしての利用方法を含め，アクチュエータ・センサの設計マニュアルについて記述している．具体的には温度／ひずみセンサや振動センサとしての利用方法，考え方を提案している．このために，アクチュエータ・センサの作製に必須となる制御回路を例示し，かつ制御回路では抵抗値等の数値情報を可能な限り表記し，そのまま流用できる制御回路を提示してあり，読者の新たな発想を喚起し，さまざまな分野への応用開発の試作品が作製できるように記述してある．

第Ⅴ部では，本書の付録として提供する形状記憶合金の変形／変態シミュレーションプログラムについて記述している．本シミュレーションプログラムは，「第Ⅱ部　変形挙動を表すシミュレーション手法」の「3　現象論的構成式」で述べる計算手法に基づいており，4種類の材料定数と，最大10ステップまでの応力または温度の変動負荷の負荷条件を入力することによって，形状記憶合金の複雑な変形・変態挙動をシミュレーションすることができる．本書の理解の一助となるよう，ぜひ，ご活用いただきたい．

本書の読者としては，企業で応用開発に携わる技術者およびスマートシステム，マイクロマシン，医療用器具の開発者等の多方面の研究・開発者，ならびに大学の機械系，電気系，材料系，医工連系の学生，教員を想定している．形状記憶合金の産業から医用までの幅広い分野への応用拡大の中で，本書の必要性は極めて高いものと確信する．

終わりに，本書の出版を快諾され，種々のご高配を賜りました株式会社エヌ・ティー・エスの吉田隆社長をはじめ各位のご協力に深く感謝する次第である．

2016年7月

執筆者一同
佐久間　俊雄，鈴木　章彦，竹田　悠二，山本　隆栄
（50音順）

❖❖❖ 著者略歴（執筆順） ❖❖❖

第Ⅰ部　第Ⅲ部

佐久間　俊雄　Toshio Sakuma（工学博士）

昭和 51 年 3 月　東京工業大学大学院修了
昭和 51 年 4 月　財団法人　電力中央研究所
平成 17 年 4 月　大分大学工学部教授
現　　　　在　同大学客員教授
専　門　分　野：熱工学，材料科学，セラミックス

第Ⅱ部

鈴木　章彦　Akihiko Suzuki（工学博士）

昭和 50 年 3 月　東京大学大学院修了
昭和 50 年 5 月　石川島播磨重工業株式会社技術研究所
平成 15 年 10 月　埼玉大学大学院教授
平成 21 年 4 月　大分大学客員教授
現　　　　在　株式会社ベストマテリア
専　門　分　野：材料力学、計算力学，セラミックス強度評価

第Ⅳ部

竹田　悠二　Yuji Takeda

昭和 39 年 3 月　中央大学理工学部電気科
昭和 39 年 4 月　東京芝浦電気株式会社放送機事業部放送機課
昭和 43 年 4 月　電子技巧株式会社設立
昭和 49 年 6 月　東京新電機株式会社
平成 12 年 1 月　タケ研（個人事業所）設立、現在に至る
専　門　分　野：メカトロニクス設計・製作

第Ⅴ部　ソフトウェア

山本　隆栄　Takaei Yamamoto（博士（工学））

平成 9 年 3 月　立命館大学大学院理工学研究科博士課程単位取得退学
平成 9 年 4 月　大分大学工学部生産システム工学科　助手
平成 19 年 4 月　大分大学工学部機械・エネルギーシステム工学科　助教，現在に至る
専　門　分　野：材料強度学

目　次

第 I 部　形状記憶合金の特性　　　　　　　　　　　　　　　　佐久間　俊雄

はじめに ･･ 3

第 1 章　形状記憶合金の種類と性質

1　形状記憶合金の種類 ･･･ 4
　1.1　Ti-Ni 合金 ･･ 4
　1.2　Ti-Ni-Cu 合金 ･･ 4
　1.3　銅，鉄系合金 ･･ 5
　1.4　その他の合金 ･･ 5
2　応用例 ･･･ 6
　2.1　利用方法 ･･ 6
　2.2　回復力の温度感受性 ･･････････････････････････････････････ 6
　2.3　変態温度ヒステリシス ･･･････････････････････････････････ 7
　2.4　変態応力ヒステリシス ･･･････････････････････････････････ 8
　2.5　低弾性係数 ･･･ 8

第 2 章　マルテンサイト変態と形状記憶特性

1　形状記憶効果と超弾性のメカニズム ･･･････････････････････････ 10
2　二方向形状記憶効果 ･･ 12
　2.1　熱・力学サイクル特性 ･･････････････････････････････････ 13
　2.2　塑性ひずみ / 残留マルテンサイト相分率 ･･･････････････ 14
　2.3　負荷ひずみと加熱温度 ･･････････････････････････････････ 15

第 3 章　変態温度に及ぼす因子

1　合金組成 ･･ 18
2　冷間加工 ･･･ 19
3　記憶処理温度 ･･ 20
4　時効処理 ･･･ 21
5　予変形 ･･･ 22
6　繰返し特性 ･･･ 24

第 4 章　熱・力学的特性

1　回復応力と変形応力 ･･ 27

2 形状回復ひずみと残留（非回復）ひずみ ··· 32

3 繰返しにともなう変化 ··· 35

4 疲労寿命 ··· 38

第5章 電気的特性

1 電気抵抗—温度，ひずみ関係 ·· 44

2 比抵抗に及ぼす加工，熱処理 ·· 45

3 一定温度下における比抵抗 ··· 46

第6章 特性評価試験法

1 変態温度（無応力下における測定方法）··· 49

2 機械的性質の測定 ··· 50

3 予ひずみ付与下における測定 ·· 51

   3.1 ひずみ非拘束加熱 ··· 51

   3.2 ひずみ拘束加熱 ·· 52

   3.3 二方向ひずみ ·· 53

4 変態限界応力—温度関係の測定方法 ··· 54

5 電気抵抗の測定方法 ··· 54

第Ⅱ部 変形挙動を表わすシミュレーション手法　　　　　　鈴木　章彦

はじめに ··· 59

第1章 形状記憶合金変態挙動

1 変態の微視的様相 ··· 60

2 形状記憶効果および超弾性挙動のメカニズム ·· 62

第2章 微視的変形・変態機構を考慮した構成式モデル

1 材料の微視構造 ··· 64

2 アコモデーションモデル ·· 64

3 結晶粒方位および体積分率と部分要素の体積分率 ······································ 66

4 変態条件 ·· 68

   4.1 変態駆動力 ··· 68

   4.2 変態条件 ··· 68

   4.3 逆変態条件 ··· 69

   4.4 再配列条件 ··· 69

   4.5 変態応力の温度依存性 ·· 70

| 5 | アコモデーションモデルの定式化 | 70 |

6	計算手順	74
6.1	負荷条件としてひずみ経路（および温度経路）が与えられる場合	74
6.2	負荷条件として応力経路（および温度経路）が与えられる場合	75

7 材料定数 …………………………………………………………………………………… 76

7.1 晶癖面および変態方向 ……………………………………………………………… 76

7.2 変態固有ひずみ …………………………………………………………………… 76

7.3 弾性定数 …………………………………………………………………………… 76

7.4 変態応力および逆変態応力の温度依存性およびマルテンサイト再配列バリア応力 …… 76

8 アコモデーションモデルの応答計算例 ………………………………………………… 77

8.1 超弾性挙動 …………………………………………………………………………… 78

8.2 形状記憶効果 ………………………………………………………………………… 79

8.3 多軸応力場における解析・比例負荷 ……………………………………………… 80

8.4 多軸応力場における解析・非比例負荷 …………………………………………… 82

第3章　現象論的構成式

1 背　景 ……………………………………………………………………………………… 84

2 等応力モデル ……………………………………………………………………………… 84

2.1 等応力モデルの概要 ……………………………………………………………… 84

2.2 変態および逆変態の評価における Mises の相当応力 …………………………… 85

2.3 応力誘起変態および温度誘起変態 ………………………………………………… 85

2.4 変態限界応力の温度依存性 ………………………………………………………… 86

2.5 エレメントおよびサブエレメントの応力誘起変態特性 ………………………… 87

2.6 等応力モデルの定式化 ……………………………………………………………… 91

2.7 計算手順 …………………………………………………………………………… 95

2.8 等応力モデルに必要な材料定数 …………………………………………………… 96

2.9 等応力モデルの応答計算例 ………………………………………………………… 97

3 その他のモデル …………………………………………………………………………… 101

3.1 田中のモデル ………………………………………………………………………… 101

3.2 徳田のモデル ………………………………………………………………………… 102

3.3 Brinson らのモデル ………………………………………………………………… 104

3.4 Yu らのモデル ……………………………………………………………………… 108

【付　録】　座標変換

1 テンソルの座標変換 ……………………………………………………………………… 113

2 結晶粒系のひずみおよび応力と変態システム系のひずみおよび応力の変換 ………… 114

3 マクロ座標系のひずみおよび応力と結晶粒座標系のひずみおよび応力の変換 ……… 116

| 第Ⅲ部 | アクチュエータの設計 | 佐久間　俊雄 |

はじめに･･･ 121

第1章　形状記憶合金のアクチュエータ等への利用方法

1　形状記憶合金とバイアスばねの連結 ････････････････････････････････････ 122

2　形状記憶合金の拮抗型連結 ･･ 124

3　アクチュエータの応答性向上対策 ･･･････････････････････････････････････ 124

 3.1　逆変態開始 / 終了温度差 ･･ 125

 3.2　変態温度ヒステリシス ･･･ 127

 3.3　逆変態温度上昇分 ･･･ 127

第2章　エネルギ変換素子としての応用

1　低温廃熱エネルギの賦存量とその活用技術 ･･････････････････････････････ 129

2　低温廃熱エネルギの利用効率 ･･･ 129

3　形状記憶合金のエネルギ変換素子としての利用 ･････････････････････････ 131

 3.1　超弾性を利用したエネルギ貯蔵 ･････････････････････････････････････ 131

 3.2　形状記憶効果を利用したエネルギ変換 ･･･････････････････････････････ 133

4　熱エンジン ･･ 134

 4.1　これまでに提案されている熱エンジンの種類と特徴 ･･･････････････ 134

 4.2　熱エンジンの作動原理 ･･･ 136

 4.3　エンジン出力に及ぼす影響因子 ･････････････････････････････････････ 137

 4.4　繰返し特性と素子の疲労寿命 ･･･････････････････････････････････････ 141

 4.5　素子破断に至るまでの仕事量 ･･･････････････････････････････････････ 143

5　形状記憶合金のエネルギ変換効率 ･･･････････････････････････････････････ 144

第3章　形状記憶合金を利用したエネルギ変換システムの設計

1　システム構成 ･･･ 146

2　システム設計 ･･･ 147

 2.1　基本仕様 ･･ 147

 2.2　変換素子数 ･･･ 150

 2.3　廃熱量 ･･ 151

 2.4　熱効率 ･･ 151

3　低温廃熱からの回収動力の試算 ･･･ 152

4　変換システムの発電コスト ･･ 154

5　課題と展望 ･･･ 154

 5.1　変換システムの開発について ･･･････････････････････････････････････ 154

－xii－

5.2　変換素子について ・・158

第4章　形状記憶合金を利用したパイプ継手の設計

1　継手（リング）の設計・製作手順・・・・・・・・・・・・・・・・・・・・・・・・・・・・・・・・・・・・163
2　継手素材の選定 ・・164
　　2.1　合金組成 ・・164
　　2.2　変態温度 ・・164
　　2.3　機械的性質 ・・167
　　2.4　熱力学特性 ・・170
3　継手の製作 ・・174
　　3.1　熱間加工 ・・174
　　3.2　特性評価 ・・176
　　3.3　時効処理 ・・179
4　拡　管 ・・182
5　性能検査 ・・182
　　5.1　継手施工性の確認試験 ・・・・・・・・・・・・・・・・・・・・・・・・・・・・・・・・・・・・・・・182
　　5.2　引抜試験 ・・183
　　5.3　疲労試験 ・・184

第Ⅳ部　アクチュエータ・センサの設計マニュアル　　　　　　　竹田　悠二

はじめに・・・187

第1章　位置制御システム

1　一方向性と二方向性の形状記憶合金の相違点について ・・・・・・・・・・・・・・・・・・188
2　抵抗値とひずみとの関係 ・・・190
3　SMAワイヤを用いたアクチュエータの位置決め制御方式・・・・・・・・・・・・・・・・・191
　　3.1　通電加熱の基本 ・・・191
　　3.2　印加電圧の可変方法 ・・192
　　3.3　SMAワイヤ駆動のアクチュエータをサーボ化するには ・・・・・・・・・・・・・・194
　　3.4　抵抗値の変化をフィードバックして位置制御するには ・・・・・・・・・・・・・・・195
　　3.5　計装アンプを用いた位置制御方法 ・・・・・・・・・・・・・・・・・・・・・・・・・・・・・195
　　3.6　パワー駆動部をPWMで制御する方法 ・・・・・・・・・・・・・・・・・・・・・・・・・・197
　　3.7　力（推力，トルク）の制御方法・・・・・・・・・・・・・・・・・・・・・・・・・・・・・・・197
　　3.8　外部センサを用いた位置制御方法 ・・・・・・・・・・・・・・・・・・・・・・・・・・・・・199
　　3.9　SMAワイヤの拮抗制御方式 ・・・・・・・・・・・・・・・・・・・・・・・・・・・・・・・・・・199
　　3.10　位置制御システムの制御特性 ・・・・・・・・・・・・・・・・・・・・・・・・・・・・・・・・203

－xiii－

3.11　SMA ワイヤで動くモデル例 ・・209

第2章　1本の形状記憶合金線で温度とひずみを検知するセンサ

　1　検知原理 ・・・216

　2　回路図 ・・・216

　3　応用への展望 ・・217

第3章　超弾性 SMA をセンサとして使う方法

　1　SE ワイヤを用いた振動検知機構と原理・・・・・・・・・・・・・・・・・・・・・・・・・・・・・・・・・・218

　2　回路図 ・・・220

　3　応用への展望 ・・221

第4章　マクロ的ひずみセンサ

　1　マクロ的ひずみとは ・・・222

　2　ひずみセンサとして使用した場合の力の方向によるひずみ量の違い ・・・・・・・・222

　3　建造物のひずみを SE ワイヤで測定した場合 ・・・・・・・・・・・・・・・・・・・・・・・・・・・・・・223

　4　回路図 ・・・224

　5　SE ワイヤを直線ひずみとして使用するマクロ的ひずみセンサ・・・・・・・・・・・・・・224

　6　応用への展望 ・・224

第V部　シミュレーションプログラム　　　　　　　　　　　　　　山本　隆栄

はじめに・・・229

付録ソフトデータマニュアル

　1　解析作業の流れ ・・・230

　2　入力データの作成 ・・・230

　　2.1　材料定数 ・・・230

　　2.2　初期温度 ・・・232

　　2.3　負荷条件 ・・・232

　3　解析計算 ・・234

　4　結果の評価 ・・・235

索　引

第Ⅰ部

形状状記憶合金の特性

佐久間　俊雄

はじめに
第1章　形状記憶合金の種類と性質
第2章　マルテンサイト変態と形状記憶特性
第3章　変態温度に及ぼす因子
第4章　熱・力学的特性
第5章　電気的特性
第6章　特性評価試験法

はじめに

　スマートシステムの開発が，将来の産業基盤の構築に不可欠なものとして注目されており，スマート材料の中で最も開発が進んでいるものの1つが，形状記憶合金である．

　形状記憶合金（shape memory alloy，以下，SMAと略称で記す）は，1951年にAu-Cdにおいて初めて見出され，1963年にTi-Ni合金が発見されてから実用化への期待が大きくなった．特に，Ti-Ni系合金は，機械的特性，疲労特性，耐食性および生体適合性等が良好であるため最も実用化が進んでいる材料の1つで，各種の産業機器，エネルギ機器，医療機器，民生用などさまざまな分野への応用が進んでいる[1)6)]．

　第1章では，SMAの種類とその特性等について概要を述べ，応用例について概略を紹介する．第2章以降では，SMAの性質を詳細に述べ，またその特性に深くかかわる加工・熱処理等について詳述する．

第 I 部　形状記憶合金の特性

第 1 章
形状記憶合金の種類と性質

1　形状記憶合金の種類

　発見されている多くの合金のなかで，特性，加工性，経済性等の面から実用化されているのは，Ti-Ni 系合金，Cu-Zn-Al 合金および特殊用途に鉄系合金である．そのなかでも，繰り返し変形する形で使用されているのは，Ti-Ni 系合金と Cu-Zn-Al 合金である．

　強度，耐久性，信頼性の面で Ti-Ni 系合金が優れており，実用化も広い範囲で試みられている．Cu-Zn-Al 合金は，冷間における加工性はあまりよくなく，回復力が Ti-Ni 合金に比べて小さい．しかし，特殊な加工熱処理により二方向性が発現できるため，ある種の応用では極めて有効である．

1.1　Ti-Ni 合金

　Ti-Ni 合金の変態温度は，熱処理温度により異なるが，Ni 量が 0.1 mol% 変化すると逆変態終了温度が約 10 K 程変化する．また，Ni または Ti を他の元素で置換しても変化する[7]．さらに，少量の添加元素によっても変化する．バナジウム，クロム，鉄などの元素を添加すると，変態開始温度は低下する[1]．Ni 濃度が 50.6 mol% 以上の試料では，時効により Ti_3Ni_4 の析出物が形成される．この時効析出物はすべり応力を高める効果があり，繰返しにともなう機能劣化を抑制することができる[8]．

　Ti-Ni 合金の変態で特殊な条件下で発現するものに，R 相変態と呼ばれる現象がある．この現象は，他の形状記憶合金には存在しない Ti-Ni 合金固有のものである．Ti-Ni 合金に数% 程度の鉄などの第 3 元素を添加するか，Ti-Ni 合金を強加工して加工硬化させたのち，673〜773 K の温度で加熱すると現れる．結晶構造上，利用できるひずみは約 0.8% であるが，ヒステリシスの幅が 2 K 程度であり，マルテンサイト（M）相変態の 20〜40 K に比べて小さく，機能特性は繰返しによってほとんど変化しない．

1.2　Ti-Ni-Cu 合金

　Ti-Ni-Cu の 3 元素合金は，Ti-Ni 合金の母相（オーステナイト相）⇔R 相変態を利用する場合と，母相⇔マルテンサイト相変態を利用する場合の，中間的な特性を示す．Cu 濃度が約 7.5 mol% 以下[9]では，Ti-Ni 合金と同様に単斜晶構造のマルテンサイト相変態をするが，7.5 mol% 以上になると斜方晶—単斜晶と 2 段階の変態をする．さらに，15 mol% 以上の Cu 濃度になると，斜方晶のみの 1 段の変態[10]のみとなるとともに，加工性が極めて悪くなる．

　変態温度は，図 1[11]に示すように，Cu 濃度が 7.5 mol% 以下では，逆変態終了温度（A_f 点），

—4—

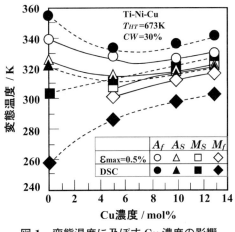
図1 変態温度に及ぼすCu濃度の影響

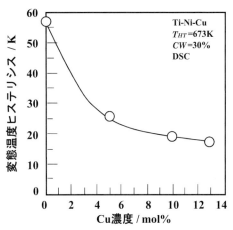
図2 変態温度ヒステリシスに及ぼすCu濃度の影響

逆変態開始温度（A_s点）はCu濃度の増加にともない低下し，7.5 mol%以上では逆に上昇する．一方，変態開始温度（M_s点）および変態終了温度（M_f点）は，Cu濃度の増加に対して一様に上昇する．また，変態温度ヒステリシスは，図2[12]に示すように，Cuを添加するとTi-Ni合金に比べて約1/3と小さくなる．したがって，アクチュエータなど形状記憶特性を利用する機器は，小温度差で作動し，温度応答性が向上するなどの利点がある．

1.3 銅，鉄系合金

銅系形状記憶合金は，Cu-Al-Ni合金，Cu-Zn-Al合金およびこれらに第4，第5の微量元素を添加したものなどがある[13]．製造コストが安く，熱伝導率が大きいため温度応答性に優れている．しかし，Ti-Ni系合金と比較すると，形状記憶特性や疲労特性に劣る．銅系合金は熱処理に敏感であり，焼入れ速度によって形状記憶効果や超弾性の特性が変化する．また，母相の結晶粒が粗大化しやすく，すべり変形しにくいため，粒界破壊が起きやすく疲労特性がよくない．

粒界破壊を抑制するために，Tiなどを微量添加する方法や，粉末冶金法などによる合金結晶粒の微細化が試行されている[14]．Cu-Zn-Alに微量のVを添加すると，結晶粒の粗大化が抑制され，形状記憶特性や加工性が向上すると報告されている[15]．

鉄系合金では，パイプ継手などにFe-Mn-Si系の合金が，限定された用途で実用化されている．この合金は，マルテンサイト相が応力誘起により生成された場合には形状記憶効果が現れ，加工性も良好である．また，同様な用途を目指して，耐食性に優れたステンレス系の合金も開発されている[16]．

1.4 その他の合金

Ti-Ni系合金は，形状記憶特性や繰返し特性などに優れているが，熱伝導率が小さいため温度応答性が悪い．形状記憶特性を利用するためには加熱・冷却を行う必要があるが，合金の熱伝導率の大きさが温度応答性を左右し，熱駆動形では応答速度に限界がある．

第Ⅰ部　形状記憶合金の特性

　これに対して，磁場駆動形の強磁性形状記憶合金が注目を浴びている．磁場駆動形形状記憶合金として，Ni-Mn-Ga，Fe-Pd，Fe-Pt などの合金系であるが，脆いこと，変態温度が非常に低いことなどの欠点がある．このため，延性があり変態温度の高い（室温程度）合金開発が，活発に行われている．

2　応用例

2.1　利用方法

　形状記憶合金の応用分野は，生活関連機器から医療分野まで多岐にわたっている．いずれも形状記憶効果，超弾性あるいは両者を組み合わせた使い方など，形状記憶合金の性質を利用したものであり，形状はコイルあるいは線材がほとんどである．実用化の試みがなされているのは，機器の自動化を目標としたアクチュエータとしての利用である．自動化機器へ応用する場合はバイアスばねと併用して形状記憶合金を利用するのが一般的である．形状記憶合金が有する熱的，機械的性質の観点から，以下のように分類される．

　①回復力の温度感受性

　②変態温度ヒステリシス

　③変態応力ヒステリシス

　④低弾性係数

　以下では，上記の4分類に基づいて実際の応用例をみることにする．

2.2　回復力の温度感受性

　形状記憶合金に一定量のひずみを与え，ひずみ拘束の状態で A_s 点以上に加熱すると回復力が発生する．このとき発生する回復力は，温度に対して非常に敏感であり，線材の場合では温度が1 K 上昇すると5 MPa 以上の応力が増大する．温度に対する回復力は，合金の記憶熱処理によって調整でき，逆変態開始温度と終了温度の差 $\Delta A\,(=A_f-A_s)$ および変態温度の差 $\Delta M\,(=M_s-M_f)$ は，図3[17] に示すように記憶処理温度を高くするほど小さくすることができる．したがって，変態温度差 ΔA，ΔM を小さくすれば，温度変化に対する回復力の変化が大きくなる．

　このように，形状記憶合金は温度に対して敏感に応答するため，温度センサとして利用することができ，過熱報知標識（線材利用），火災報知機（板材利用）や灰皿消火機構（板材利用）などが実用化されている．

　温度に対するセンサ機能とアクチュエータ機能を活用したものが，バルブである．その代表的なものが，混合水栓である．従来のワックスタイプの混合水栓は，パラフィン系のワックスをゴム製のダイヤフラムで閉じ込め，温度変化による固体―液体の相変化にともなう体積膨張で作動する．熱伝導率が小さいため反応速度が遅く，温度微調整時に湯温のオーバーシュートが起こることがあったが，ワックスに代えて形状記憶合金（コイルばね）にすることにより，オーバーシュートは人が感じないほどに小さくなっている．このように，形状記憶合金コイルとバイアスばねを組み合わせたバルブは，浄水器，アルカリイオン生成器用の各種のバルブ，風呂用流路切替バルブ，炊飯器，コーヒーメーカ，新幹線の油量調整などに応用されている．また，バルブ

－6－

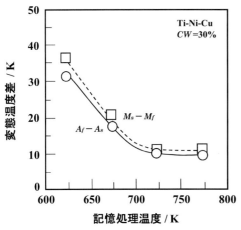
図3 変態温度差に及ぼす記憶処理温度の影響

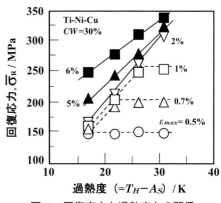
図4 回復応力と過熱度との関係

以外ではエアコンや換気口の開閉機構等に応用されている．

形状記憶合金の回復力は，加熱して温度が A_s 点を超えると発生し，A_f 点に至るまではほぼ線形的に増大する．A_f 点以上に加熱しても回復力は増大しない．図4[18]に示す加熱・冷却，負荷・除荷を繰り返し行ったときの平均回復応力 $\bar{\sigma}_R$ と過熱度（加熱温度 $T_H - A_s$ 点）との関係からわかるように，数十度の昇温で大きな回復応力が得られる．この逆変態にともない発生する形状回復力を利用したものに，岩石破砕機[19]がある．都市近郊のトンネル掘削やビル解体などの建設土木工事では，環境対策上ダイナマイトを使わない無発破工法が不可欠である．現在，岩石破砕工法は，人力による楔の打込み，膨張性セメント，油圧ジャッキなどの方法で行われているが，作業性等に課題がある．このため，形状記憶合金の形状回復力を利用して，岩石を破砕しようとすることが試みられている．岩石の引張強度は最大 20 MPa 程度であるため，形状記憶合金の回復力での破砕が十分可能である．

2.3 変態温度ヒステリシス

形状記憶特性を繰返し利用するためには加熱・冷却を繰り返す必要がある．したがって，一般的には変態温度ヒステリシス（$= A_f - M_s$）は小さいことが望ましく，ヒステリシスが小さくなると温度応答性が向上するとともに，小温度差での作動が可能となる．例えば，第Ⅲ部で述べる熱エンジンなど，形状記憶合金をエネルギ変換素子として利用する場合などは，ヒステリシスが小さいほど熱エネルギを力学エネルギに変換するうえで有効である．また，アクチュエータへの利用においても有効である．通電加熱，自然冷却とする場合が多いアクチュエータでは，ヒステリシスの小さいことが作動性の向上につながる．

一方，温度ヒステリシスの大きいことを利用した使い方がある．その代表的な例が，パイプ継手である．変態温度と逆変態温度の中間に室温がくるように合金組成や加工・熱処理を制御すると，低温で変形した形状は室温でもその形状がほぼ維持できるため，保管や運搬等においても低温保持の必要がない．A_s 点以上に加熱すれば，形状回復力によりパイプを締結することができ

第Ⅰ部　形状記憶合金の特性

る．このようなパイプ継手は，配管の補修部材として，また，配管に不可欠となるエルボやT字配管などにも適用でき，フランジを必要としないため，配管設置部位の所要空間の縮小化が図れるなど，コンパクト化が可能となる．

2.4　変態応力ヒステリシス

　形状記憶合金は，振動に対する減衰性に優れている．一般に，金属は強度の高いものほど内部摩擦が低い．形状記憶合金は内部摩擦が大きく，他の金属材料に比べて10～100倍の制振係数を有する[21]．このため，形状記憶合金は高い減衰能を有し，免震，制振材料として期待されている．

　A_f点以上の温度下で変形すると，超弾性の性質が利用できる．応力—ひずみ関係でみると，負荷過程と除荷過程とがループを描き，エネルギ吸収機能を有する．しかも，除荷後には形状回復するので，形状を自己修復する機能がある．このような特性を利用して，構造物の免震，制震技術への導入が試みられており，板ばねを用いた減衰特性等が調べられている[20]．超弾性を利用する場合の減衰性能はさほど大きくはないが，元の位置に復帰する特性（recentering特性）には優れている．一方，形状記憶効果を利用する場合には，recentering特性はないが減衰性能に優れている．そこで超弾性と形状記憶効果の両者を組み合わせた使い方が提案されており，従来の免震デバイス（ゴムと鉄板の積層）に比べると耐加振力，recentering特性，耐久性等に優れていると報告されている[21]．

2.5　低弾性係数

　形状記憶合金の弾性係数は，ステンレスの約1/4と小さく永久変形しにくい．このようにしなやかで人体に優しい特性は，医療材料として応用されている．形状記憶合金の特性を最も効果的に利用しているのが，歯列矯正用のワイヤである[22]．

　歯列の矯正は，歯に取り付けたブラケット間にワイヤを張り，ワイヤの弾性力で歯を矯正させる方法であり，ステンレスやCo-Cr合金が使用されてきた．これらの合金は弾性係数が大きいため，ひずみ変化に対する荷重（応力）の変化が大きい．このために，歯が移動すると強制力が低下し，調整を繰り返し行う必要がある．これに対し形状記憶合金では，超弾性の性質によりひずみが変化しても応力の変化はほとんどないため，歯が移動しても矯正力はほとんど変化せず，ほぼ一定の力で歯を矯正し続けることができる．

　Ti-Ni合金では応力ヒステリシスが大きいため，矯正用ワイヤ取付時に患者に与える不快感が大きい．このため，応力ヒステリシスの小さいTi-Ni-Cu合金の歯列矯正ワイヤが開発されている．

参考文献

1)　舟久保熙康編：形状記憶合金，産業図書（1986）.
2)　田中喜久昭，戸伏壽昭，宮崎修一：形状記憶合金の機械的性質，養賢堂（1993）.
3)　宮崎修一，佐久間俊雄，渋谷壽一編：形状記憶合金の特性と応用展開，シーエムシー出版（2001）.

−8−

4) 形状記憶合金に関する講習会, 形状記憶合金協会 (1999).

5) 形状記憶合金に関する講習会, 形状記憶合金協会 (2000).

6) 形状記憶合金に関する講習会, 形状記憶合金協会 (2001).

7) 鈴木雄一：実用形状記憶合金, 工業調査会, 25 (1987).

8) S. Miyazaki, T. Imai, Y. Igo and K. Otsuka : *Met. Trans.* **17A**, 115 (196).

9) T. Sakuma, M. Hosogi, N. Okabe, U. Iwata and K. Okita : *Mater. Trans.* **5** (43) 815 (2002).

10) T. H. Nam, T. Saburi and K. Shimizu, *Mater. Trans., JIM*, **31**, 959 (1990).

11) T. Sakuma, U. Iwata, H. Takaku, Y. Ochi and S. Miyazaki : *Proc. 7th Int. Fatigue Congress*, **3**, 1551 (1999).

12) H. Takaku, T. Sakuma, U. Iwata, Y. Ochi, T. Matsunaga, S. Zhu and S. Miyazaki : *13th European Conf. on Fracture, Spain* (2000).

13) 杉本孝一：日本金属学会会報, **1** (24) 45 (1985).

14) 唯木次男：金属 **19**, (1989).

15) 江南和幸, 稔野宗次：工業材料, **1** (31) 64 (1983).

16) 三瓶哲也, 森谷豊：金属 **26** (1989).

17) N.Okabe, T. Sakuma, H. Iwakuma, M. Hosogi and S. Miyazaki : *Trans. MRSJ*, **1** (26) 251 (2001).

18) 佐久間俊雄, 岩田宇一, 高久啓, 仮屋房亮, 越智保雄, 松村隆：日本機械学会論文集, **622** (64) 748 (2000).

19) 西田稔, 金子勝比古：金属学会会報, **4** (29) 209 (1990).

20) 足立幸郎, 運上茂樹, 近藤益央：土木技術資料, **10** (40) 54 (1998).

21) 杉本孝一：金属, **2** (71) 44 (2001).

22) R. Sachdeva and S. Miyazaki : *Proc. MRS Int'. Mtg. on Adv. Mats.,* **9**, 605 (1989).

第Ⅰ部　形状記憶合金の特性

第2章
マルテンサイト変態と形状記憶特性

1　形状記憶効果と超弾性のメカニズム

　形状記憶効果とは，変態温度以下で変形させても，逆変態温度以上に加熱することで形状が回復する特性のことである．また，変形を逆変態温度以上で行うと，除荷のみで形状が回復する．これは一般的な金属の弾性変形とほぼ同じ挙動であるが，一般金属の弾性変形のひずみ量が約0.5%以下であるのに対し，形状記憶合金では5%以上の弾性変形ひずみを示す．この特性が超弾性である．

　図1は，形状記憶効果と超弾性を結晶学的に説明したモデルである．まず(a)で示される母相状態からマルテンサイト変態終了温度（M_f点）以下に冷却すると，(b)に示すようにマルテンサイト相の結晶構造に変態し，いくつかの方位のマルテンサイトバリアントが形成される[1)-4)]．この状態では，お互いのひずみを緩和し合うような形状になるために，マクロ的には形状の変化はみられない[5)]．これに負荷を加えるとマルテンサイトバリアントに再配列が起こり，ある優先

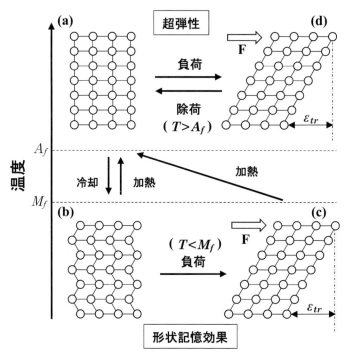

図1　形状記憶効果と超弾性の模式図

方位のバリアントが成長し，変態ひずみ ε_{tr} を発生する．この状態で加熱し，逆変態終了温度 A_f 点以上になると母相状態に戻る逆変態が起こり，形状が回復する．これが形状記憶効果のメカニズムである[6]．しかし，A_f 点以上の温度下で負荷を与えることによっても優先方位のマルテンサイトバリアントを成長させ，変態ひずみを生じさせることができる．これを，応力誘起マルテンサイト変態という．ここで除荷すると，温度が A_f 点以上では母相が安定であるため，瞬時に逆変態が起こり，形状が回復する．これを超弾性という．図2に示すように，形状記憶合金の変態特性は，試験温度に大きく依存する[7]．図2(a)は温度とマルテンサイト変態誘起応力 σ_M およびすべり臨界応力 σ_S の関係を示しており，図2(b)は，(a)中の(1)～(4)の温度条件における応力―ひずみ関係を示している．(1)の状態では，温度 $T<A_s$（A_S：逆変態開始温度）であるため，応力を増大させてマルテンサイト誘起応力に達すると，マルテンサイト相の再配列が起こり，変態ひずみが発生する．応力を除荷すると，マルテンサイト相の弾性回復ひずみを除いたひずみが残留する．この状態から加熱すると，図の破線のように形状は回復し，形状記憶効果を示す．(2)の領域では $A_s<T<A_f$ であるため，応力を増大させると(1)と同様に変態ひずみが発生するが，除荷すると，一部が安定な母相へと逆変態するために，形状が一部回復する．さらに加熱すると形状は完全に回復し，形状記憶効果と超弾性の両方の特性を示す．(3)の領域では，$A_f<T<T_d$（T_d：σ_M と σ_S が交差する温度）であるため，マルテンサイト変態が起こったのちに除荷すると，加熱することなしに形状が完全に回復し，超弾性特性を示す．$T>T_d$ である(4)の領域では，マルテンサイト変態する応力に達する前に永久変形であるすべり変形が起こり，除荷，加熱を行っても形状は戻らない．

ひずみ―温度曲線を図3に示す．一定応力を負荷した状態で温度を降下させて，マルテンサイト変態開始温度 M_S 点以下になると，応力によってマルテンサイト変態が起こり，ひずみが増加し，M_f 点でひずみの増加が止まる．その後加熱し，A_S 点以上になると逆変態の開始にともないひずみが回復し，A_f 点で回復は終了する．このように，ひずみ（または応力）―温度関係では，マルテンサイト変態と逆変態の間にはヒステリシス（変態温度ヒステリシス）が存在する．

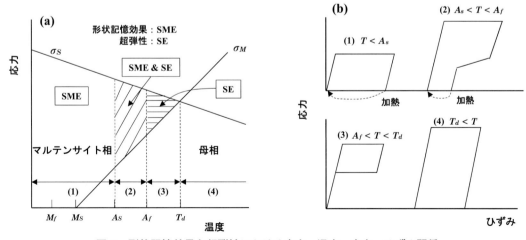

図2　形状記憶効果と超弾性における応力―温度，応力―ひずみ関係

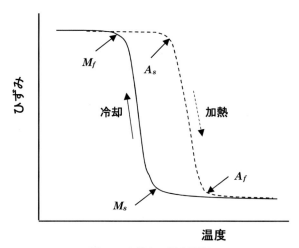

図3 ひずみ―温度関係

変態，逆変態による形状記憶効果を利用するアクチュエータでは，変態温度ヒステリシス（$A_f - M_s$）が小さければわずかな温度変化でアクチュエータの駆動が可能となり，温度応答性が向上する．また，変態（逆変態）開始/終了温度の差が小さくなれば，わずかな温度変化で応力が大きく変化することになり，温度応答性が向上することとなる．

2　二方向形状記憶効果

　形状記憶効果の基本は，低温（マルテンサイト相）で変形し，加熱により形状を回復するという一方向性の形状記憶効果である．しかし，ある処理を施すと，低温時のマルテンサイト相での形状も記憶することができる．その結果，温度の変化だけで，高温・低温の形状が繰返し可逆的に変化する．これを部分的可逆形状記憶効果あるいは二方向形状記憶効果（Two-Way Shape Memory Effect，以下 TWSME と略称で記す）という．形状記憶合金の TWSME の発生メカニズムは，析出物の生成やトレーニングと呼ばれる繰返し熱的，力学的負荷を加えることにより生じる内部応力が，要因の1つであるとされている[8)9)]．それゆえ，材料内部にいかにして内部応力場を形成するかが重要であり，さまざまな方法で研究が行われている．内部応力場を形成するための具体的な方法としては，以下のものがある[10)-13)]．

　①マルテンサイト相に限界以上の変形を与える．
　②応力誘起マルテンサイト変態で，変形しうる以上の変形を母相に与える．
　③母相で変形し，変形拘束下で M_f 温度以下に冷却し，応力下で長時間保持する．
　④マルテンサイト相で変形し，変形拘束下で加熱し逆変態させる．
　⑤母相に微細な析出物を生じさせたのち，変形する．

　①，②，③の方法において内部応力場が形成されるのは，変形の原因となる転位などの不可逆欠陥であり，④，⑤では加熱によっても逆変態しない，安定な応力誘起マルテンサイトおよび析出物である．

　これまでの研究では，二方向性ひずみを発現させる条件や，金属組織学的見地からの二方向

性ひずみの研究が主であり[13)-15)]，具体的な回復力や回復ひずみについての系統的な研究は少ない．また，いずれの方法も加工をともなうため，正確な形状記憶処理が困難であり，TWSME を工業的に安定して使用する状況には至っていない．

現在，実用化されているアクチュエータのメカニズムとしては，形状記憶効果の回復力を利用して往復動作を得るものが多い．しかし，通常の SMA は高温側の形状のみしか記憶できないため，冷却時に変形を与える機構として，バイアス力が不可欠となる．一方，TWSME を利用すれば，低温側と高温側の両方の形状を記憶できるため，温度の上下だけで往復運動を生み出せることになり，必要となるバイアス力は小さくて済み，アクチュエータのさらなる小形軽量化，構造の簡素化が期待できる．

本項では，Ti-Ni-Cu 合金を対象に，④に記述したマルテンサイト相で変形し，変形拘束下で加熱し逆変態させる方法（熱・力学サイクル）で行うとともに，①のマルテンサイト相に限界以上の変形を与える方法で行った結果について述べる．ここで，変形は，予ひずみ $\varepsilon_{Pr} = 2\sim15\%$ を付与した．

2.1 熱・力学サイクル特性

図4[16)] は，熱・力学サイクル数 N と累積二方向ひずみ ε_{CTW}（詳細は第6章を参照）の関係を示しており，サイクル数 $N - 30$ までの結果である．1サイクルめでは，累積二方向ひずみは予ひずみ ε_{Pr} の増大にともない増加し，10% で最大値 2.5% を示し，15% ではそれより減少する傾向にある．サイクル数を増加させると，いずれの条件においても累積二方向ひずみは増加し，予ひずみ 10% においてはサイクル数 N = 30 で 4.7% まで増加する．しかし，いずれもサイクル数 N が約10回までに大幅な累積二方向ひずみの増加が起こり，それ以降は飽和する傾向にある．マルテンサイト相で負荷・除荷後加熱・冷却の繰返しにともなう塑性変形の指標となる残留ひずみは，数回の繰返しで急速に増加し，10回以上の繰返しに対してはほとんど変化しない[16)]．また，

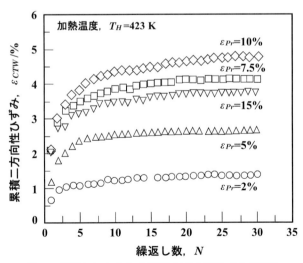

図4　繰返しにともなう累積二方向性ひずみの変化

予ひずみ ε_{Pr} が大きいほど残留ひずみも増大する．これは，繰返しにともない残留ひずみおよび二方向性ひずみが徐々に増加するため，実際の負荷ひずみは繰返しにともない低下し，10サイクル以降ではほとんど負荷ひずみが変化（増加）しないことによる．

2.2 塑性ひずみ／残留マルテンサイト相分率

内部応力場が形成される転位の導入量に関与する，塑性変形について述べる．図5[17]は，二方向性ひずみと塑性ひずみとの関係を示したものである．二方向性ひずみは，塑性ひずみが3〜4%で最大となる．

多結晶合金である形状記憶合金は，結晶がせん断応力を受けてすべり変位を生じるような特定の結晶面上を，転位がすべり方向に移動することにより塑性変形が生じる．形状記憶合金に変位を与えると，材料内部ですべり変形が生じる．すべり変形したマルテンサイト相は，加熱しても母相には戻らず，マルテンサイト相のまま残留する[18]．そこで，母相内に残留したマルテンサイト相の体積分率を，残留マルテンサイト相分率と定義し，負荷によって導入された転位の指標として扱えることが明らかとなっている[19]．形状記憶合金が，熱・力学サイクル過程で損傷を受けたマルテンサイト相の残留マルテンサイト相分率は，以下の仮定のもとに推算できる．

①すべり変形は母相ではなく，マルテンサイト相において発生する
②すべり変形を受けたマルテンサイト相は，A_f点以上に加熱しても母相には戻らない
③残留マルテンサイト相分率の算出には，直列モデルを適用する
④また，残存したマルテンサイト相は昇温後の見かけの弾性係数 E_L の変化として現れる．

試料全体のひずみを ε，試料中の母相部分およびマルテンサイト相部分のひずみをそれぞれ ε_A, ε_M，また弾性係数をそれぞれ E_A, E_M とすると，応力―ひずみ関係は，それぞれ以下の各式で表わされる．

$$\varepsilon = \frac{\sigma}{E_L} \tag{1}$$

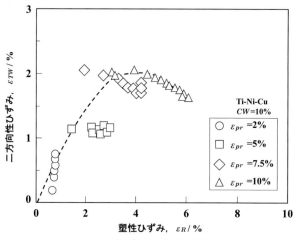

図5 二方向性ひずみと塑性ひずみとの関係

$$\varepsilon_A = \frac{\sigma}{E_A}(1-\xi) \qquad (2)$$

$$\varepsilon_M = \frac{\sigma}{E_M}\xi \qquad (3)$$

式 (1) 〜式 (3) に対し，直列モデルを適用すると，残留マルテンサイト相分率 ξ は次式から求められる．

$$\frac{\sigma}{E_L} = \frac{\sigma}{E_A}(1-\xi) + \frac{\sigma}{E_M}\xi \qquad (4)$$

$$\xi = \frac{E_M(E_A - E_L)}{E_L(E_A - E_M)} \qquad (5)$$

図 6[17] は，二方向性ひずみと残留マルテンサイト相分率との関係を示したものである．残留マルテンサイト相分率が増加するにともない，形状回復できるマルテンサイト相と残留マルテンサイト相との界面に生じる内部応力が増大して二方向性ひずみが増大する．約 10% 程度まではほぼ線形的に二方向性ひずみが増加するが，マルテンサイト相分率が 10% を超えると，二方向性ひずみは増加しない．この結果から，二方向性ひずみ発現のためには，熱・力学サイクルによる塑性ひずみの導入による残留マルテンサイト相分率の増加が必要であるが，塑性ひずみがある一定量を超えると合金組織に与えるダメージが大きくなりすぎ，二方向性ひずみが増加しないことになる．

2.3 負荷ひずみと加熱温度

図 7 は，予ひずみ ε_{Pr} と累積二方向ひずみおよび N サイクルめにおける二方向ひずみの関係

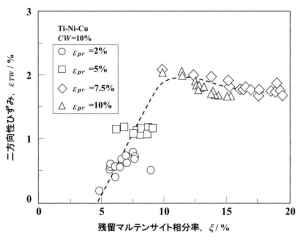

図 6　二方向性ひずみと残留マルテンサイト相分率との関係

を示している．累積二方向ひずみは，熱・力学サイクル数 N の増加によって値が安定したときの二方向ひずみの平均値である．予ひずみが約 10% までは，ひずみの増加にともなって二方向ひずみは増加する．予ひずみが 10% 以降では，二方向ひずみは減少する．また，累積二方向ひずみは，サイクル毎の二方向ひずみより大きな値を示しているが，これは，累積二方向ひずみが塑性ひずみも含めていることによる．二方向ひずみは，母材が変形や逆変態することによって生じる，内部応力が原因と考えられている．予ひずみ ε_{Pr} が 10% 以上では二方向ひずみが減少する理由としては，多くのひずみを付与することにより必要以上の転位が導入され，内部応力の発生の妨げとなっていると考えられる．

図 8 は，加熱温度 T_H = 373 K，423 K において ε_{Pr} = 7.5～15% のひずみを付与し，予ひずみ ε_{Pr} および加熱温度が累積二方向ひずみに及ぼす影響を示したものである．

累積二方向ひずみは加熱温度にかかわらず，予ひずみが約 10% で最大値をとり，そののち負荷ひずみを増加させても減少する傾向にある．これは，予ひずみが ε_{Pr} >7.5% では逆変態終了温度 A_f が加熱温度（423 K）よりも高くなるため，加熱・拘束中の合金は全てが母相には逆変態せず，マルテンサイト相が残存している状態である．したがって，加熱温度が高いほど発生する回

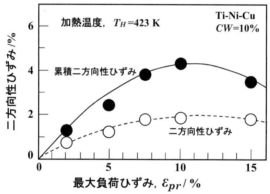

図 7　二方向性ひずみと最大負荷ひずみとの関係

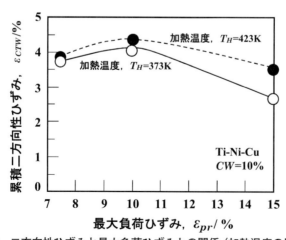

図 8　二方向性ひずみと最大負荷ひずみとの関係（加熱温度の影響）

復力も大きくなり，それにともないマルテンサイト相でのダメージが大きくなり，累積二方向ひずみが大きくなるものの，予ひずみが増加するほど損傷を受ける割合が大きくなるため，逆に二方向ひずみは減少する．

参考文献

1) A. G. Guy : *Introduction to Materials Science*, McGraw-Hill, New York 354 (1972).

2) J. W. Christian : *The Theory of Transformation in Metals & Alloys, 1st Edition*, Pergamon Oxford, 803 (1965).

3) Z. Nishiyama : *Martensitic Transformation*, Academic Press, New York, 11 (1978).

4) M. Cohen, G. B. Olson, P. C. Clapp : *Proc. Int. Conf. on Martensitic Transformation* (*ICOMAT-79*), M. I. T., Cambridge, MA, 10 (1979).

5) C. M. Wayman : *Introduction to the Crystallography of Martensitic Transformation*, The Macmillan Company, New York (1964).

6) A. G. Guy : *Introduction to Materials Science*, McGraw-Hill, N.Y., 357 (1972).

7) S Miyazaki, K. Otsuka : *Met. Trans. A*, **17**, 53 (1986).

8) 清水謙一，入江正浩，唯木次男：記憶と材料，共立出版 (1986).

9) M.Nishida and T. Honma : *Scripta Metaa.*, **18**, 1293 (1984).

10) R. Kainuma, M. Matsumoto and T. Honma : *J. Japan Inst. Metals.*, 717 (1986).

11) 船久保熙康 編：形状記憶合金，産業図書 (1984).

12) K. Okita, N. Okabe, T. Sato, T. Nakao : *Mater. Trans.*, **47** (3) 753 (2006).

13) B. Kockar, I. Karaman, J. I. Kim, Y. Chumlyakov : *Scripta Materialia* **54**, 2203 (2006).

14) E. P. Ryklina, I. Yu. Khmelevskaya, S. D. Prokoshkin, K. E. Inaekyan, R. V. Ipatkin : *Materials Science and Engineering A*, **1093**, 438-440 (2006).

15) E. P. Ryklina, S. D. Prokoshkin, I. Yu. Khmelevskaya, A. A. Shakhmina : *Materials Science and Engineering, A* **134**, 481-482 (2008).

16) Y. Takeda, T. Yamamoto, A. Goto and T. Sakuma : *MRSJ*, **33** (4) 869 (2008).

17) 長弘基，山本隆栄，鈴木章彦，佐久間俊雄：日本機械学会年次大会，187 (2009).

18) A. Khantachawana and S. Miyazaki : *Trans. MRS-J*, **28**, 606 (2003).

19) T. Sakuma, Y. Mihara, Y. Ochi, K. Yamauchi : *J. Japan Inst. Metals.*, **69** (8) 568 (2005).

第Ⅰ部　形状記憶合金の特性

第3章
変態温度に及ぼす因子

　SMA の回復力と回復ひずみは，加熱することにより，マルテンサイト相から母相への逆変態を引き起こすことで発生する（形状記憶特性）．これまでにも，SMA の形状記憶特性を利用したアクチュエータに関するさまざまな研究が行われており，人工筋肉などへの応用が考えられている[1][2]．これは，SMA 自体がセンサ機能をもつ機能素子であることから，センサレスでの動作が可能であり，かつサイズを小さくしても大きな回復ひずみと回復力が利用でき，SMA が小形のアクチュエータの駆動素子として非常に魅力的なためである[3][4]．

　また，スパッタ法によって薄膜化した Ti-Ni スパッタ薄膜は，熱容量が小さいため温度応答性が良好（100 Hz 程度）であり，マイクロポンプやマイクログリップなどへの応用が期待されている[5]．

　Ti-Ni 系形状記憶合金の中でも Ti-Ni-Cu 合金は，合金中の Cu 濃度を高めることによって変態ヒステリシスを小さくすることができるため，温度応答性に優れたアクチュエータ材料として期待されており，形状記憶特性に及ぼす合金組成や熱処理条件の影響などが調べられている[6]．そこで本章では，アクチュエータの駆動素子として使用する際に必ず付与される予ひずみを与えた状態，さらに冷間加工率や熱処理条件といった要因が，その変態挙動に及ぼす影響について詳述する．

1　合金組成

　Ti-Ni 合金の変態温度に最も大きな影響を及ぼすのは，合金組成である．マルテンサイト変態温度はマトリックスの Ni 濃度に非常に敏感で，**図 1**[7] に示すように，Ti-Ni の単相領域では，マトリックスの Ni 濃度が 49.8 Ni（mol%）を超えると急激に低下する．逆に，Ni 濃度がそれより低い場合には，Ni 濃度によらず変態開始温度 M_s はほぼ一定の 358 程度である[8]．また，第 3 元素の添加は，変態温度や形状記憶特性に影響する．**図 2**[9] に示すように，例えば Fe を添加すると，マルテンサイト変態温度は大きく低下する．また，Cu や Pd を添加すると，マルテンサイト変態の前に，B19 構造の Orthorhombic マルテンサイトに変態する．この場合，通常の変形である B19' 構造のマルテンサイトよりも変形が複雑でないため，変態が容易に起こる．その結果，変態温度が上昇し（第 1 章図 1 参照），変態温度ヒステリシスも減少する（第 1 章図 2 参照）．特に Cu はヒステリシスの縮小効果が大きく，また Pd は変態温度を上昇させる[10] ことが報告されている．

第3章 変態温度に及ぼす因子

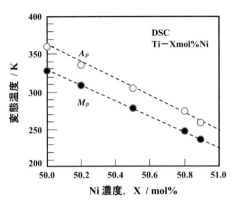

図1 Ti-Ni合金の変態温度に及ぼすNi濃度の影響

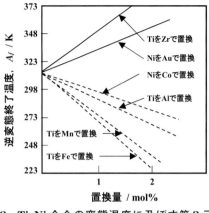

図2 Ti-Ni合金の変態温度に及ぼす第3元素添加の効果

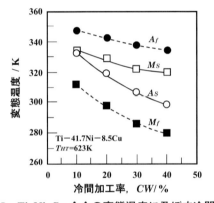

図3 Ti-Ni-Cu合金の変態温度に及ぼす冷間加工率の影響

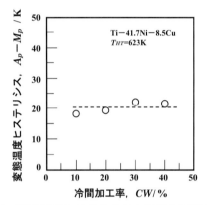

図4 変態温度ヒステリシスと冷間加工率との関係

2 冷間加工

　Ti-Ni合金の再結晶温度は，約773Kである．再結晶温度以上では，合金は溶体化処理された状態になるが，再結晶温度以下では，熱処理前に冷間加工で導入された高密度の転位配列が，温度に応じて熱的に変化するため，変態温度に影響を及ぼす．図3はTi-41.7Ni-8.5Cu（mol%），記憶処理温度 T_{HT} = 623 Kで処理した合金の変態温度を示差走査熱量計（Differential scanning calorimetry，以下DSCと略称で記す）で測定した結果であり，冷間加工率 CW の影響を示したものである．材料に冷間加工を施すと転位が導入され，加工率が高いほど高密度の転位組織となる．高転位密度を有する内部組織（記憶処理によって再配列した転位組織）からマルテンサイト変態が生じる場合では，転位の存在によるひずみ拘束が生じ，変態ひずみ発生に対する抵抗が増大し（変態ひずみ発生に要する応力の増大），その結果，相変態を生じさせるためには，より大きな駆動力すなわち過冷却を要することとなり，変態温度は低下する．生成したマルテンサイトには，転位の存在によって変態ひずみ発生応力が上昇した分だけ，より大きな弾性ひずみエネルギが蓄えられる．この弾性ひずみエネルギは，逆変態を助けるため，過熱度は小さくなり，逆変

-19-

第Ⅰ部　形状記憶合金の特性

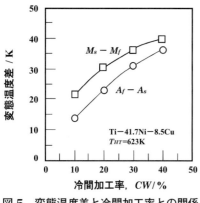

図5　変態温度差と冷間加工率との関係

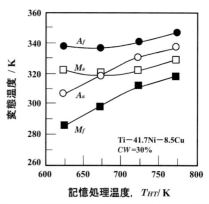

図6　変態温度差と記憶処理温度との関係

態温度は低下することとなる．

変態温度ヒステリシスが小さいと，温度応答性が向上するとともにわずかな温度差で機器を作動させることができる．ヒステリシスは，Ti-Ni 合金にCuを添加することにより，Ti-Ni 合金の約1/3（第1章図2参照）にすることができる．図4[11]に，変態温度ヒステリシス（$A_p－M_p$）と冷間加工率との関係を示す．図3に示したように，各変態温度は加工率の増加に伴いほぼ一様に低下する．その結果，変態および逆変態のピーク温度となる，A_pとM_pの差であるヒステリシスの加工率に対する変化は，5 K以内と小さい．したがって，Ti-Ni 合金にCuを添加して，変態温度ヒステリシスを縮小できるメリットは，加工条件にかかわらず保持できる．

センサ機能やアクチュエータ機能の温度感受性や操作性を向上させるためには，変態開始/終了温度差が小さいことが望ましい．すなわち，変態温度差が小さいと，わずかな温度変化に対して大きな回復力の発生や変位を大きく変化させることができる．図5は，変態温度差と加工率との関係を示したものである．加工率の増加に対して各変態温度の低下の程度をみると，A_f点，M_s点に比べてA_s点，M_f点は大きく低下する．その結果，変態温度差は加工率の増大とともに大きくなる．

3　記憶処理温度

形状記憶合金の特性を引き出すためには，加工と熱処理を適切に組み合わせた加工熱処理を行う必要がある．形状記憶処理には，中温処理，低温処理，時効処理の3種類の方法[12]がある．中温処理では，673～773 Kで30～60分の保持を行う．これにより，加工で導入された高密度の転位組織が変化（転位密度の低下）し，さらに再結晶により微細結晶粒となる．すなわち，この中温処理には，冷間加工による影響を緩和する作用がある．図6[11]に，各変態温度と記憶処理温度との関係を示す．変態温度は，記憶処理温度が高くなるにともない上昇する．さらに，変態開始/終了温度差についても同様な影響を受け，図7に示すように加工率とは逆の傾向，すなわち記憶処理温度が高くなるにともない低下する．また，変態温度ヒステリシスは，図8[11]に示すように冷間加工とほぼ同様に，記憶処理温度の影響をほとんど受けない．

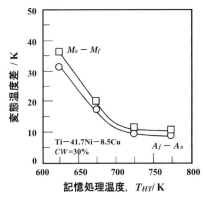

図7 変態温度差と記憶処理温度との関係

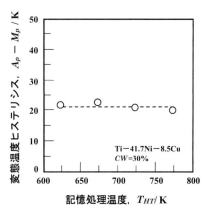

図8 変態温度ヒステリシスと記憶処理温度との関係

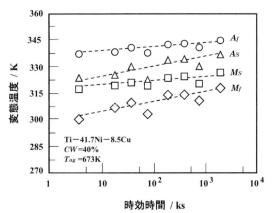

図9 変態温度と時効時間との関係

4 時効処理

　Ti-Ni 合金では，Ni 濃度が 50.5 mol％以上では 673 K 前後の温度で時効処理すると，微細な析出物（Ti$_3$Ni$_4$）が形成されるため，変態温度が影響を受ける．しかし，再結晶温度以上で時効処理しても，変態温度は時効の影響を受けず，溶体化処理材と変わらない．773 K 以下の温度で時効処理すると，変態温度は（1）転位密度の効果と同様な影響を受けること，および（2）析出物が Ni 過剰組成をもつため，Ti-Ni 相の Ni 濃度が減少することによる影響を受ける[13]．図9[14]は，Ti-41.7Ni-8.5Cu（mol％），冷間加工率 $CW = 40\%$ に対し，DSC による変態温度と時効時間による変化を示したものである．ここでの，時効温度は，673 K である．時効による変態温度への影響は，転位密度の変化によるものと，析出物の形成・成長によるものがあることは前述したが，X 線回折（X-ray diffraction）の結果，析出物の増加は認められるものの，その効果よりも転位密度の効果が変態温度に大きく影響する[14]．各変態温度は，時効時間の増加にともない徐々に温度上昇が認められる．これは時効時間の増加にともない，冷間加工時に導入された転位密度が低下することにより，変態を阻害する内部応力場が減少するため，マルテンサイト相がエネルギ的に

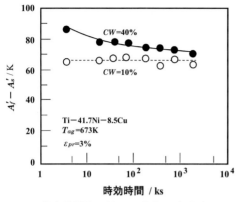

図10 逆変態開始／終了温度差と時効時間との関係

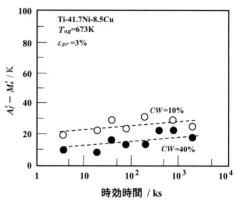

図11 変態温度ヒステリシスと時効時間との関係

安定化したことによる．その結果，母相からマルテンサイト相への変態では小さな駆動力，すなわち小さな過冷却で変態するため，変態温度が上昇する．また，冷間加工率 $CW=10\%$ では，各変態温度は時効時間に対してわずかに上昇するものの，時効時間に対する変化はほとんどない[14]．$CW=10\%$ の合金では，加工時に導入された転位は低密度であり，時効による密度低下はわずかであるため，時効時間の影響は少ない．

図10[14]は，予ひずみ $\varepsilon_{pr}=3\%$ を付与した場合の，逆変態開始／終了温度差と時効時間との関係を示したものである．$CW=10\%$ の合金では，時効時間の経過にともなう変化はほとんどない．一方，$CW=40\%$ の場合には，その温度差は徐々に低下し，$CW=10\%$ の結果に近づく．A_f 点は加工率によらず，時効時間に対する変化はほとんどない．しかし，A_s 点は時効時間の経過にともない $CW=10\%$ の値に近づく．このため，予ひずみを付与した場合の変態温度差は長時間の時効処理を施すことにより，加工の影響を緩和する方向に作用する．

A_f 点および M_s 点の時効時間に対する変化は，図9に示したように緩やかに上昇し，上昇割合は両者ともほぼ同一である．したがって，ヒステリシスの時効時間に対する変化は，図11[14]に示すように，時間経過とともに徐々に上昇する傾向となる．

5 予変形

形状記憶効果を利用する場合，あらかじめ所定の変位（予ひずみ）を与える必要がある．変態温度は DSC によって求める場合が多いが，この測定では材料に変形などが加えられていない．材料に予ひずみが加えられると，変態温度が変化する．したがって，形状記憶特性を利用したアクチュエータ等の設計を行う場合には，変態温度をあらかじめ把握しておく必要がある．図12[15]は，合金組成が Ti-50 mol% Ni であり，冷間伸線後 1103 K―60 s の溶体化処理を施した試料に対し，所定の予ひずみ ε_{pr} を負荷後除荷し，ひずみを拘束せずに昇温した場合（非拘束加熱）と，ひずみを拘束して昇温（拘束加熱）したそれぞれの場合について，逆変態終了温度 A_f' および逆変態開始温度 A_s' と予ひずみとの関係を示したものである．予ひずみを付与することにより，材料内に蓄えられた弾性ひずみエネルギが開放されるため，逆変態温度は，予ひずみの増加

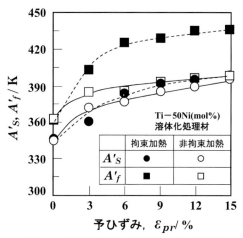

図12 逆変態温度と予ひずみとの関係

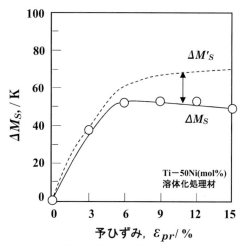

図13 変態開始温度の上昇分と予ひずみとの関係

にともない上昇する．ひずみを拘束して昇温した場合は，非拘束の場合と比べて，昇温量は大きくなる．ひずみ拘束で昇温すると回復応力が発生する．この回復応力は，形状回復の逆方向の力として試料に働き，逆変態の抵抗となることにより，逆変態終了までに大きな駆動力が必要となり，A'_f点が大きく上昇する．

図13[15)]に，拘束加熱による変態開始温度M_s点の変化量$\Delta M_s (= M'_s - M_s)$と予ひずみとの関係を示す．$M_s$点も同様に，予ひずみの負荷により上昇する．しかし，予ひずみが6%を超えるとほとんど上昇しない．予ひずみの負荷により試料に転位が導入され，負荷が大きいほど高転位密度となるため，変態温度は低下する．

マルテンサイト変態に必要な過冷却度$\Delta T_{PM} (= A_f - M_s)$が，予ひずみによらず一定であると仮定すると，$M_s$点の変化量$\Delta M'_s$は以下の式(1)により求めることができる．

$$\Delta M'_s = A'_f - \Delta T_{PM} - M_s \tag{1}$$

図中には式(3.1)で求めた$\Delta M'_s$を破線で示してある．

図14[15)]に，M_s点の低下量$\Delta M'_s - \Delta M_s$と第2章の式(5)で求められる残留マルテンサイト相分率との関係を示す．M_s点の低下量と残留マルテンサイト相分率とは線形関係にあり，残留マルテンサイト相分率の増加にともないM_s点の低下量は増大し，予ひずみの増加にともない残留マルテンサイト相分率が増加すると，M_s点の上昇は抑制される．

図15[15)]に，ひずみ拘束加熱における変態温度ヒステリシスと予ひずみとの関係を示す．変態温度ヒステリシスは，予ひずみの増加にともない直線的に増大する．予ひずみの増加にともないA_f点は大きく上昇するが，M_s点はすでに述べたように，ある予ひずみを超えると上昇が抑えられる．このため，変態温度ヒステリシスは直線的に増大する．また，逆変態開始から終了までの温度差($A'_f - A'_s$)と予ひずみとの関係は，**図16**[15)]に示すように予ひずみの増加とともに減少し，温度応答性は向上する．

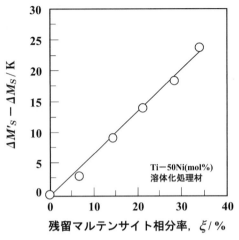

図14 Ms点の低下量と残留マルテンサイト相との関係

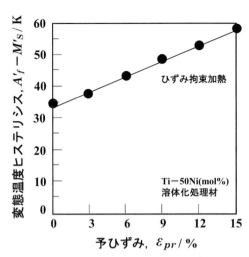

図15 変態温度ヒステリシスと予ひずみとの関係（ひずみ拘束加熱）

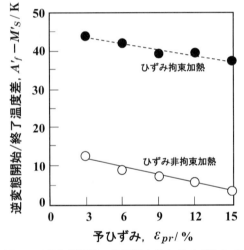

図16 逆変態開始/終了温度差と予ひずみとの関係

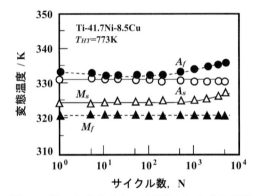

図17 熱・力学サイクルの繰返しにともなう変態温度の変化

6 繰返し特性

　形状記憶合金の形状記憶効果や，超弾性を利用したアクチュエータ等では，形状記憶特性を繰返し利用する．繰返し使用中に変態温度が変化すれば，初期の設計通りに機器が作動しない恐れが生じる．そこで本項では，(1) 負荷・除荷，加熱・冷却の熱・力学サイクルを繰り返した場合の変態温度の変化，および (2) 超弾性サイクルを繰り返したときの変態温度の変化について述べる．図17[16]は，熱・力学サイクルを繰り返したときの，各変態点の繰返しにともなう変化を示したものである．試料は，Ti-41.7Ni-8.5Cu（mol％）であり，冷間伸線後温度773 K，時間3.6 ksで直線形状に記憶処理したものである．また，変態温度の測定はサイクルを繰り返した後，所定の繰返し数Nにおいて，ひずみ拘束の状態で加熱・冷却を行って調べたものである．

第3章 変態温度に及ぼす因子

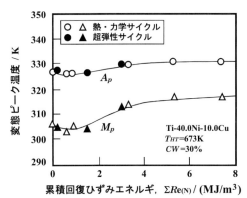

図18 変態ピーク温度と累積回復ひずみエネルギとの関係

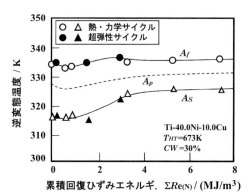

図19 逆変態温度と累積回復ひずみエネルギとの関係

M_f 点および A_s 点は，回数 N に対してほとんど変化しない．これに対し，A_f 点および M_s 点は，回数 N が 500 を超えると徐々に上昇する．なお，$N = 5000$ における各変態点を，DSC 法により測定した結果では，図17に示した結果と比べて，A_f 点では約 5 K 高く，M_f 点では約 12 K 低い値を示した．機械的測定では特定方向の変態が，また DSC の場合は等方的に変態が生じたことによる差異である．変態温度ヒステリシスは，図からわかるように約 10 K と回数 N に対してほとんど変化しない．

熱・力学サイクルと超弾性サイクルを繰り返したときの変態ピーク温度 A_p および M_p を，累積回復ひずみエネルギとの関係で**図18**[17]に示す．合金組成は Ti-40Ni-10Cu（mol%）であり，冷間伸線後（加工率 30%）温度 673 K，時間 3.6 ks で直線形状に記憶処理したものである．また，応力—ひずみ関係における回復ひずみエネルギは，逆変態によって回復可能なひずみとして，合金内部に蓄えられたひずみエネルギであり，熱/力学サイクルでは，負荷過程と除荷過程とで囲まれた領域であり，超弾性サイクルでは，除荷過程とひずみ軸とで囲まれた領域であり，単位体積あたりのひずみエネルギである．

サイクルを繰り返すと，いずれにおいても回復ひずみエネルギは次第に減少する．超弾性サイクルでは，回復ひずみエネルギの低下は，主として回復可能なひずみ量の低下によってもたらされる．負荷・除荷，変態・逆変態の繰返し過程において，材料中に導入される塑性変形やマルテンサイト相/母相界面およびマルテンサイト相/マルテンサイト相界面の繰返し移動による損傷など，転位の導入による内部組織変化を表わしている．図に示すように，サイクルの違いによる変態温度に与える影響は，ほとんどないことがわかる．また，逆変態温度（**図19**）および変態温度についても，その影響はほとんど認められない[17]．

参考文献

1) 松本仁：熱測定，**28**, 2（2001）．
2) E. Lopez, G. Guenin, M. Morin : *Mat. Sci. Eng.*, **A358**, 350（2003）．
3) D. Honma, J. Jpn : *Inst. Met.*, 77（1989）．

第Ⅰ部　形状記憶合金の特性

4) D. Honma : *Journal of the Robotics Society of Japan*, **8** (4) 107 (1990).

5) E. Makino, T. Mitsuya, T. Shibata : *Sensors and Actuators*, **79**, 128 (2000).

6) T. Saburi : *Metals and Technology*, **59**, 11 (1989).

7) 田中喜久昭, 戸伏壽明, 宮崎修一：形状記憶合金の機械的性質, 養賢堂 24 (1993).

8) 宮崎修一, 佐久間俊雄, 渋谷壽一 編：形状記憶合金の特性と応用展開, シーエムシー出版, 10 (2001).

9) 鈴木雄一：実用形状記憶合金, 工業調査会, 25 (1987).

10) N. M. Matveeva, V. M. Khachin and V. P. Shivokha : *Stable and Metastable Phase Equillibrium in Metallic Systems*, ED. By M. E. Drits, Izd, Nauka, Moscow, 25 (1985).

11) T. Sakuma, U. Iwata, T. Inomata, Y. Ochi and S. Miyazaki : *MRSJ,* **26** (1) 267 (2001).

12) 宮崎修一, 佐久間俊雄, 渋谷壽一 編：形状記憶合金の特性と応用展開, シーエムシー出版, 14 (2001).

13) 田中喜久昭, 戸伏壽明, 宮崎修一：形状記憶合金の機械的性質, 養賢堂, 25 (1993).

14) H. Cho, K. Mutoh, Y. Takeda, T. Yamamoto and T. Sakuma : *Trans. MRSJ*, **35** (2) 355 (2010).

15) T. Sakuma, Y. Mihara, Y. Ochi and K. Yamauchi : *Materials Transactions*, **47** (3) 728 (2006).

16) 佐久間俊雄, 岩田宇一：日本機械学会論文集, **63** (610) 1320 (1997).

17) 細木真保, 岡部永年, 佐久間俊雄, 岩田宇一, 宮崎修一：日本機械学会論文集, **68** (672) 1149 (2002).

第Ⅰ部　形状記憶合金の特性

第4章
熱・力学的特性

　熱・力学特性は，図1の応力―ひずみ関係図に示すような負荷・除荷，加熱・冷却の熱・力学サイクル，一定温度下での負荷・除荷の超弾性サイクルを行うことによって求める．なお，特性を調べる試験方法の詳細は，第6章で詳述する．

1　回復応力と変形応力

　回復応力は，アクチュエータ等の設計や外部負荷応力を定めるうえでの基本情報である．逆変態開始温度 A_s 点以上に加熱すると変形したマルテンサイト相は，母相に逆変態して形状回復する．変形したひずみを拘束して加熱すると，回復応力が発生する．図2は，応力と予ひずみ ε_{Pr} との関係を示したものであり，加熱時の回復応力 σ_R，冷却時の変形応力 σ_D および両者の差である応力増分 $\Delta\sigma_R$（図1（b）参照）である．回復応力 σ_R は，予ひずみ ε_{Pr} が約1%程度までは ε_{Pr} の増加に対してほぼ線形的に増大する．予ひずみががさらに増加して約5%までは斜方晶の再配列領域にあり，回復応力はほとんど増大しない．5%以上の予ひずみでは，すべり変形により再

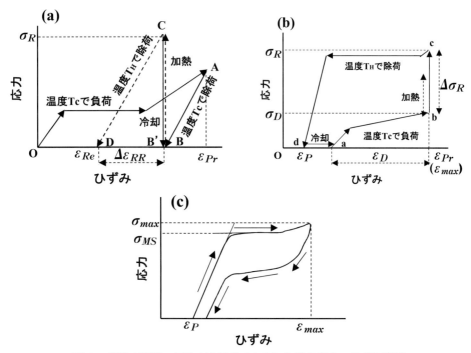

図1　負荷/除荷，加熱/冷却サイクルにおける応力―ひずみ関係

第Ⅰ部　形状記憶合金の特性

び回復応力が増加する．また，冷却時の変形応力 σ_D は，予ひずみ ε_{Pr} が約 1% までは回復応力と同様な変化を示し，約 5% までは徐々に増大し，5% を超えると急激に増大する．このため，回復応力 σ_R と変形応力 σ_D の差である $\Delta\sigma_R$ は，予ひずみの増加にともない低下する．

アクチュエータ等では，形状記憶効果を繰返し利用するため，次項で述べるように，合金に実際に付与されるひずみは繰返し毎に変化する．図3[1]は，応力増分 $\Delta\sigma_R$ と変形ひずみ ε_D の関係を示したものである．実際に合金に付与されるひずみ ε_D が増加するにともない，$\Delta\sigma_R$ は増大する．さらに，Ti-Ni 合金の Ni の一部を Cu で置換すると，$\Delta\sigma_R$ は増大する．しかし，Cu 濃度が 10 mol%，および ε_D が 3% 以上では，$\Delta\sigma_R$ はほとんど増大しない．

一方，予ひずみ付与後に除荷し，ひずみを拘束して加熱（図1(a) 参照）すると，回復応力 σ_R は回復ひずみ $\Delta\sigma_{RR}$ に対してほぼ線形的に変化し，回復ひずみの増加にともない増大する．図4[2] は，回復応力 σ_R と回復ひずみ $\Delta\varepsilon_{RR}$ との関係を示したものである．回復応力 σ_R は，回復ひ

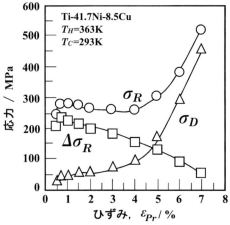

図2　変形・回復応力と負荷ひずみとの関係

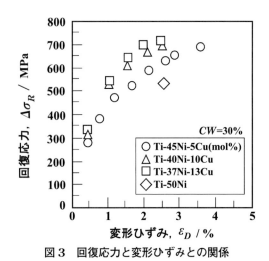

図3　回復応力と変形ひずみとの関係　　図4　回復応力と回復ひずみとの関係

ずみ $\Delta\varepsilon_{RR}$ の増加に対して，ほぼ線形的に増大する．同図には，冷間加工率の影響も示してある．回復応力 σ_R に及ぼす冷間加工率の影響は，高加工率ほど回復応力 σ_R は大きくなる[3]．**図5**[2]に，回復応力 σ_R と冷間加工率との関係を示す．回復応力 σ_R は，冷間加工率の増加にともない，ほぼ線形的に増大する．また，予ひずみ ε_{Pr} が約6%～12%の範囲内の場合は，回復応力にほとんど影響を及ぼさない．そこで，負荷→除荷→加熱（ひずみ拘束）時に合金に導入されるダメージについて，第2章の式(5)で求められる残留マルテンサイト相分率ξとの関係で調べた結果を残留マルテンサイト相分率ξと冷間加工率 CW との関係で，**図6**[2]に示す．分率ξは加工率 CW の増加にともない，ほぼ線形的に減少する．また，予ひずみ ε_{Pr} が小さいほど分率ξも小さい．冷間加工を施すと材料内部の転位密度が高くなり，すべりの臨界応力が高くなる[4]．したがって，高加工率ほど加工時に導入された転位密度が高く，新たなすべり変形が導入され難いことになる．除荷後にひずみ非拘束で加熱する場合には，すべり変形は予ひずみの負荷過程で導入される．しかし，ひずみ拘束で加熱すると，逆変態にともない回復応力が発生し，かつ逆変態過程では，マルテンサイト相と母相とが混在した状態となる．このため，予ひずみの負荷過程で導入されたすべり変形に加え，逆変態過程中のマルテンサイト相に，その回復応力によるすべり変形が導入される．そこで，残留マルテンサイト分率の増分 $\Delta\xi$ と回復応力と σ_R との関係を，**図7**[2]に示す．ここでは，残留マルテンサイト分率の増分 $\Delta\xi$ は，拘束加熱時の分率ξと非拘束加熱時の分率ξとの差である．いずれの予ひずみ条件においても，回復応力の増大にもかかわらず，高加工率ほど新たなすべり変形の導入が困難となり，分率の増分 $\Delta\xi$ は小さくなる．

冷間加工とは逆の作用が働くのが，熱処理である．**図8**[5]は，ひずみ拘束による回復応力束 σ_R と記憶処理温度 T_{HT} との関係を示したものである．温度 T_{HT} が高くなるにともない回復応力は低下し，高加工率ほど大きく低下する．

次にアクチュエータ等において，加熱する際の温度についてみると高温ほど高い回復応力が得られる．**図9**[6]は，熱・力学サイクルを繰り返した場合の繰返し回数 N = 1 から破断時 N = N_f

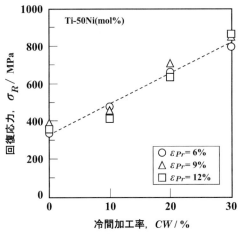

図5 回復応力と冷間加工率との関係

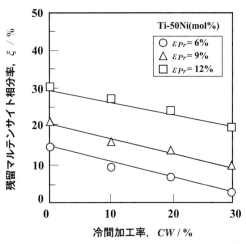

図6 残留マルテンサイト相分率と冷間加工率との関係

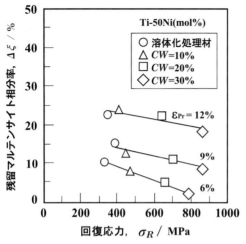

図7　残留マルテンサイト相分率と回復応力との関係

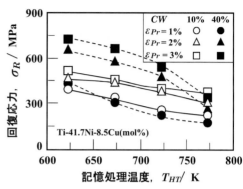

図8　回復応力と記憶処理温度との関係

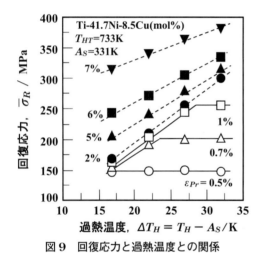

図9　回復応力と過熱温度との関係

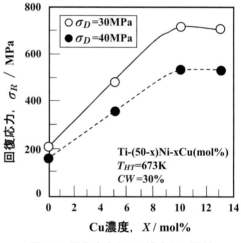

図10　回復応力とCu濃度との関係

までの平均回復応力 $\overline{\sigma_R}$ と過熱温度 ΔT_H との関係を示したものである．予ひずみ $\varepsilon_{Pr} = 0.5\%$ の場合には，同図に示した温度範囲（348～363 K）において逆変態が終了しているため，過熱温度によらず回復応力はほぼ一定である．予ひずみが大きくなると，逆変態が終了しない温度範囲においては，過熱温度の上昇とともに回復応力は増大するが，逆変態が終了すると，回復応力の増加はなくなる．

Ti-Ni 合金における Cu 濃度と回復応力 σ_R との関係を図10に示す．回復応力 σ_R は，Cu 濃度の増加にともない増大するが，10 mol%を超える高濃度域においては回復応力 σ_R の増加はほとんどない．Ti-Ni-Cu 合金は，Ti-Ni 合金とは相変態が異なり，Ti-Ni の立方晶→単斜晶マルテンサイト変態に対し，Cu 濃度が 15 mol%以上では斜方晶マルテンサイト相へ変態し，10 mol%近傍では，立方晶→斜方晶マルテンサイト→単斜晶マルテンサイトと2段変態することが知られて

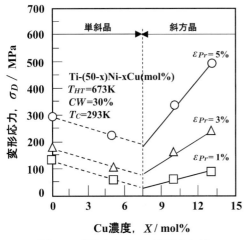
図11 変形応力のCu濃度依存性

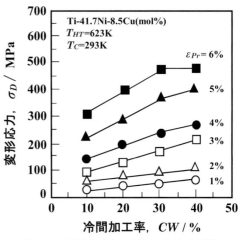
図12 変形応力と冷間加工率との関係

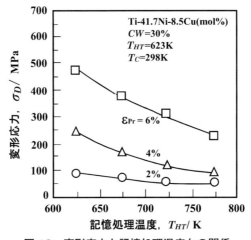
図13 変形応力と記憶処理温度との関係

いる[7]．マルテンサイト相における変形応力では，2段変態の影響が明瞭に現れる．図11[1]にマルテンサイト相における変形応力 σ_D とCu濃度との関係を示す．Cu濃度が約7.5 mol%未満では，単斜晶のマルテンサイトであり，この間ではCu濃度の増加にともない，変形応力 σ_D は減少する．Cu濃度が約7.5 mol%を超えると，斜方晶のマルテンサイトとなり，この間ではCu濃度の増加にともない，変形応力 σ_D は増加する．

変形応力 σ_D は，冷間加工の影響を受ける．図12[8]は，変形応力 σ_D と冷間加工率 CW との関係を示したものである．冷間加工および負荷過程で，材料には転位が導入されるが，高加工率ほど，また高負荷（予ひずみが大きい）ほど高密度の転位組織となる．したがって，高加工率ほど，変形応力も同様に増大する．

熱処理は，冷間加工で導入された転位密度を低減する効果がある．図13は，変形応力 σ_D と記憶処理温度との関係に対し，予ひずみをパラメータとして示してある．高処理温度ほど，変形応力 σ_D は低下する．

第Ⅰ部　形状記憶合金の特性

2　形状回復ひずみと残留（非回復）ひずみ

　回復ひずみは，負荷→除荷→加熱（ひずみ非拘束又はひずみ拘束）等の熱・力学サイクルを繰り返した場合，繰り返す毎に変化する．また，回復ひずみ量は，負荷の程度，加熱の程度等により変化する．**図 14**[9]は，溶体化処理（1103 K—60 s）した Ti-50 mol% Ni に対するひずみ非拘束で加熱した場合（図 1（a）参照）の，回復ひずみと残留ひずみを，予ひずみ ε_{Pr} との関係で示したものである．残留ひずみは，予ひずみの増加とともに増加する．回復ひずみは，予ひずみが約12％までは予ひずみの増加にともない増加するが，12％以上ではほとんど増加しない．**図 15**[9]に，予ひずみと回復ひずみ率 R_R，および残留ひずみ率 R_P との関係を示す．回復ひずみ率 R_R および残留ひずみ率 R_P はそれぞれ次式で定義した．

$$R_R = \frac{\Delta\varepsilon_R}{\varepsilon_{Pr}} \times 100 \quad , \quad R_P = \frac{\varepsilon_{Re}}{\varepsilon_{Pr}} \times 100 \tag{1}$$

ここで，$\Delta\varepsilon_R$ は，負荷・除荷後ひずみ非拘束で加熱した場合の，回復ひずみ量である．

　予ひずみの増加とともに回復ひずみ率 R_R は低下し，残留ひずみ率 R_P は増加する．したがって，予ひずみの増加にともない形状回復機能は低下する．マルテンサイト相において予ひずみを負荷すると，材料内部にはすべり変形が生じ，予ひずみの増加にともない，すべり変形した内部損傷が増加する．その結果，回復ひずみ率 R_R は低下し，残留ひずみ率 R_P は増加する．すべり変形したマルテンサイト相は，形状記憶機能を喪失する．すべり変形が増加するにつれて，形状回復可能なマルテンサイト相は減少し，形状回復機能は低下する．そこで，予ひずみによって生じる内部損傷の指標として，第 2 章の式（5）で定義した残留マルテンサイト相分率と予ひずみとの関係を，**図 16**[9]に示す．ひずみ拘束，非拘束にかかわらず，分率 ξ は予ひずみに対して線形的に増加する．ひずみ非拘束で加熱した場合には，材料の損傷は負荷過程のみで生じる．一方，ひずみ拘束して加熱すると，温度上昇にともなう逆変態により回復応力が発生する．この逆変態過程では，材料内部は母相とマルテンサイト相が混在しており，すべりの臨界応力が低いマルテンサイト相が，回復応力によってすべり変形する．したがって，ひずみ拘束で加熱した場合は，予ひずみ負荷時の損傷に加えて加熱時のすべり変形が起こるため，非拘束加熱の場合に比べて，分率 ξ は増大する．

　残留ひずみと残留マルテンサイト相分率 ξ との関係を，**図 17**[9]に示す．ひずみ拘束，非拘束にかかわらず，残留ひずみと残留マルテンサイト相分率 ξ とは，ほぼ線形的な関係にある．残留ひずみは巨視的に観察できる材料の損傷であり，塑性変形により形状回復機能を失ったひずみ量である．この結果からも，残留マルテンサイト相分率 ξ は，昇温時のひずみ拘束条件にかかわらず，材料内部の損傷を統一的に評価できる．

　形状回復ひずみに及ぼす冷間加工率の影響について，**図 18**[2]に示す．ここで，回復率 R_{RR} は，次式で定義した．

$$R_{RR} = \frac{\Delta\varepsilon_{RR}}{\varepsilon_{Pr}} \times 100 \tag{2}$$

　冷間加工を施すと，ひずみ拘束，非拘束加熱のいずれの場合も，溶体化処理材（$CW = 0$）に比べて形状回復率は増加する．ひずみ拘束加熱の場合，加工率の増大にともない回復率は増加

—32—

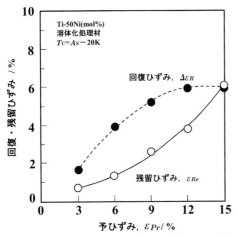

図14 回復・残留ひずみと予ひずみとの関係

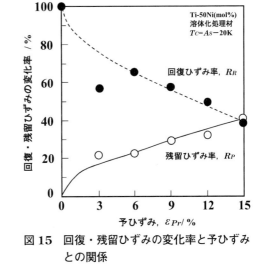

図15 回復・残留ひずみの変化率と予ひずみとの関係

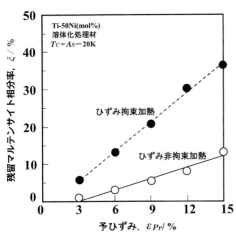

図16 残留マルテンサイト相分率と予ひずみとの関係

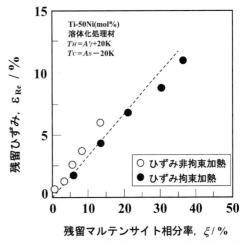

図17 残留ひずみと残留マルテンサイト相分率との関係

し，予ひずみが小さいほど回復率は大きくなる．これに対し，ひずみ非拘束加熱の場合には，予ひずみが大きくなるにともない加工率の影響は小さくなる．

図19[8]は，Ti-41.7Ni-8.5Cu，冷間伸線後 623 K—3.6 ks で記憶処理した試料に対する，残留（非回復）ひずみと冷間加工率との関係を示したものであり，図中の縦軸は，熱・力学サイクル繰返しにより破断する直前の残留ひずみと，繰返し初期の予ひずみに対する比率である．予ひずみ ε_{Pr} は，1～6％である．なお，予ひずみと残留ひずみとの差が回復ひずみとなる．Ti-50 mol% Ni と同様に，高加工率ほど回復ひずみは大きくなり（残留ひずみは小さくなる），予ひずみの影響はほとんどない．**図20**に，記憶処理温度の影響を示す．既に述べたように，処理温度は加工の影響を和らげるものであり，同図に示すように，残留ひずみは記憶処理温度が高くなるにともない増大し，回復ひずみは減少することとなる．また，予ひずみによる影響は，同じく

第Ⅰ部　形状記憶合金の特性

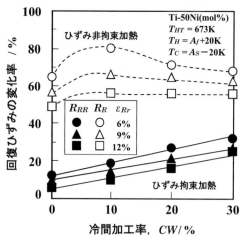

図18　回復ひずみの変化率と冷間加工率との関係

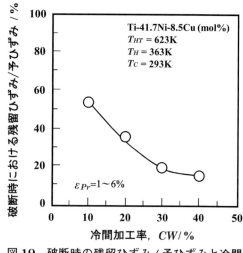

図19　破断時の残留ひずみ／予ひずみと冷間加工率との関係

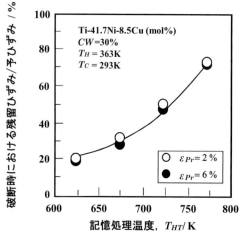

図20　破断時の残留ひずみ／予ひずみと記憶処理温度との関係

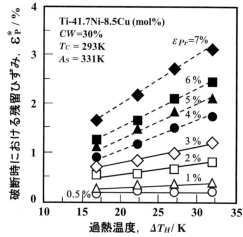

図21　破断時の残留ひずみと過熱温度との関係

ほとんどない．

次に，負荷／除荷，加熱／冷却サイクルを繰り返した場合の破断時における，残留ひずみ ε^*_P に及ぼす過熱温度 $\Delta T_H (= T_H - A_s)$ の影響について，予ひずみをパラメータとして図21[6]に示す．過熱温度が高くなるにともない発生する回復応力も高くなるため，逆変態していないマルテンサイト相が損傷を受け，残留ひずみは増大する．この影響により予ひずみが大きくなるほど，逆変態終了温度が高くなるとともにマルテンサイト相も増加するため，高予ひずみほど残留ひずみは増大することになる．

― 34 ―

3 繰返しにともなう変化

負荷→加熱→除荷→冷却の熱・力学サイクル（図1（b）参照）を繰り返したときの，変形応力，回復応力の変化について述べる．サイクルを繰り返すと，初期の負荷ひずみ（予ひずみ ε_{Pr}）に対して実際の負荷ひずみ（変形ひずみ ε_D）は，回数 N に対して変化する．図22[10]は，変形ひずみ ε_D に対する変形応力 σ_D の変化を示したものである．ここで，図中の曲線は回数 $N=1$ における変形応力を示したものである．ε_{Pr} が3％以下の場合には変形ひずみ ε_D の低下とともに変形応力は低下し，その変化は回数 $N=1$ の曲線上を変化する．ところが，ε_{Pr} が4％を超えると $N=1$ の曲線から高応力側にシフトし，ε_{Pr} が大きいほど変形応力が増大する．すなわち，ε_{Pr} が3％以下ではマルテンサイト相の再配列領域にあり，繰返しにともなう変形応力 σ_D の低下は変形ひずみ ε_D の減少によるものである．しかし，4％を超えると塑性変形となり，転位密度の増加によりひずみ硬化することによって，変形応力が増大する．

回復応力差 $\Delta\sigma_R$（図1（b）参照）は，図23[10]に示すように，ε_{Pr} が0.5％ではひずみの減少と

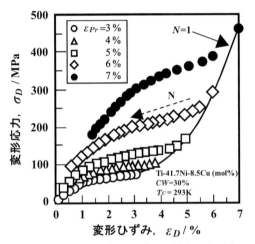

図22　繰返し時の変形ひずみに対する変形応力の変化

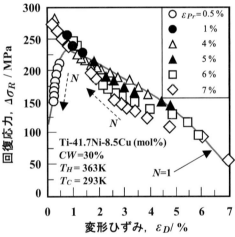

図23　繰返し時の変形ひずみに対する回復応力の変化

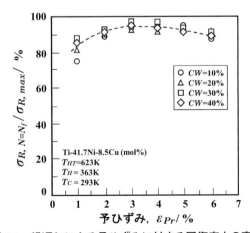

図24　繰返しによる予ひずみに対する回復応力の変化

ともに低下するが，1%以上ではひずみの減少とともに増大する．ここで，図中の曲線は同様に，$N = 1$における応力差$\Delta \sigma_R$を示したものである．ε_{Pr}が0.5%の場合には，加熱温度$T_H = 363$ Kにおいて逆変態終了域にあり，変形ひずみε_Dの減少とともに$\Delta \sigma_R$は低下し，その変化は$N = 1$の曲線と同一となる．ε_{Pr}が4%以上では，塑性変形による内部応力のため$\Delta \sigma_R$は$N = 1$の値よりも小さく，また逆変態が終了していないため，変形ひずみ量の減少とともに$\Delta \sigma_R$は増大する．ε_{Pr}が1%以上では，回数Nが増加すると，$\Delta \sigma_R$は$N = 1$に比べて大きくなる．$\varepsilon_{Pr} = 1$%の場合で考えると，図に示したように$N = 1$における回復応力σ_Rは約280 MPaであり，加熱温度$T_H = 363$ Kにおいて逆変態終了域にあるが，Nが約500を超えると，図17に示したようにA_f点が上昇するため回復応力σ_Rがさらに増加し，変形ひずみ量が1%以下に減少したにもかかわらず回復応力は増加する．そこで次に，回復応力σ_Rの繰返しにともなう変化を，冷間加工の影響を含めて図24[11]に示す．なお図の縦軸は，繰返し初期（加工，熱処理条件等により$N = 1$とは限らず$N = $数十〜百回）における最大回復応力$\sigma_{Rmax}$で，破断直前の回復応力$\sigma_R$を基準化してある．回復応力$\sigma_R$の低下は，$\varepsilon_{Pr}$が約4%近傍が最も少なく，約5%程度の低下となる．ε_{Pr}が4%以下では長寿命となるため，Nの増大にともない回復応力の低下量は大きくなり，$\varepsilon_{Pr} = 1$%の場合には，加工率により異なるが，75〜90%にまで低下する．ε_{Pr}が4%以上の高ひずみ域では，材料に加わる損傷が大きく劣化の程度も大きくなり，さらに低寿命となる．したがって，加工，熱処理条件にかかわらず繰返し回数に対してほぼ一定した回復応力となるひずみ範囲は，$\varepsilon_{Pr} = 3$〜5%であり，繰返しにともなう低下量は10%以内である．

次に，A_f点以上の温度環境で負荷・除荷を繰返す超弾性サイクル（図1(c)参照）の，繰返しによる特性変化について述べる．図25[12]は，Ti-50.6 mol% Niに対するマルテンサイト誘起応力σ_{Ms}と，過熱温度とΔT_Hとの関係を示したものである．温度が高いほど母相は安定するため，変態を誘起するためにはより多くの駆動力が必要となる．このため，いずれの記憶処理温度T_{HT}においても，ΔT_Hの上昇にともないσ_{Ms}は増大する．また，処理温度T_{HT}が高いほどσ_{Ms}は小さくなる．冷間加工時に導入された転位密度は，処理温度T_{HT}を高くすることにより低下し，その結果，変態抑制効果が低減するため変態誘起応力が低下する．超弾性サイクルを繰り返した場合の誘起応力の変化を，図26(a)[12]に示す．繰返し数Nの増加にともないσ_{Ms}は低下し，特に繰返し初期（約$N = 20$）に顕著であり，それ以降の繰返しにともなう変化は小さい．繰返し変

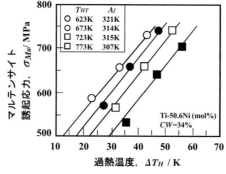

図25　マルテンサイト誘起応力と過熱温度との関係

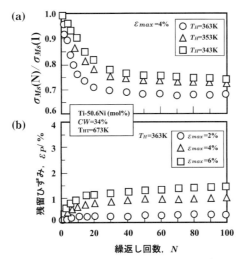

図26 マルテンサイト誘起応力および残留ひずみの繰返し特性

形を受けると，材料内部の応力場が増大する．応力場の増大は変態を助ける方向に働くため，繰返しにともない誘起応力は低下する．また，マルテンサイト相が誘起した以降の負荷過程ではリューダースタイプの変形機構となるため，マルテンサイト変態が進行している過程では，応力の増加はほとんどない．したがって，応力増加の少ないひずみ範囲では，負荷ひずみ ε_{max} の影響はほとんどない．加熱温度 T_H が高いほど $\Delta T_H (= T_H - A_f)$ も高くなるため，σ_{Ms} は増大する．負荷応力が大きいほど材料の損傷程度も増加するため，T_H が高くなるほど繰返しにともなう σ_{Ms} の低下量も増大する．記憶処理温度 T_{HT} の影響については，T_{HT} が高くなるにともない，加工の影響が緩和されてすべりの臨界応力が低下するため，繰返しにともなう σ_{Ms} の低下量は大きくなる．

残留ひずみ ε_P の繰返しにともなう変化を，図26 (b) に示す．負荷ひずみ ε_{max} は誘起応力 σ_{Ms} にはほとんど影響を及ぼさないのに対し，ε_P に対する影響は顕著に現れ，ε_{max} の増加とともに ε_P は増加する．残留ひずみは材料が損傷を受けた結果として現れ，巨視的に確認することができる1つの劣化指標である．

繰返し変形の負荷過程では，母相とマルテンサイト相とが混在する．マルテンサイト相は母相に比べてすべりの臨界応力が低いため，マルテンサイト相がまずすべり変形する．すでに述べたようにすべり変形したマルテンサイト相は逆変態温度以上に加熱しても母相には戻らず，マルテンサイト相の状態で残存する．そこで，第2章の式 (5) で定義した残留マルテンサイト相分率 ξ を用いて，繰返しにともなう機能劣化を評価する．図27 (a)[12] に，残留ひずみ ε_P と分率 ξ との関係を示す．加熱温度 T_H によらずほぼ線形的に，分率 ξ の増加とともに ε_P が増加していることがわかる．また，負荷ひずみ ε_{max} に対する変化も同様である．このことは，材料内部ですべり変形したマルテンサイト相の量 (ξ) に見合う ε_P の発生が，繰返し数 N，負荷ひずみ，ε_{max} に関係なく現れることを意味する．材料に負荷・除荷を繰返すと発生する ε_P 量は試験条件（負荷条件，温度条件）によって異なるが，材料内での劣化 ξ と巨視的に観察できる劣化 ε_P は，互

第Ⅰ部　形状記憶合金の特性

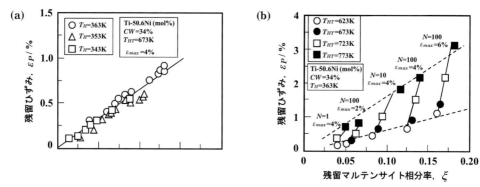

図27　残留ひずみと残留マルテンサイト相分率との関係

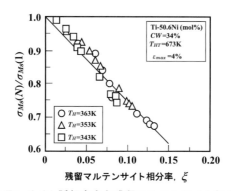

図28　マルテンサイト誘起応力と残留マルテンサイト相分率との関係

いに対応関係を保ちながら進行する．これに対し，記憶処理温度 T_{HT} が異なる場合には，劣化の進展挙動が異なる．T_{HT} が 623 K の場合と 773 K の場合を比較すると，図27 (b) に示すように，それぞれの $\Delta\varepsilon_P/\Delta\xi$ 関係は 0.064 と 0.167 で大きく異なる．このように，$\Delta\varepsilon_P/\Delta\xi$ の値は処理温度 T_{HT} が高くなるほど大きくなる．したがって，すべり変形したマルテンサイト相に起因する残留ひずみは，処理温度 T_{HT} が高いほど大きく，繰返し数の増加，負荷ひずみの増大にともない，残留ひずみも顕著に増加する．

　誘起応力 σ_{Ms} の低下は，繰返しにともない材料内部の応力場が増大したことに起因する．そこで，材料内部の損傷を表わす指標となる分率 ξ を用いて σ_{Ms} の変化を整理すると，負荷条件 (ε_{max}) および熱処理条件 (T_{HT}) によらず評価できる[12]．図28[12] は加熱条件 (T_H) によらず評価できることを示したものである．ここで，$\sigma_{Ms}(N)$ は繰返し回数 N における値である．

4　疲労寿命

　アクチュエータ等では，多くの場合負荷・除荷，加熱・冷却の熱／力学サイクルを繰り返す．サイクルを繰り返すと，やがて破断する．破断面は，き裂が安定に成長した領域 (stable) と不安定に破壊した領域 (unstable) の，2つの領域に分けられる．き裂は，表面近傍に存在する初期欠陥，あるいは腐食ピット等を起点として進展し[13]，繰返しとともに安定にき裂が成長する領域が増加し，やがて不安定破壊する．不安定破壊した破面は，ディンプルパターンで覆われてお

り，延性破壊したことがわかる．Ni濃度が高い場合（Ti-50.8 mol% Ni）には，き裂発生起点に炭化物等の介在物の存在が認められるが，低い場合（Ti-50 mol% Ni）には，介在物の存在は認められないことが知られている．このような破面形態は，予ひずみ ε_{Pr} によらず同様であるが，ε_{Pr} が大きくなるにつれて安定き裂成長領域は小さくなり，ほぼ全面にわたりディンプルパターンで覆われる．また，ε_{Pr} が小さく安定き裂成長領域が大きい場合の破面では，破面に複数の段差が認められ，複数のき裂発生起点が存在したことがわかる．図29[14]は，Ti-41.7Ni-8.5Cu（mol%）に対する破断荷重と，疲労寿命 N_f との関係を示したものである．破断荷重は，N_f の増加とともに減少する．これは繰返し回数の増加にともない，疲労による破面の損傷領域が増大したことを示している．そこで，図30に，安定き裂成長部の面積率 A^*_s と，疲労寿命 N_f との関係を示す．ここで，面積率 A^*_s を，試料の断面積を A，安定き裂成長部の面積を A_s として次式で定義した．

$$A^*_s = \frac{A_s}{A} \times 100 (\%) \tag{3}$$

安定き裂成長領域の面積率 A^*_s の逆数と疲労寿命 N_f とは，両対数グラフ上で直線関係が認められる．すなわち，変態・逆変態および負荷・除荷の熱／力学サイクルを繰返すことにより，徐々にき裂が進展し，やがて破壊に至る疲労破壊であることがわかる．

次に，加熱温度 T_H に対する平均応力 $\bar{\sigma}_R$ と，疲労寿命 N_f との関係を，図31[14]に示す．平均応力の低下とともに，疲労寿命は長くなる．予ひずみ ε_{Pr} が4〜7%の高負荷ひずみ範囲において，加熱温度の影響が認められる．T_H が348 Kの疲労寿命は，ε_{Pr} が1%以下の寿命とほぼ同等である．T_H が358 Kを超えると，温度の影響はほとんどなくなる．ε_{Pr} が2〜3%の領域では，マルテンサイト相の再配列による変形がみられ，応力はひずみに対してほとんど変化しない．また，ε_{Pr} が1%以下のひずみ範囲では，加熱によってほとんどのマルテンサイト相が母相へ逆変態する．このため，ε_{Pr} が3%以下の範囲では，加熱温度の影響は明瞭には現れない．ε_{Pr} が4%以上の疲労寿命が，温度依存性を示す理由として，母相とマルテンサイト相の界面での変態ひずみの整合性を保つために生じた，応力集中が考えられる．逆変態開始温度を超えると，冷却過程で成長したマルテンサイト晶は収縮し，昇温して逆変態が完全に終了すると，すべてが母相となる．したがって，マルテンサイト相の体積分率が減少するにともない，母相とマルテンサイト相の界面が増加するが，さらに体積分率が減少すると母相とマルテンサイト相の界面は減少する．このように加熱温度によりマルテンサイト相の体積分率が異なり，それにともない生じた界面での応力集中が，疲労寿命に影響したものと考えられる．なお，温度依存性については，Ti-Ni合金線材に対する回転曲げ[15]および合金コイル[16]に対する疲労試験で，低温度ほど長寿命となることが報告されている．

疲労寿命に及ぼす残留ひずみの影響を，図32[14]に示す．疲労寿命は予ひずみ ε_{Pr} によって $\varepsilon_{Pr} > 4\%$ と $\varepsilon_{Pr} = 2\sim3\%$，および $\varepsilon_{Pr} < 1\%$ の3つの領域に分けられる．$\varepsilon_{Pr} > 4\%$ では直線の傾きが約0.5であり，一般金属の低サイクル疲労の傾きとほぼ等しくなる．この範囲では，すべり変形が疲労損傷の主原因となる．$\varepsilon_{Pr} < 1\%$ では，マルテンサイト相および母相のほぼ弾性限度（比例限）内の変形であり，残留ひずみが約0.2%で疲労限となる．一方，$\varepsilon_{Pr} = 2\sim3\%$ では，

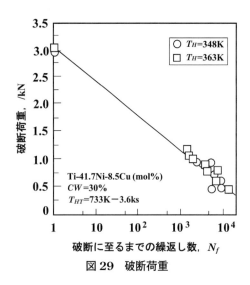

図29 破断荷重

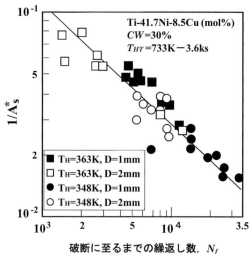

図30 破断時の安定き裂成長領域の面積率

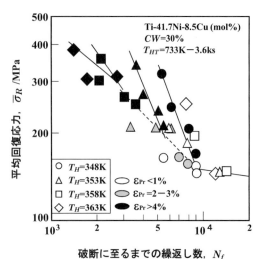

図31 平均回復応力と破断寿命

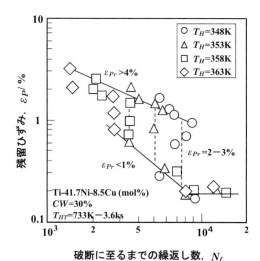

図32 残留ひずみと破断寿命との関係（加熱温度の影響）

残留ひずみが変化しているにもかかわらず疲労寿命にはほとんど影響しない．また，図31に示した応力─寿命との関係では認められなかった加熱温度の影響が，明瞭に現れている．この領域は，マルテンサイト晶の再配列による変形であるため，マルテンサイト晶間の界面等が低応力で容易に移動でき，応力集中は緩和しうる状況にある[17]．このため，残留ひずみは変化するものの，寿命には影響しないものと考えられるが，マルテンサイト相と母相の界面での応力集中が原因となって，加熱温度の影響が現れたものと考えられる．

　形状記憶合金の熱・力学的特性が冷間加工や熱処理温度の影響を受けることは，すでに述べた通りである．図33[3]は，疲労寿命に及ぼす冷間効率の影響を，散逸ひずみエネルギとの関係で示

第4章 熱・力学的特性

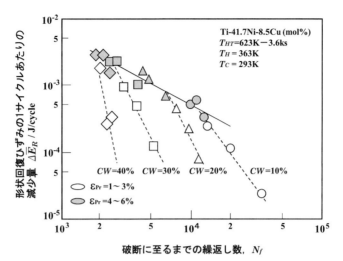

図33 形状回復ひずみの減少量と破断寿命との関係（冷間加工率の影響）

している．ここで，散逸ひずみエネルギ $\Delta \bar{E}_R$ は，形状回復ひずみエネルギの1サイクルあたりの減少量であり，次式で求められる．

$$\Delta \bar{E}_R = \frac{1}{N_f} \sum_{i=1}^{N_f} \Delta \sigma_{R,i} \tag{4}$$

$$\Delta \sigma_{R,i} = \int_{\varepsilon_d}^{\varepsilon_{Pr}} \sigma_{R,i}(\varepsilon, T_H) d\varepsilon - \int_{\varepsilon_d}^{\varepsilon_{Pr}} \sigma_{R,i+1}(\varepsilon, T_H) d\varepsilon \tag{5}$$

$\varepsilon_{Pr} > 4\%$ では，加工の影響は明瞭ではないが，予ひずみ ε_{Pr} が3%以下では加工の影響が認められ，低加工率ほど長寿命となる．また，冷間加工とは逆の働きをする記憶処理温度の影響について図34に示すように，予ひずみ ε_{Pr} が3%以下で処理温度の影響が認められ，高処理温度ほど長寿命となる．

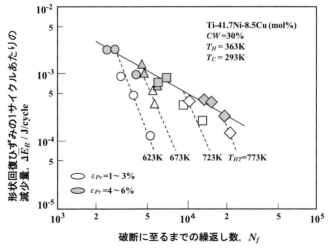

図34 形状回復ひずみの減少量と破断寿命との関係（記憶処理温度の影響）

第Ⅰ部　形状記憶合金の特性

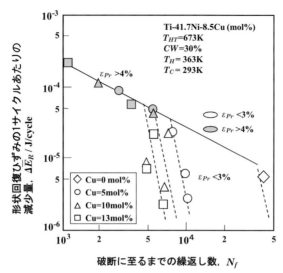

図35　形状回復ひずみの減少量と破断寿命との関係（Cu濃度の影響）

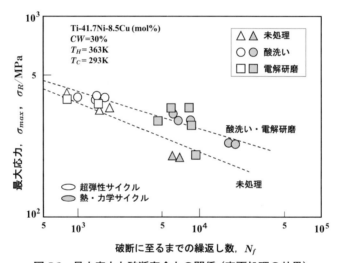

図36　最大応力と破断寿命との関係（表面処理の効果）

　Ti-Ni合金に第3元素Cuを添加した場合について，疲労寿命に及ぼす影響を，図35[18]に示す．前述と同様に負荷ひずみε_{Pr}の範囲によって影響が異なり，$\varepsilon_{Pr} > 4\%$ではCu濃度の影響は明瞭ではないが，ε_{Pr}が3%以下ではCu濃度の影響が顕著に現れ，低Cu濃度ほど長寿命となる．

　加工や熱処理を施した状態では，試料表面には酸化物や微細な傷等が存在する．そこで，表面処理を施した場合の疲労寿命に及ぼす影響を，図36[19]に示す．Ti-41.7 mol% Ni-8.5 mol% Cuに対する熱／力学サイクル，および超弾性サイクル（SE）試験を行った結果である．表面処理は酸洗い，電解研磨および未処理であり，酸洗いはフッ化水素，硝酸，イオン交換水の溶液中に1.8〜7.2 ks間浸漬後，イオン交換水で軽く濯いだのち乾燥，また，電解研磨はグリセリン，エタ

ノール，過塩素酸の溶液を用いて電圧 30 mV—90 s で処理してある．その結果，図に示すように表面処理により疲労寿命の改善が認められるが，酸洗いと電解研磨による有意な差は認められない．

　酸洗いにおいては，溶液の種類，濃度，浸漬時間等によって試料の直径が減少する．直径減少率（酸洗いによる直径減少量を元の直径で割った値）が約 7% 未満では寿命改善に効果はほとんどなく，エメリペーパでの効果と同様であるが，8% 以上の減少率では疲労寿命に改善が認められる[19]．酸洗いによって，未処理材には認められない不働態領域が存在する．減少率が小さいと試料の製造過程に形成された酸化被膜の除去は不完全となり，減少率が大きくなると，元の酸化皮膜は完全に除去されるとともに，酸洗いによる新たな薄い皮膜が形成される．しかし，減少率が大きすぎると（約 21%）表面粗度が大きくなり，疲労寿命は低下する．

参考文献

1) T. Sakuma, M. Hosogi, N. Okabe, U. Iwata and K. Okita : *Mater. Trans.*, **43** (5) 815 (2002).

2) T. Sakuma, Y. Mihara, H. Toyama, Y. Ochi and K. Yamauchi : *Mater. Trans.*, **47** (3) 787 (2006).

3) T. Sakuma, U. Iwata, T. Inomata, Y. Ochi and S. Miyazaki : *MRSJ.* **26** (1) 267 (2001).

4) S. Miyazaki : *J. Mater. Sci. Soc. Japan*, **27**, 59 (1990).

5) Y. Takeda, T. Yamamoto, A. Goto and T. Sakuma : *MRSJ.* **33** (4) 873 (2008).

6) 佐久間俊雄，岩田宇一：日本エネルギー学会誌，**79** (8) 859 (2000).

7) 舟久保熙康 編：形状記憶合金，産業図書 73 (1984).

8) 佐久間俊雄，岩田宇一，越智保雄，宮崎修一：日本エネルギー学会誌，**79** (10) 1020 (2000).

9) T. Sakuma, Y. Mihara, Y. Ochi and K. Yamauchi : *Mater. Trans.*, **47** (3) 728 (2006).

10) 佐久間俊雄，岩田宇一：日本機械学会論文集，A 編，**63** (610) 194 (1997).

11) T. Sakuma, S. Miyazaki, M. Hosogi and N. Okabe : *MRSJ.* **26** (1) 153 (2001).

12) 佐久間俊雄，山田誠，岩田宇一，越智保雄，細木真保，岡部永年：材料，**52** (8) 946 (2003).

13) T. Sakuma, U. Iwata and Y. Kimura : *FATIGUE '96*, **1**, 173 (1996).

14) 佐久間俊雄，岩田宇一，高久啓，仮屋房亮，越智保雄，松村隆：日本機械学会論文集（A 編），**66** (644) 748 (2000).

15) 戸伏壽明，伊貝亮，山田真也，林萍華：日本機械学会論文集，A 編，**62** (599) 1543 (1996).

16) 三田俊裕，三角正明，大久保雅文：日本機械学会論文集，A 編，**64** (618) 278 (1998).

17) 舟久保熙康 編，形状記憶合金，産業図書 111 (1984).

18) T. Sakuma, U. Iwata, H. Takaku, Y. Ochi and S. Miyazaki : *FATIGUE '99*, 3, 1551 (1999).

19) T. Sakuma, H. Takaku, Y. Kimura, L. Niu and S. Miyazaki : *MRSJ*, **26** (1) 167 (2001).

第Ⅰ部　形状記憶合金の特性

第5章
電気的特性

　形状記憶合金は温度によって形状，長さが変化するため，電気抵抗値の変化という形で確認することができる．変態点近傍で大きな抵抗値の変動をみることができるため，示差走査型熱量計（DSC）の熱量変化のように，変態温度の測定方法の1つとして用いられている[1]．しかし，同一の試料でも受けた履歴によって著しく異なるため，抵抗値の変化から変態温度を同定することが困難な場合がある．

　Ti-Ni合金は，マルテンサイト相と母相では，電気抵抗の温度係数が根本的に異なっていることや，不完全熱サイクルにより，M_s点付近の抵抗値が増加することなどが報告されている[2]．またTi-Ni-Cu合金においては，応力の増加にともない，マルテンサイト相と母相の抵抗値の差が増加することなどが報告されている[3,4]．しかし，形状記憶合金の抵抗値に及ぼす転位量，熱処理条件および析出物等の影響など，抵抗値に関する系統的な研究はほとんど行われていない．

1　電気抵抗—温度，ひずみ関係

　通電加熱，自然冷却によるアクチュエータ等では，電気抵抗が制御項目となる．形状記憶合金には第2章の図3に示したように，変態温度ヒステリシスがある．図1はTi-42.6Ni-7Cu（mol%）に対し温度673 K，時間72 ksで時効処理を施した場合の，比抵抗—温度関係を示したものであ

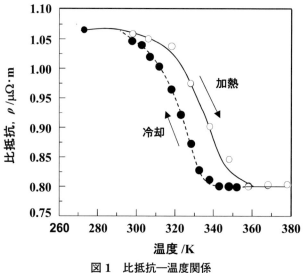

図1　比抵抗—温度関係

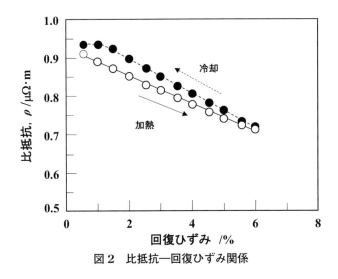

図2 比抵抗―回復ひずみ関係

る．ここで，比抵抗 ρ は試料の電気抵抗を R，長さを L，断面積を S として次式で定義される．

$$\rho = \frac{RS}{L} \tag{1}$$

　加熱によりマルテンサイト相から母相へと逆変態させると，比抵抗は小さくなり，冷却により母相からマルテンサイト相に変態させると，比抵抗は大きくなる．この場合の変態温度ヒステリシスは約 25 K であり，ひずみ―温度関係のヒステリシスとほぼ同一である．このように温度との関係で表わすと第2章図3と同様にヒステリシスが大きく，加熱過程と冷却過程とでひずみの値が大きく異なる．このため，温度制御による方法では，アクチュエータ等の操作において不具合が発生する可能性が大きい．

　図2は，図1と同一の組成，熱処理条件に対する比抵抗を，ひずみ（回復ひずみ）との関係で示したものであり，加熱・冷却は，完全に変態，逆変態が終了する 310～370 K の温度範囲で行った結果である．比抵抗は回復ひずみの増加に対して線形的に減少し，逆に回復ひずみの減少に対して同様に線形的に増加することから，比抵抗と回復ひずみとの関係には，明瞭な線形関係が認められる．しかし，加熱過程と冷却過程では試料の温度が大きく異なるため，若干のヒステリシスが存在する．しかし，あるひずみに対する加熱過程と冷却過程での比抵抗の差異は小さく，アクチュエータ等の抵抗値制御が可能となる．

2　比抵抗に及ぼす加工，熱処理

　図3は，Ti-42.6Ni-7Cu（mol%）に対する比抵抗に及ぼす冷間加工の影響を示したものである．図からも明らかなように高加工率ほど，また材料内部に導入された転位密度が高いほど，比抵抗は大きく，かつ加工率の増加にともない線形的に増大する．

　図4は比抵抗と時効時間との関係を示したものである．合金組成は図3と同一であり，加工率 $CW = 10\%$，時効温度 673 K である．マルテンサイト相および母相の比抵抗は，時効時間の増加にともない増大する．比抵抗は，転位，析出物や不純物の増加にともない増大することが知

第Ⅰ部 形状記憶合金の特性

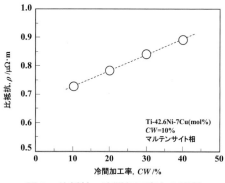

図3 比抵抗―冷間加工率との関係

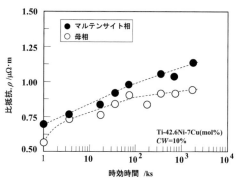

図4 比抵抗―時効時間との関係

られている[5]．すでに述べたように，時効時間の増加にともない転位密度が減少する．このため，比抵抗の増加は，析出物の形成あるいは不純物の混入が原因と考えられる．図4に示した結果は，大気中で時効処理を行っているため，酸素の侵入が比抵抗増加の原因と考えられる．また，マトリックス中に酸素が存在する場合，Ti過剰で酸素を含む析出物が形成することが報告されている．したがって，時効時間の増加にともない比抵抗が増大したのは，熱処理時に侵入した酸素あるいは酸素を含む析出物の形成によるものと考えられる[6]．

3　一定温度下における比抵抗

　金属の電気抵抗は，温度の上昇にともない増大する．前項までに述べた比抵抗は，温度の影響が含まれている．そこで本項では，試料の温度が変化しない一定温度条件下で負荷・除荷を行って，比抵抗を調べた．Ti-42.6Ni-7Cu（mol%）に対し，一定加熱温度373Kにおける応力―ひずみ関係および比抵抗―ひずみ関係を，図5に示す．応力―ひずみ関係の負荷過程において，降伏応力を超えると，応力誘起変態により母相からマルテンサイト相に変態する．除荷過程においては，徐荷とともに試料は，マルテンサイトから母相へと逆変態する．このように試料が変態，逆変態しても環境温度が一定の場合には，比抵抗―ひずみ関係におけるヒステリシスはほとんどない．図6は，同一の試料・温度条件における応力誘起マルテンサイト変態にともなう，比抵抗値の変化を示したものである．ひずみ0からA点（約0.8%）までの比抵抗値の変化はほとんどない．このひずみ範囲においては，試料は母相の状態であり，図1，2に示したように，母相における比抵抗は小さい．A点を超えてB点までの比抵抗値は，線形的に増加する．A―B点間の応力―ひずみ関係は，A点に対応する応力において応力誘起によるマルテンサイト変態が開始し，母相とマルテンサイト相が混在した状態となり，ひずみの増大にともないマルテンサイト相分率が増大し，B点に対応する応力においてマルテンサイト変態が終了し，試料全体がマルテンサイト相となる．B点を超えると，比抵抗値の増分は小さくなる．図1または図2および図5に示した結果は，次の2つのことを示唆している．

　①マルテンサイト相と母相の比抵抗の大小関係は，マルテンサイト相＞母相であり，その差異は結晶構造の違いなどによる．

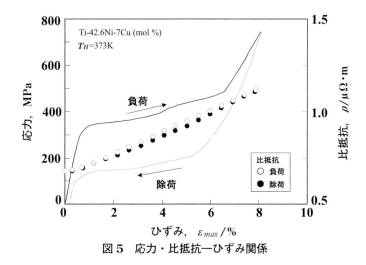

図5 応力・比抵抗―ひずみ関係

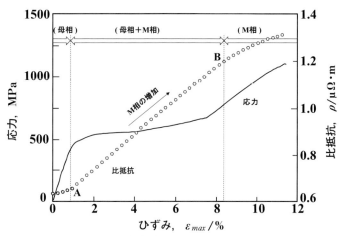

図6 マルテンサイト（M）相，母相状態における比抵抗の変化

②材料全体の比抵抗は，マルテンサイト相と母相の体積分率によって決定される．

ここで，比抵抗値がマルテンサイト相と母相の体積分率で決まるとすると（上記②），図5におけるB点以上のひずみ領域においては，試料はマルテンサイトの状態であることから，ひずみ増加に対して比抵抗は増大しないはずである．しかし，B点以上のひずみ領域では，試料には転位が導入され（塑性変形），その結果，図5に示すように比抵抗は増大するため，B点以上のひずみ領域において，比抵抗が増大したものと考えられる．因みに，B点以下のひずみ範囲においては，図4に示したように塑性変形は小さく，転位の導入は極めて少なく，比抵抗値に及ぼす転位の影響はほとんどないものと考えられる．

また，図5から，マルテンサイト誘起応力は，超弾性サイクルの応力―ひずみ関係から求めた応力 σ_{Ms} に比べ，低応力でマルテンサイト変態が開始[7]していると考えられる．

第Ⅰ部　形状記憶合金の特性

参考文献

1)　船久保熙康 編：形状記憶合金，産業図，61（1984）.

2)　松本仁：熱測定，**28**, 2（2001）.

3)　E. Lopez, G. Guenin, M. Morin : *Mat. Sci. Eng.*, **A358**, 350-355（2003）.

4)　E. Lopez, G. Guenin, M. Morin : *Mat. Sci. Eng.*, **A378**, 115-118（2004）.

5)　家田正之，成田賢仁，高橋清，柳原光太郎：電気・電子材料ハンドブック，朝倉書店 （1987）.

6)　船久保熙康 編：形状記憶合金，産業図書，81（1984）.

7)　M. Hosogi, N. Okabe, T. Sakuma and K. Okita : *Materials Science Forum*, **257**, 394-395 （2002）.

第 I 部　形状記憶合金の特性

第6章
特性評価試験法

1　変態温度（無応力下における測定方法）

　DSC は温度変化をさせながら物質の変化を検出する熱分析計の一種であり，試料と熱特性が既知の標準物質の温度を，それぞれのヒータにより一定速度で上昇あるいは下降させる．このとき両者の温度差が生じないように制御し，試料に供給する熱量を連続的に記録できるようにしたものである．

　試料の温度を下降させているときには，マルテンサイト変態による発熱反応が起こり，逆に温度を上昇中には，逆変態により吸熱反応が起こる．

　発熱が開始する温度が M_s 点，終了する温度が M_f 点，吸熱が開始する温度が A_s 点，終了する温度が A_f 点である．また，発熱，吸熱変化の各ピークに対応する温度は，それぞれ M_p 点，A_p 点であり，変態，逆変態速度が最も大きい温度である．

　DSC による測定では，以下の手順で進める

①　試料の準備

　(1) 試料の個数：1 回の測定に供する試料の個数は，使用する材料（素材）から 2〜3 回分を採取する．

　(2) 試料の作製：素材から試料を切り出す場合，試料には加工ひずみ等の影響が残らないよう注意して切り出す．

　(3) 試料の秤量：電子天秤等で，試料を 30〜50 mg とする．

　(4) 試料の形状：試料は DSC 装置の容器に設置するが，このとき試料は容器内の底面との間に隙間ができない形状，底面全体に接触する形状とする（隙間があると精確な測定ができない場合がある）．

　(5) 試料の前処理：JIS 規格[1]では，1173 K，1.8 ks の溶体化処理を行うと規定されているが，実際に使用する素材の場合には，熱処理を施す必要はない．

　(6) 基準試料：純アルミニウム．JIS 規格では，アルミナ紛，純アルミニウム，純銅および白金などが推奨されている．

②　測定

　(1) 加熱 / 冷却速度：N₂ ガスを 50 mL/min 程度流した状態で，加熱 / 冷却速度は 10 K/min で行う．

　(2) 加熱温度：加熱温度は A_f 点 + 約 30 K まで加熱し，数分（2〜5 分）保持する．A_f 点は測定開始時には不明であるため，あらかじめ調査（文献や予備測定等）しておく．

　　A_f 点 + 約 30 K 以上に加熱すると形状記憶機能が損なわれる場合があるので，過熱には

— 49 —

第Ⅰ部　形状記憶合金の特性

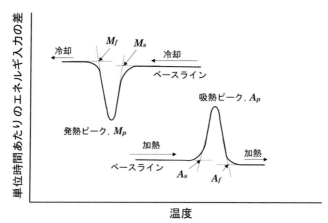

図1　冷却・加熱にともなうDSC曲線からの変態点の求め方

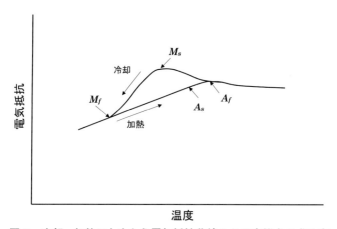

図2　冷却・加熱にともなう電気抵抗曲線からの変態点の求め方

　　注意する必要がある．
　（3）冷却温度：冷却温度は，M_f点—30 Kまで冷却し，数分（2～5分）保持する．
　③　変態点の測定
　エネルギ入力差—温度関係の曲線から，図1に示す方法で各変態点を求める．
　図2に示すように，DSC法によらず，電気抵抗—温度関係の曲線から変態温度を求める方法もある．しかし，材料の履歴（加工，熱処理）等によっては，測定が困難となる場合がある．電気抵抗の測定方法については，次項以降で述べる．

2　機械的性質の測定

　機械的性質を調べる試験装置において，既存あるいは既製の装置に改良を加えて使用する場合，または自前で一から装置を製作する場合，考慮すべき主な点について述べる．
　①　加熱/冷却部
　試料（形状記憶合金）を冷却する場合，特にマルテンサイト相状態とするためには，273 K以

下の温度にまで冷却する必要がある．一例として，液体窒素の蒸気を用いる方法がある．すなわち，液体窒素を入れた容器内にヒータを設置し，ヒータに投入する電流を制御して，発生蒸気量をコントロールし，さらに別系統から投入する窒素ガス量と発生蒸気量を制御して，温度コントロールを行う．

　加熱部では，温水などの液体を加熱媒体とすれば，試料を均一に加熱し，温度上昇速度を高めることができるが，冷却に液体窒素，窒素ガスを使用する場合には，加熱部で水等の液体が凍結するなどの支障がでるため，加熱媒体として液体を用いることはできない．そこで，加熱も窒素ガスをヒータで加熱し，液体窒素の蒸気も一部取り入れた制御を行うことにより，所定の温度にコントロールする．また，液体窒素の蒸気を用いる代わりに，コンプレッサからの空気を利用する方法でもよい．

　②　試験片加熱・冷却における均一性の確保

　試験片を加熱あるいは冷却する場合，試験片の長さが長いと，温度を均一にするのが困難となる．得られるデータの精度を高めるには，長い方が有利であるが，温度むらの問題が生じる．本書で紹介した諸データでは，試験片の長さは 200 mm 以下であり，50 mm 程度が望ましい．また，試験片の温度測定で，熱電対（シース熱電対）を使用する場合は，熱電対の径が小さく，熱電対径の数十倍以上を試験片に沿わせ，加熱・冷却媒体とは直接接触しない処理が必要である．

　③　液体窒素，窒素ガスまたは圧縮空気を用いた場合の加熱 / 冷却速度は約 3 K/min 程度が適当である．

　④　試験片（試料）のつかみ部

　試験片のつかみ部は，特に注意を払う必要がある．特に細線をつかむ場合は工夫が必要であり，治具が必要となる．治具の締付け力が強すぎると，引張試験等を行ったときに試験片がつかみ部近傍から破断する．これは，締付け力が強いと試験片にき裂が入り，そこから破断するからである．また，締付け力が弱いと，負荷（引張変形）中にすべりが生じ，データに誤差が生じる．試験片のつかみ具合が適切かどうかは，試行錯誤により締付け力を見出す．試験片の中央部（両端部以外）で破断していれば，締付け力が適切であるといえる．

　⑤　試験によるデータの取得

　試験データの評価については，JIS 規格[2]で詳細に述べられているのでここでは触れないが，試験片に丸線を使用する場合は，試験片の長手方向に 3 か所，円周方向に 3 か所マイクロメータ等による測定が必要である．また，測定する試験片には，測定以前に応力やひずみが加わらないよう注意する必要がある．

3　予ひずみ付与下における測定

3.1　ひずみ非拘束加熱

　予ひずみ負荷，除荷後にひずみ非拘束で加熱した場合の回復ひずみ，逆変態温度は，**図 3** に示す応力－ひずみ関係 (a)，およびひずみ－温度関係 (b) から求める．手順は次の通り．

　①　試料は，まず $M_f - 30$ K まで冷却して，マルテンサイト相の状態にする．

　②　マルテンサイト相の状態で所定の予ひずみ (ε_{pr}) まで負荷（O → A）したのち，温度 T_C

第Ⅰ部　形状記憶合金の特性

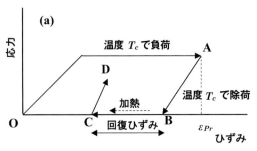
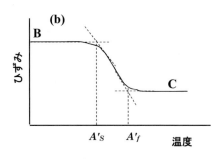

図3　予ひずみ付与，除荷後のひずみ非拘束加熱による回復ひずみと逆変態温度の測定方法

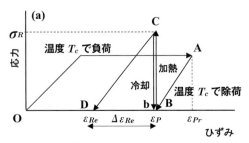
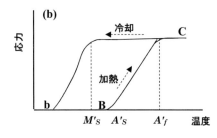

図4　予ひずみ付与，除荷後のひずみ拘束加熱による回復応力・ひずみと変態・逆変態温度の測定方法

　　（$= A_s - 20$ K）で除荷（A→B）する．予ひずみ ε_{pr} の範囲は1〜7%程度とする．
③ 除荷後，ひずみを拘束せずに昇温し，図3（b）に示すひずみ―温度曲線から，逆変態開始温度および逆変態終了温度を求める．ここで，昇温速度は3 K/min で行う．昇温速度が速すぎると，試料の温度が所定の温度に達しない．
④ 加熱によりある温度に達する過程で，ひずみが点Bから回復し始め，逆変態が終了するにともないひずみの回復が，点Cで止まる．
⑤ 予ひずみ付与後（負荷により損傷した素材）の母相の見かけの弾性定数を調べる場合には，点Cで0.4%以下に負荷し，そのときの応力―ひずみ曲線から，負荷過程での勾配を最小二乗法等により求めた結果が，ひずみ付与後の見かけのヤング率となる．
⑥ 損傷していない素材のマルテンサイト相の見かけの弾性定数は，O→Aの負荷過程においてひずみ範囲が0.4%未満の応力―ひずみ関係から，⑤と同様にして求める．
⑦ 損傷していない素材の母相の見かけの弾性定数は $A_f + 20$ K の温度で負荷し，0.4%未満の応力―ひずみ関係から，⑤と同様にして求める．

3.2　ひずみ拘束加熱
予ひずみ負荷・除荷後にひずみ拘束で加熱した場合の，回復応力・ひずみ，変態／逆変態温度は，図4に示す応力―ひずみ関係（a），および応力―温度関係（b）から求める．手順は次の通り．
① ①〜②は前項と同様
② 除荷後，点Bでひずみを拘束して昇温，降温する（B→C→b）．図4（a）の応力―ひず

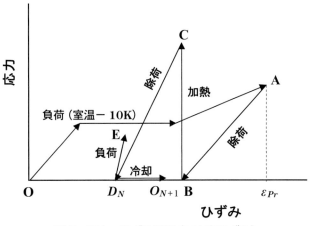

図5 応力—ひずみ関係（二方向ひずみ）

み関係から回復応力 σ_R, 図4（b）の応力—温度関係から逆変態開始温度 A'_s, 終了温度 A'_f および変態開始温度 M'_s が求められる．ただし，この応力—温度関係では，変態終了温度を求めることはできない．

③ 負荷・除荷後，温度 $A'_f + 20$ K に昇温した状態でひずみ拘束加熱後（B→C），除荷（C→D）し，応力—ひずみ関係におけるひずみ0.4％未満に相当する領域のデータを，最小二乗近似して勾配を求めれば，母相の見かけの弾性定数となる．

3.3 二方向ひずみ

二方向形状記憶効果を調べる試験は，第2章［2.2］で記述した方法で行う．図5に示すように，予ひずみ負荷後除荷し，ひずみ拘束で加熱，それを保持した状態で除荷し，その後冷却する．これらの一連の負荷・除荷，加熱・冷却を繰り返す．具体的には以下の手順で行う．

① 試料を冷却（$M_f - 30$ K）して，マルテンサイト相にする．その後，冷却温度を室温－10 K まで昇温する．
② 一定の変位速度 1.2 mm/min で，所定の予ひずみ ε_{Pr} まで負荷する（O→A）．
③ ②と同一の変位速度で除荷する（A→B）．
④ 点Bで変位（ひずみ）を拘束した状態で，所定の温度（423 K）まで昇温速度 3 K/min で昇温する（B→C）．
⑤ 昇温後，一定時間（0.6 ks）保持したのち，除荷（C→D）する．
⑥ 母相の見かけの弾性定数を測定する場合は，点Dで逆変態終了温度以上に昇温し，0.3〜0.4％程度負荷し（D→E），応力—ひずみ関係線図から求める．
⑦ 二方向ひずみは，点Dにおいて冷却温度（室温－10 K）まで，降温速度 5 K/min で降温する．この過程を1サイクルとする試験を約30サイクル繰り返す．
⑧ 2サイクルめ以降は，二方向ひずみ（$D_N → O_{N+1}$）が発生し終えた点 O_{N+1} から N サイクルめを開始する．
⑨ 累積二方向ひずみ ε_{CTW} は，所定の回数 N までに発生した累積のひずみであり，$\varepsilon_{CTW} =$

第Ⅰ部　形状記憶合金の特性

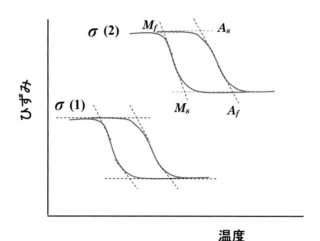

図6　一定応力下におけるひずみ―温度関係

$\varepsilon_{ON+1} - \varepsilon_{D1}$ と定義している．また，二方向ひずみは $\varepsilon_{TW} = \varepsilon_{ON+1} - \varepsilon_{DN}$ と定義している．

4 変態限界応力―温度関係の測定方法

変態応力―温度関係の測定は，定荷重（一定応力）を負荷した状態で昇温・降温を行い，ひずみ―温度関係の曲線から，各変態温度を求める．次に求めた各変態温度に対し付与した応力に対し，応力―温度関係図にプロットして，変態限界応力を求める．具体的には，以下の手順で行う．

① 測定試料は線材を用いる．線材の寸法（長さ，直径）は，加熱／冷却用のチャンバーに収納できる寸法とする．
② 試料の一端を固定し，他端には定荷重を付与する．荷重の種類は，応力―温度関係線図にプロットして変態限界応力を求めるため，3～5種類の荷重を選択する．
③ 試料の加熱は，ヒータで気体（空気）を加熱して行う場合には昇温速度は 3 K/min 程度とし，昇温速度が大きくならないよう注意する．
④ 試料の冷却は，自然冷却で行う（装置を簡便にできる）．
⑤ 加熱・冷却にともなう変位の移動（上下あるいは左右）を，変位計により測定する．ひずみ―温度関係を，図6に模式的に示す．
⑥ 図6に示したひずみ―温度関係から，各変態点を読み取る．
⑦ 各荷重（応力）に対する変態温度を，応力―温度線図にプロットする．図7に，応力―温度関係の一例を示す．

5 電気抵抗の測定方法

電気抵抗値の測定は，以下の方法で行う．
① 抵抗値測定に供する試料は，抵抗値が大きくなる直径の小さい（0.3 mm 程度），およびで

―54―

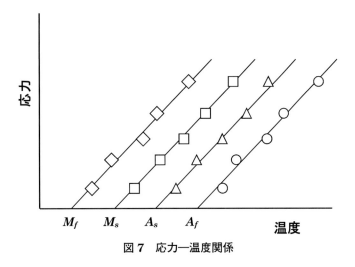
図7 応力―温度関係

きるだけ長いものを準備する．
② 試料を $M_f - 30$ K まで冷却して，マルテンサイト相状態にする．
③ 試料に定荷重を負荷して，所定のひずみを付与する．負荷応力は，7～70 MPa 程度とする．
④ 試料をヒータにより加熱する．温度範囲は 300～373 K 程度で昇温する．もしも，試料長が大きい場合には，試料に温度分布が生じないよう加熱時間を十分長く，かつ昇温速度を小さくする必要がある．
⑤ 冷却は，自然冷却により行う．
⑥ 試料を設置する容器等では，容器内で対流が生じないよう工夫する必要がある．
⑦ 加熱によるひずみの変化（変位）をレーザ変位計等により測定し，同時に抵抗を測定する．抵抗は，4線式マルチメータ等を用いて測定する．

参考文献

1) JIS H 7101，日本規格協会（1989）．
2) JIS H 7103，日本規格協会（1991）．

第Ⅱ部

変形挙動を表わすシミュレーション手法

鈴木　章彦

はじめに
第1章　形状記憶合金変態挙動
第2章　微視的変形・変態機構を考慮した
　　　　構成式モデル
第3章　現象論的構成式
【付録】座標変換

はじめに

　形状記憶合金を用いた機器を開発する場合，温度および負荷の変動する条件のもとでの機器の応答が設計通りかどうかを確認する必要がある．そのためには，温度および負荷の組合せに対する形状記憶合金の変態挙動を，精度よく記述する構成式が必要となる．形状記憶合金の変態は，結晶学的に特定される変態面の特定の変態方向に生じる．これを変態システムと呼ぶことにすれば，1つの結晶粒の中に，24通りの変態システムがあり，さらに多結晶体材料を考えれば，材料中に種々の方位の結晶粒が含まれ，そのそれぞれが24通りの変態システムをもっていることになる．材料中の変態システムにおける変態の発生は，負荷応力と他の変態システムにおける変態の発生により生じた内部応力の合応力によって規定される．そして，材料のマクロな変態挙動は，これら微視変態ひずみの平均によって表わすことができる．したがって，精度よい構成式開発のためには，これら微視変態挙動を十分に反映した構成式を開発する必要がある．

　第1章においては，変態の微視的様相について簡単に記述し，第2章においては，上記のような変態の微視的様相を考慮した構成式の例として，アコモデーションモデルについて紹介している．この構成式により，形状記憶合金の変態挙動が精度よく記述できるがことが示されるが，解析を実行するためには，材料内部のすべての変態システムを参照する必要があるため，多くの計算時間を要する欠点がある．これに対して，精度を若干犠牲にするが，変態の微視的メカニズムを直接的に参照することなく，マクロ的な変態の挙動を現象論的に記述する現象論的構成式が，その計算の簡便さのため有用視されている．第3章においては，この現象論的構成式について述べており，その1つの例として，[2]において等応力モデルを取り上げる．このモデルはアコモデーションモデルを用いた計算結果を参照することにより，材料内部の多数の変態システムを考慮した変態挙動が，Mises の相当応力を用いた全ひずみ理論により，近似的に表現できることをもとに組み立てられている．また，[3]には，その他のこれまで提案されている現象論的構成式のいくつかについて，文献紹介を行っている．

第Ⅱ部　変形挙動を表わすシミュレーション手法

第1章
形状記憶合金変態挙動

1　変態の微視的様相

　形状記憶合金では母相は立方晶の場合が多く，変態により1つの母相結晶から複数の方位のマルテンサイト晶が生成する．これらマルテンサイト晶は，方位は異なるが結晶学的には同一のものであるから，これらをバリアント（兄弟晶）と呼ぶ．

　代表的な形状記憶合金 Ti-Ni の母相（オーステナイト相）の結晶構造は体心立方構造であり，変態により単斜晶に変化する．形状変化をともなうマルテンサイト変形が起こっても，マルテンサイト相と母相の界面は接合している．この界面は各合金に特有の結晶学的に等価な面からなっており，晶癖面（habit plane）と呼ばれている．この晶癖面で割れが生じないためには，マルテンサイト変態後も変形しない面が晶癖面として選択されなければならない．一般的には，マルテンサイト変態にともなう格子変形だけでは（格子変形をともなうマルテンサイトバリアントを格子対応バリアントと呼ぶ．），このような無ひずみの晶癖面は存在しない．そのような晶癖面を作るために，格子変形とは異なる別の変形を導入する必要がある．このような別の変形としては双晶変形があり，格子対応バリアントにそれと双晶関係にある別の格子対応バリアントが組み合わされた結晶が生成される．このような複合的に生成されたバリアントを晶癖面バリアントと呼び，マルテンサイト変態を考えるときの単位のバリアントとしては，この晶癖面バリアントを考えるのが一般的である．

　Ti-Ni 形状記憶合金においては，このような晶癖面は1つの結晶内に24通り存在する．変態は変態面（晶癖面）上のせん断変形的な変形によって記述されるが，変態面と変態方向を組み合わせたものを変態システムと呼ぶことにすれば，24通りの変態システムがあることになる．これを**表1**[1] に具体的に示す．

　さらに，この晶癖面バリアントが母相中に形成される場合においても，同一の方位をもつバリアントだけでは，それによって生じるせん断ひずみを打ち消すことはできないので，冷却による変態の場合には，異なった方位のバリアントがお互いのせん断ひずみを打ち消し合うように配列し，ひずみ緩和の自己調整組織を形成する．このような自己調整作用のことをアコモデーションと呼ぶ．アコモデーションは，冷却の場合だけでなく，変態が生じるときには常に随伴する本質的な事象である．

　マルテンサイト変態では，結晶中の原子がせん断変形的に連携移動して，結晶構造が変化する．ここで"せん断変形的"とは変態の前後での体積変化が非常に小さいことを意味する．周囲からの拘束がない場合，マルテンサイト変態のひずみは，合金に固有な値を取り（変態固有ひずみ），変態面の垂線を x_3 軸，変態方向を x_1 軸になるように局所座標系を選ぶと

−60−

第1章　形状記憶合金変態挙動

表1　Ti-Ni の変態システム[1]（晶癖面指数（m1，m2，m3）と変態方向指数（n1，n2，n3））

番号	m1	m2	m3	n1	n2	n3
1	-0.8889	-0.4044	0.2152	0.4114	-0.4981	0.7633
2	-0.4044	-0.8889	-0.2152	-0.4981	0.4114	-0.7633
3	0.8889	0.4044	0.2152	-0.4114	0.4981	0.7633
4	0.4044	0.8889	-0.2152	0.4981	-0.4114	-0.7633
5	-0.8889	0.4044	-0.2152	0.4114	0.4981	-0.7633
6	0.4044	-0.8889	0.2152	0.4981	0.4114	0.7633
7	-0.8889	-0.4044	-0.2152	-0.4114	-0.4981	-0.7633
8	-0.4044	0.8889	0.2152	-0.4981	-0.4114	0.7633
9	0.2152	0.8889	0.4044	0.7633	-0.4114	0.4981
10	0.2152	-0.8889	-0.4044	0.7633	0.4114	-0.4981
11	-0.2152	-0.4044	-0.8889	-0.7633	-0.4981	0.4114
12	-0.2152	0.4044	0.8889	-0.7633	0.4981	-0.4114
13	-0.2152	0.8889	-0.4044	-0.7633	-0.4114	-0.4981
14	-0.2152	-0.8889	0.4044	-0.7633	0.4114	0.4981
15	0.2152	0.4044	-0.8889	0.7633	0.4981	0.4114
16	0.2152	-0.4044	0.8889	0.7633	-0.4981	-0.4114
17	0.8889	-0.2152	0.4044	-0.4114	-0.7633	0.4981
18	-0.8889	-0.2152	-0.4044	0.4114	-0.7633	-0.4981
19	0.4044	0.2152	0.8889	0.4981	0.7633	-0.4114
20	-0.4044	0.2152	-0.8889	-0.4981	0.7633	0.4114
21	0.8889	0.2152	-0.4044	-0.4114	0.7633	-0.4981
22	-0.8889	0.2152	0.4044	0.4114	0.7633	0.4981
23	-0.4044	-0.2152	0.8889	-0.4981	-0.7633	-0.4114
24	0.4404	-0.2152	-0.8889	0.4981	-0.7633	0.4114

$$\varepsilon^* = \begin{bmatrix} 0 & 0 & \gamma^*/2 \\ 0 & 0 & 0 \\ \gamma^*/2 & 0 & \varepsilon^* \end{bmatrix} \tag{1}$$

となる．ここで，ε^* および γ^* は変態面に垂直なひずみおよびせん断ひずみであり，材料固有のひずみである．それらの値のオーダとして，Ti-Ni に対して，

$$\varepsilon^* = -0.0034^{[2]}, \quad \gamma^* = 0.13^{[3]} \tag{2}$$

が文献に示されている．

—61—

2 形状記憶効果および超弾性挙動のメカニズム

図1に変態温度および変態応力の温度依存性を，模式的に示す．形状記憶合金を冷却していくと，ある温度でマルテンサイト変態が開始し（マルテンサイト変態開始温度：M_s），さらに冷却を続けるとある温度にて合金全部がマルテンサイトになり，変態が完了する（マルテンサイト終了温度：M_f）．この温度から温度を上昇させていくと，ある温度にてオーステナイト逆変態が始まり（オーステナイト逆変態開始温度：A_s），さらに温度を上げていくとある温度で合金全部が母相となり，逆変態が完了する（オーステナイト逆変態終了温度：A_f）．形状記憶合金の変態は応力を負荷することによっても生じ，図に示すようにある温度T_oを保ったまま応力を負荷していくと応力S_1にてマルテンサイト変態が開始し，応力S_2で変態が完了する．逆に応力を除荷していくと応力S_3でオーステナイト逆変態が開始し，応力S_4で逆変態が完了する．この関係を模式的に図1に示す．変態応力S_1，S_2，S_3，S_4は温度の関数であるが，図1に示すように温度に対し直線の関係にあり，さらにこれらの直線はお互いに平行であると仮定されることが多い．

温度と応力の変化にともなう，形状記憶合金の変態挙動における原子の動きと試料の変形の様子を，模式的に図2に示す．

図2（a）に示す母相状態にある試料を，マルテンサイト変態終了温度M_f以下に冷却すると，同図（b）に示すようなマルテンサイト相の結晶構造に変わる．3次元の実際の結晶では，24通りの方位のマルテンサイトバリアントが形成される．バリアントとは，結晶構造は同じで，結晶方位が異なるマルテンサイト晶のことであり，（b）にはAとBで記された2種類の方位のバリアントが示されている．個々のバリアントは，元の母相からみると，せん断ひずみを生じているが，冷却により形成されたバリアントは，お互いのひずみを緩和し合うように自己調整して形成されるため，マクロ的には試料形状は変化していない．このように，マルテンサイトバリアントが，内部ひずみを打ち消し合うように自己調整的に生じる作用のことを，アコモデーションと呼んでいる．

図2（b）に示した状態から温度を変化させずに応力を負荷していくと，（c）のように応力に対して優先方位のバリアントAが成長し，試料はマクロ的にせん断変形することになる．このような，状態（b）から状態（c）へのようにマルテンサイトの方位が変化することを，マルテンサイト再配列と呼んでいる．この状態においては，応力を除荷するだけではせん断ひずみは残留ひ

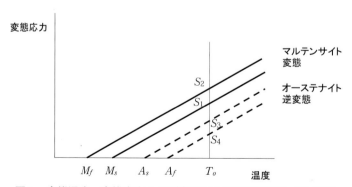

図1 変態温度，変態応力および変態応力の温度依存性（模式図）

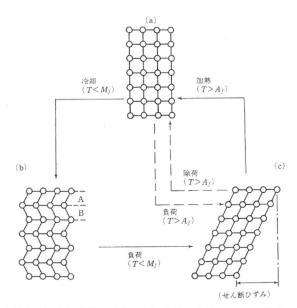

図2 形状記憶効果（実線矢印）と超弾性（破線矢印）を示すときの原子の移動と試料形状変化を示す模式図[4]

ずみとして残ることになるが，この試料を逆変態終了温度 A_f 以上になるまで加熱すると，すべてのマルテンサイト晶は母相のオーステナイトに逆変態し，試料形状も(a)のように元に戻ることになる．これが形状記憶効果である．

　マルテンサイト変態は，一般に，変態温度以下に冷却することによって生じるものであるが，変態温度以上でも外力を加えることにより，変態を誘起することができる．これを(a)から(c)への変化として破線で示した．この場合，逆変態終了温度 A_f 以上の温度領域にあれば，外力を除荷するだけですべてのマルテンサイト晶は，(c)から(a)の破線で示す経路で母相に逆変態し，形状は元に戻る．これが，超弾性である．

引用・参考文献

1) Wang, X. M., Xu, B. X., Yue, Z. F.: "Micromechanical Modeling of the Effect of Plastic Deformation on the Mechanical Behavior in Pseudoelastic Shape Memory Alloys", *Int. J. Plast.* **24**, 1307-1332（2008）.

2) 船久保熙康編："形状記憶合金"，第3刷，産業図書（1986）.

3) Yu, C., Kang, G., Song, D., Kan, Q.: "A Micromechanical Constitutive Model for Anisotropic Cyclic Deformation of Super-Elastic NiTi Shape Memory Alloy single Crystals", *J. Mech. Phys. Solids* **82**, 97-136（2015）.

4) 田中喜久昭，戸伏壽昭，宮崎正修一："形状記憶合金の機械的性質"，第1版，養賢堂（1993）.

第Ⅱ部　変形挙動を表わすシミュレーション手法

第2章
微視的変形・変態機構を考慮した構成式モデル

1　材料の微視構造

　材料の微視的構造を模式的に示したのが**図1**である．対象とする試料の変形挙動を知るためには，試料の内部に無限小の微視要素を考え，その応力とひずみの関係式，すなわち，構成式を与える必要がある．しかし，その微視要素は多数の結晶粒からなり，それぞれの結晶粒はそれぞれ24通りの変態システムをもち，それぞれの変態システムにおいて温度と応力の変動にともなう変態，逆変態およびマルテンサイトの再配列が，アコモデーション挙動をともないながら生じる過程を記述する必要がある．求める構成式モデルは，このような材料の微視構造の変態挙動を反映するものである必要がある．このようなモデルは，当然，形状記憶合金の形状記憶効果および超弾性挙動を記述できるものと期待される．

2　アコモデーションモデル

　変態におけるアコモデーション挙動を表現するモデルとして，**図2**に示す方位の異なる結晶粒の並列結合構造を考える．この構造においてひずみによる外力負荷を受けると，すべての結晶粒において同一のひずみが発生し，それに対応する応力が発生する．それぞれの結晶粒は24通りの変態システムをもっていて，変態に対する最も優先する方位が存在し，その方位の変態システムをもった結晶粒で変態が生じる．その結果，その結晶粒は応力が緩和され，さらなるひずみ負荷に対しては，別の方位をもつ結晶粒で変態が起きることになる．すなわち，変態は応力に対する優先方位の順に生じ，変態が生じると，変態ひずみを打ち消す方向に内部応力が生じ，次の変態は，外部応力と内部応力の和に対しての優先方位の変態システムで起きることになる．この作用が，変態におけるアコモデーション挙動のメカニズムである．一方，第1章図1に示すよう

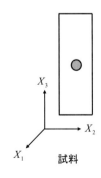
試料

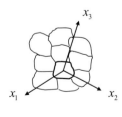
多結晶構造　　　変態システム

図1　形状記憶合金の微視構造

第2章 微視的変形・変態機構を考慮した構成式モデル

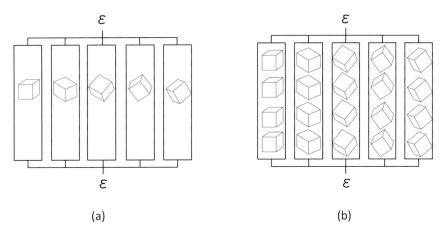

図2 等ひずみモデル，(a) 微小結晶粒の並列モデル，(b) 部分要素を導入した微小結晶粒の並列モデル（アコモデーションモデル）

に一定温度で応力を増加していくと，応力 S_1 にて変態が開始し，応力 S_2 にて変態が完了する．すなわち，材料の変態において，変態開始応力 S_1 から変態終了応力 S_2 まで加工硬化する．これを表わすため1つの結晶粒を N 個の部分要素に分け，それぞれの部分要素に変態応力の値として，S_1 から S_2 の値を N 等分した値を割り当てる．そして，変態はこの部分要素ごとに生じるとし，相変態は部分要素内で一様に生じるとする．このようにすることにより，応力 S_1 にて変態が開始し応力 S_2 にて変態が完了する挙動，すなわち，変態の加工硬化特性が表わされることになるが，滑らかな加工硬化曲線を得るためには，N の値をある程度大きくする必要がある．また，変態ひずみは第1章式(2)に示すように10％以上程度の大きな値であるので，材料中に変態が発生したときの計算の安定性を保つためにも，部分要素の体積を大きく取れない．このためにも，N の値をある程度大きくとる必要がある．また，部分要素は結晶粒のなかで定義され，微小結晶粒のなかでは応力は一様と考えられるので，結晶粒のなかの部分要素は応力一様の直列結合構造で表わすこととする．それを図2(b)で表わし，この構造で表わされる構成式モデルをアコモデーションモデルと呼ぶことにする．

以上述べたようにアコモデーションモデルの基本は等ひずみモデルであり，これは実際の材料構造に対し拘束が大きすぎるようにも考えられる．しかし，このように扱うことにより，材料の下部構造の応力—ひずみ挙動を材料要素のマクロな応力—ひずみ挙動に関連付けることができ，梁の曲げ問題における断面保持の仮定が，3次元弾性論でなく1次元の梁理論によって解析を可能にするのと同様，1つの有力な手法であると考えられる．また，実際の材料の微視要素は，周りの材料から拘束を受けているので，微視要素の内部のひずみは，周りの材料からのひずみに等しいと仮定することは，実際のひずみ状態に対するかなりよい近似になっていると考えられ，さらに，結晶粒変位および部分要素の変位におけるコンパティビリティを，自動的に満足している利点もある．

3 結晶粒方位および体積分率と部分要素の体積分率

アコモデーションモデルは，微視構造を有する物質点の材料挙動を物質点に含まれる結晶粒の並列構造の挙動でモデル化している．したがって，物質点を構成する結晶粒の方位とその体積分率を求めておかなければならない．結晶の a 軸，b 軸および c 軸をそれぞれ結晶の局部座標 x' 軸，y' 軸および z' 軸とし，局部座標の方位を，図3に示すように物質点のマクロ座標のオイラー角 φ，θ および ψ で表わす．方位 φ，θ および ψ をもつ結晶の存在確率密度を $q(\varphi, \theta, \psi)$ で表わすと，すべての方位の結晶の存在確率の合計 P は，

$$P = \oint \int_0^{\frac{\pi}{2}} \left\{ \oint q(\varphi, \theta, \psi) d\psi \right\} \sin\varphi d\varphi d\theta \tag{1}$$

で表わされる．体心立方晶の場合は，対称性を考えて，式 (1) は，

$$P = 16 \int_0^{\frac{\pi}{2}} \int_0^{\frac{\pi}{2}} \left\{ \int_0^{\frac{\pi}{2}} q(\varphi, \theta, \psi) d\psi \right\} \sin\varphi d\varphi d\theta \tag{2}$$

となる．P はすべての方位の結晶の存在確率の合計であるから，

$$P = 1 \tag{3}$$

が成り立つ．したがって，結晶方位の存在確率密度が一様である場合には，

$$q(\varphi, \theta, \psi) = q_0 \ (const) \tag{4}$$

と置いて，式 (2) は，

$$P = 16 q_0 \int_0^{\frac{\pi}{2}} \int_0^{\frac{\pi}{2}} \left\{ \int_0^{\frac{\pi}{2}} d\psi \right\} \sin\varphi d\varphi d\theta = 4\pi^2 q_0 \tag{5}$$

となる．したがって，式 (3) と式 (5) から q_0 の値として，

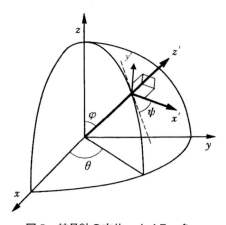

図3 結晶粒の方位，オイラー角

$$q_0 = \frac{1}{4\pi^2} \tag{6}$$

が得られる．いま，φ，θ，ψ の $0 \sim \pi / 2$ の区間をそれぞれ I，J，K 等分し，i，j，k 番めの区間の中央値を φ_i，θ_j，ψ_k，区間の幅を Δ_φ，Δ_θ，Δ_ψ とすると，

$$
\begin{aligned}
\varphi_i &= \frac{\Delta_\varphi}{2} + \Delta_\varphi \times (i-1) \quad , \quad \Delta_\varphi = \frac{\pi}{2I} \\
\theta_j &= \frac{\Delta_\theta}{2} + \Delta_\theta \times (j-1) \quad , \quad \Delta_\theta = \frac{\pi}{2J} \\
\psi_k &= \frac{\Delta_\psi}{2} + \Delta_\psi \times (k-1) \quad , \quad \Delta_\psi = \frac{\pi}{2K}
\end{aligned} \tag{7}
$$

となる．ここで i，j，k 番めの区間に方位をもつ結晶粒の存在確率は，式 (5) を参照して，

$$
\begin{aligned}
P &= \frac{4}{\pi^2} \int_{\theta_j - \Delta_\theta/2}^{\theta_j + \Delta_\theta/2} \int_{\varphi_i - \Delta_\phi/2}^{\varphi_i + \Delta_\phi/2} \left\{ \int_{\psi_k - \Delta_\psi/2}^{\psi_k + \Delta_\psi/2} d\psi \right\} \sin\varphi d\varphi d\theta \\
&= \frac{4}{\pi^2} \left\{ \cos(\varphi_i - \Delta_\varphi/2) - \cos(\varphi_i + \Delta_\varphi/2) \right\} \Delta_\theta \Delta_\psi
\end{aligned} \tag{8}
$$

となる．この区間に方位をもつ結晶を方位 φ_i，θ_j，ψ_k の結晶で代表させ，式 (8) の確率をもつものとすれば，この結晶の体積分率を式 (8) の値に等しいと置くことができる．

次の量，

$$m = J \times K \times (i-1) + K \times (j-1) + k \tag{9}$$

を定義し，この結晶粒を m 番めの結晶粒であるとすれば，m 番めの結晶粒の体積分率 F_m は式 (8) より，

$$F_m = \frac{4}{\pi^2} \left\{ \cos(\varphi_i - \Delta_\varphi/2) - \cos(\varphi_i + \Delta_\varphi/2) \right\} \Delta_\theta \Delta_\psi \tag{10}$$

と書くことができる．結晶粒の総数 M は

$$M = I \times J \times K \tag{11}$$

である．

図 2 (b) に示すようにアコモデーションモデルでは，1 つの結晶粒を N 個の部分要素の和として表わす．結晶粒の体積に対する N 個の部分要素の体積分率は，それぞれ異なっても構わないが，簡単のため等しいと置くと，m 番めの結晶粒における n 番めの部分要素の体積分率 f_{mn} は，

$$f_{mn} = 1/N \tag{12}$$

となる．

第Ⅱ部　変形挙動を表わすシミュレーション手法

4　変態条件

　アコモデーションモデルにおける変態，逆変態およびマルテンサイト再配列等の相変態の評価は部分要素毎に行い，相変態が生じたと判定されると，その変化は当該部分要素全体に一様に生じるものとする．したがって，部分要素の状態は変態が生じているかいないかのどちらかである．

4.1　変態駆動力

　相変態の駆動力は変態面上に作用する駆動応力 τ_{DR} であるとし，変態面に作用するせん断応力の変態方向成分（分解せん断応力）τ と変態面に作用する垂直応力 σ の組合せで次のように表わされるものと仮定する．

$$\tau_{DR} = \tau + \alpha\sigma \tag{13}$$

τ_{DR}：変態駆動応力

τ　：分解せん断応力

σ　：変態面上に働く垂直応力

α　：材料定数

変態の固有ひずみは第 1 章の式 (1) のように表わされるが，垂直固有ひずみ ε^* はせん断固有ひずみ γ^* に比べて小さく，無視されることが多い．それに対応して，変態駆動応力に対して垂直応力の効果を無視して，変態駆動応力が分解せん断応力に等しいと仮定することが多い．すなわち，式 (13) において，$\alpha = 0$ と置き，

$$\tau_{DR} = \tau \tag{14}$$

とすることが多い．本書においても変態駆動応力を式 (14) のように仮定し，変態は変態面に作用する分解せん断応力に支配されると仮定する．ただし，引張りと圧縮における材料の変態挙動の違いを表現する必要があるときは，変態駆動応力に対する垂直応力の影響を無視することはできない．

4.2　変態条件

　結晶粒のある変態面の変態方向のせん断応力（分解せん断応力）が，ある限界値 τ_s（変態応力）に達すると変態が起こるものとする．変態における加工硬化を表現するために，結晶粒を N 個の等しい体積の部分要素に分け，それぞれの部分要素において変態応力が異なるものとする．

　このとき，n 番めの部分要素の変態応力 τ_s は，

$$\tau_s = \tau_s(n) \tag{15}$$

と書ける．式 (15) において τ_s は n に対して線形に変化するものとすれば，n 番めの部分要素の変態応力は

$$\tau_s = \tau_1 + \frac{\tau_2 - \tau_1}{N}(n-1) \tag{16}$$

と書ける. ここで, τ_1 および τ_2 は, それぞれ変態開始応力および変態終了応力である. 各結晶粒の分割数を等しいと置けば, 式 (16) で与えられる変態応力の値は, 各結晶粒の部分要素に対して共通である.

したがって, 変態が生じる条件は,

$$\tau = \tau_s \tag{17}$$

で与えられ, ある部分要素における 24 通りの変態システムのいずれかにおいて式 (17) が満足されるとき, その変態システムにおいて変態が生じることとなる.

4.3 逆変態条件

逆変態応力は, 逆変態開始応力 τ_3 および逆変態終了応力 τ_4 を用いて式 (16) と同様にして定義できるが, ここでは, さらに簡単に, すでに変態している変態システムにおいて, 応力が変態応力よりある値 τ_{rv} だけ小さくなったときに逆変態が起こると仮定する. この時, 逆変態が生じる条件は

$$\tau = \tau_s - \tau_{rv} \tag{18}$$

と表わされる.

4.4 再配列条件

マルテンサイト再配列は変態を起こしている部分要素において, その部分要素の最大の分解せん断応力が, 変態条件を満足し, かつ, すでに変態を生じている変態システムの分解せん断応力より再配列バリア応力 τ_{or} 以上大きい時に生じるとする. このとき, 旧変態システムの変態ひずみはリセットされ, 新しい変態システムにおいて変態ひずみが生じるものとする. すでに変態を生じている変態システムを M とすると, この条件は,

$$\tau \geq \tau_s \tag{19}$$

$$\tau \geq \tau(M) + \tau_{or} \tag{20}$$

と書ける. また, 各部分要素の再配列バリア応力 τ_{or} は τ_s が大きいほど大きく, その程度は式 (16) で表わされるものと等しいとする. すなわち, n 番めの部分要素の再配列バリア応力 τ_{or} は

$$\tau_{or} = \tau_{or0} + \frac{\tau_2 - \tau_1}{N}(n-1) \tag{21}$$

と書けるものとする.

第Ⅱ部　変形挙動を表わすシミュレーション手法

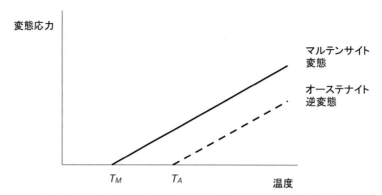

図4　変態システムにおける変態応力の温度依存性（模式図）

4.5　変態応力の温度依存性

変態システムにおける変態応力の温度依存性は，変態応力が温度に直線的に変化するとして模式的に示すと図4のようになる．試料の変態応力の温度依存性を示す第1章図1と比較すると，変態開始および終了を表わす線がなく，非常にシンプルな図になっている．これは変態システムにおいては，変態は生じるか生じないかの2種類の状態しかないためであり，したがって部分要素においても，変態が生じているかいないかの2種類の状態しかないからである．このとき，試料全体の変態におけるマルテンサイト体積分率の評価は，変態した部分要素の体積の総和によってなされる．変態システムにおいては，応力ゼロにおける変態および逆変態温度も，図4に示されるように定義され，n番めの部分要素に対して，それぞれ，

・マルテンサイト変態温度

$$T_M = M_s + \frac{M_f - M_s}{N-1}(n-1) \tag{22}$$

・オーステナイト逆変態温度

$$T_A = A_f + \frac{A_s - A_f}{N-1}(n-1) \tag{23}$$

と表わされる．

5　アコモデーションモデルの定式化

ここで用いる応力，ひずみ等の物理量は，マクロ座標系で定義されたものとする．変態の発現条件や，変態ひずみの計算は結晶粒座標で行うのが便利であるが，ここでは，そのようにして得られた量をマクロ座標系の量に座標変換したものを用いて，定式化を行うものとする．座標変換に必要な数式等は，後述の「付録」を参照されたい．

また，以下の式の展開において，テンソルの総和規約が用いられている．ただし，m, n について総和規約は適用しない．

アコモデーションモデルを模式的に示したものが，図2（b）である．図においては見通しをよくするために1次元の応力・ひずみ状態にある場合について示してあるが，以下の定式化は3次元の応力・ひずみの状態において行う．

材料は結晶方位の異なる M 個の結晶粒の並列結合からなり，それぞれの結晶粒は N 個の部分要素の直列結合からなるとする．N の値は各結晶粒で異なってもよいが，ここでは簡単のため，それぞれの結晶粒で共通とする．

・結晶粒 m のひずみ $\varepsilon_{pq,m}$

外部ひずみ ε_{pq} と等しい．

$$\varepsilon_{pq,m} = \varepsilon_{pq} \tag{24}$$

・結晶粒 m の変態ひずみ $\varepsilon_{pq,m}^{tr}$

結晶粒 m は部分要素 n（1, 2, $\cdots$, N）の直列結合で表わされるから，結晶粒 m の変態ひずみ $\varepsilon_{pq,m}^{tr}$ は，結晶粒 m の部分要素 n の変態ひずみを $\varepsilon_{pq,mn}^{tr}$，部分要素 n の結晶粒 m に対する体積分率を f_{mn} として，次のように与えられる．

$$\varepsilon_{pq,m}^{tr} = \sum_{n=1}^{N} f_{mn} \varepsilon_{pq,mn}^{tr} \tag{25}$$

体積分率の定義から次の式が成り立つ．

$$\sum_{n=1}^{N} f_{mn} = 1 \tag{26}$$

・結晶粒 m の部分要素 n の変態ひずみ $\varepsilon_{pq,mn}^{tr}$

$$\varepsilon_{pq,mn}^{tr} = \varepsilon_{pq}^{*} \tag{27}$$

ε_{pq}^{*} ：変態固有ひずみ

・結晶粒 m の弾性ひずみ $\varepsilon_{pq,m}^{e}$

$$\varepsilon_{pq,m}^{e} = \varepsilon_{pq} - \varepsilon_{pq,m}^{tr} \tag{28}$$

・結晶粒 m の応力 $\sigma_{rs,m}$

結晶粒 m の平均弾性テンソルを $\overline{C}_{pqrs,m}$ として

$$\sigma_{rs,m} = \overline{C}_{pqrs,m} \varepsilon_{pq,m}^{e} = \overline{C}_{pqrs,m} \left(\varepsilon_{pq} - \varepsilon_{pq,m}^{tr} \right) \tag{29}$$

・結晶粒 m の部分要素 n の応力 $\sigma_{rs,mn}$

結晶粒 m の応力 $\sigma_{rs,m}$ に等しい．

$$\sigma_{rs,mn} = \sigma_{rs,m} \tag{30}$$

・結晶粒 m の平均弾性係数テンソル $\overline{C}_{pqrs,m}$

結晶粒 m の部分要素 n の弾性係数テンソル $C_{pqrs,mn}$ を用いて，次式のように与えられる．

第Ⅱ部　変形挙動を表わすシミュレーション手法

すなわち,

$$\varepsilon^e_{pq,mn} = C^{-1}{}_{pqrs,mn}\sigma_{rs,mn} = C^{-1}{}_{pqrs,mn}\sigma_{rs,m} \tag{31}$$

であるから,

$$\overline{C}^{-1}_{pqrs,m}\sigma_{rs,m} = \varepsilon^e_{pq,m} = \sum_{n=1}^{N} f_{mn}\varepsilon^e_{pq,mn} = \left(\sum_{n=1}^{N} f_{mn}C^{-1}_{pqrs,mn}\right)\sigma_{rs,m} \tag{32}$$

となり，次の式が成立する.

$$\overline{C}^{-1}_{pqrs,m} = \sum_{n=1}^{N} f_{mn}C^{-1}_{pqrs,mn} \tag{33}$$

弾性係数テンソルおよびコンプライアンステンソルをマトリックス表示すると,

$$[C] = \frac{E}{1+\nu}\begin{bmatrix} \dfrac{1-\nu}{1-2\nu} & \dfrac{\nu}{1-2\nu} & \dfrac{\nu}{1-2\nu} & 0 & 0 & 0 \\ \dfrac{\nu}{1-2\nu} & \dfrac{1-\nu}{1-2\nu} & \dfrac{\nu}{1-2\nu} & 0 & 0 & 0 \\ \dfrac{\nu}{1-2\nu} & \dfrac{\nu}{1-2\nu} & \dfrac{1-\nu}{1-2\nu} & 0 & 0 & 0 \\ 0 & 0 & 0 & 1 & 0 & 0 \\ 0 & 0 & 0 & 0 & 1 & 0 \\ 0 & 0 & 0 & 0 & 0 & 1 \end{bmatrix} \tag{34}$$

$$[C^{-1}] = \frac{1}{E}\begin{bmatrix} 1 & -\nu & -\nu & 0 & 0 & 0 \\ -\nu & 1 & -\nu & 0 & 0 & 0 \\ -\nu & -\nu & 1 & 0 & 0 & 0 \\ 0 & 0 & 0 & 1+\nu & 0 & 0 \\ 0 & 0 & 0 & 0 & 1+\nu & 0 \\ 0 & 0 & 0 & 0 & 0 & 1+\nu \end{bmatrix} \tag{35}$$

となる．ただし上記表示は等方弾性体に対するものであり，異方性弾性体に対しては異なる表示となることに注意する．ここで，部分要素 n はマルテンサイトであるか母相であるかのいずれかであり，母相の弾性係数テンソル C^A_{pqrs} およびマルテンサイトの弾性係数テンソル C^M_{pqrs}，および結晶粒 m におけるマルテンサイトの体積分率 ρ_m を用いて，式 (33) は,

$$\overline{C}^{-1}_{pqrs,m} = \rho_m\left(C^M_{pqrs,m}\right)^{-1} + \left(1-\rho_m\right)\left(C^A_{pqrs,m}\right)^{-1} \tag{36}$$

あるいは,

－72－

$$\overline{C}_{pqrs,m} = \left(\rho_m \left(C_{pqrs,m}^M \right)^{-1} + \left(1 - \rho_m \right) \left(C_{pqrs,m}^A \right)^{-1} \right)^{-1} \tag{37}$$

と与えられる．ここで，マルテンサイトの体積分率 ρ_m は次のように定義される．

$$\rho_m = \sum_{\text{Martensite}} f_{mn} \tag{38}$$

・物質点の応力 σ_{rs}

　物質点を構成する材料は結晶粒 m $(m = 1, 2, \cdots, M)$ の並列結合によって表わされるから，結晶粒 m の物質点の材料全体に対する体積分率を F_m として，

$$\sigma_{rs} = \sum_{m=1}^{M} F_m \sigma_{rs,m} \tag{39}$$

式 (29) を代入して，

$$\begin{aligned}
\sigma_{rs} &= \sum_{m=1}^{M} F_m \overline{C}_{pqrs,m} \left(\varepsilon_{pq} - \varepsilon_{pq,m}^{tr} \right) \\
&= \left(\sum_{m=1}^{M} F_m \overline{C}_{pqrs,m} \right) \varepsilon_{pq} - \left(\sum_{m=1}^{M} F_m \overline{C}_{pqrs,m} \varepsilon_{pq,m}^{tr} \right)
\end{aligned} \tag{40}$$

ここで，係数テンソル $\hat{C}_{pqrs}$ を次のように定義する．

$$\hat{C}_{pqrs} = \sum_{m=1}^{M} F_m \overline{C}_{pqrs,m} \tag{41}$$

これを用いると，式 (40) は，

$$\sigma_{rs} = \hat{C}_{pqrs} \varepsilon_{pq} - \sum_{m=1}^{M} F_m \overline{C}_{pqrs,m} \varepsilon_{pq,m}^{tr} \tag{42}$$

と書ける．式 (40) あるいは式 (42) が，外部ひずみが与えられた時のマクロ応力を求める式である．

・物質点のマクロひずみ ε_{pq} を表わす式

式 (40) を変形して

$$\varepsilon_{pq} = \left(\sum_{m=1}^{M} F_m \overline{C}_{pqrs,m} \right)^{-1} \sigma_{rs} + \left(\sum_{m=1}^{M} F_m \overline{C}_{pqrs,m} \right)^{-1} \sum_{m=1}^{M} F_m \overline{C}_{pqrs,m} \varepsilon_{pq,m}^{tr} \tag{43}$$

式 (41) を用いると

$$\varepsilon_{pq} = \hat{C}_{pqrs}^{-1} \sigma_{rs} + \hat{C}_{pqrs}^{-1} \sum_{m=1}^{M} F_m \overline{C}_{pqrs,m} \varepsilon_{pq,m}^{tr} \tag{44}$$

式 (43) あるいは式 (44) を，外部負荷として応力が与えられた時にひずみを求める式として用いることができる．

ここで，式 (44) の右辺第 1 項は応力に比例する項であり，第 2 項は非弾性ひずみに関する項である．したがって，第 1 項を物質点の弾性ひずみであり，第 2 項を物質点の非弾性ひずみであると考えることができ，次のような表示が可能である．

$$\varepsilon_{pq} = \varepsilon_{pq}^{e} + \varepsilon_{pq}^{tr} \tag{45}$$

$$\varepsilon_{pq}^{e} = \hat{C}_{pqrs}^{-1} \sigma_{rs} \tag{46}$$

$$\varepsilon_{pq}^{tr} = C_{pqrs}^{-1} \sum_{m=1}^{M} F_m \overline{C}_{pqrs,m} \varepsilon_{pq,m}^{tr} \tag{47}$$

また，式 (46) から，

$$\sigma_{rs} = \hat{C}_{pqrs} \varepsilon_{pq}^{e} \tag{48}$$

が得られる．式 (48) の表現により係数テンソル $\hat{C}_{pqrs}$ は物質点の平均弾性係数テンソルであることがわかる．

6 計算手順

前項においては，アコモデーションモデルの定式化を行った．そこで示された式を用いて必要な計算を行うことにより，材料の応力ひずみ関係が求められるが，若干見通しがよくないので，いくつかの負荷条件の下での計算手順を，具体的に示しておく．

6.1 負荷条件としてひずみ経路 (および温度経路) が与えられる場合

このとき用いられる基礎式は，式 (40) である．この式において m 番めの結晶粒の変態ひずみ $\varepsilon_{ij,m}^{tr}$ は，m 番めの結晶粒の部分要素における変態ひずみの和として与えられるものとしている．すなわち，m 番めの結晶粒の部分要素 n における変態ひずみを $\varepsilon_{ij,mn}^{tr}$ として，前出の式 (25) によって，

$$\varepsilon_{ij,m}^{tr} = \sum_{n=1}^{N} f_{mn} \varepsilon_{ij,mn}^{tr}$$

と与えられる．変態ひずみ $\varepsilon_{ij,m}^{tr}$ は，変態している部分要素に関しては，その変態システムの固有ひずみ (第 1 章の式 (1)) をマクロ座標に座標変換したものであり，変態していない部分要素に対してはゼロである．

式 (40) には温度の項が陽には現れていないが，右辺の変態ひずみ $\varepsilon_{ij,m}^{tr}$ を計算する際，変態条件のしきい値が温度の関数となるので，式 (40) は温度とひずみが与えられた時の応力計算式となっている．

弾性定数は母相とマルテンサイトの違いに応じた値を採用する．一般的には，結晶構造に応じた異方性をもつが，簡単のため，等方性であるものとして扱っている．

現在の状態から，ひずみ増分 $\Delta\varepsilon_{ij}$ が与えられる時の応力を求めることを考える．まず，現在の相変態状態が変化しないとして，$\varepsilon_{ij} \to \varepsilon_{ij} + \Delta\varepsilon_{ij}$ に対する各結晶粒の応力を求める．

$$\sigma_{kl,m} = \overline{C}_{ijki,m}\left(\varepsilon_{ij} + \Delta\varepsilon_{ij,m} - \varepsilon_{ij,m}^{tr}\right) \tag{49}$$

この応力を，[付録 3] で示した座標変換則に従い結晶粒座標の量に変換し，さらに [付録 2] で示した座標変換則を用いて，各変態システム座標の量に変換する．もし新たな相変態（変態，逆変態，再配列）の条件が満足される変態システムが見出されたら，最も早期に変態する変態システムがちょうど変態するように増分量を減少し，1 つの変態システムのみが変態するようにする．しかるのち，その変態システムに相変態固有ひずみを与え，式 (49) の $\varepsilon_{ij,m}^{tr}$ の値を修正し，再び各変態システムの応力を計算する．この計算により，新たな変態システムが相変態を満足したら，そのシステムに変態ひずみを与え，再び各変態システムの応力を計算する．この計算において，複数の相変態システムにおいて変態条件を満足する時は，最も早くに変態条件を満足する変態システムを選び，その変態システムが変態するものとする．この計算は新たな相変態が生じなくなるまで繰り返す．新たな相変態が生じなくなったら，式 (49) により計算される応力をその時のひずみに対応する応力とし，次のステップに移り，新たなひずみ増分 $\Delta\varepsilon_{ij}$ を与え計算を続行する．

6.2　負荷条件として応力経路（および温度経路）が与えられる場合

負荷条件として応力が与えられる場合に適用できる式として，式 (43) がある．しかし，式 (43) の右辺の変態ひずみ $\varepsilon_{ij,m}^{tr}$ は，[6.1] で示したように，ひずみの値を与えることによって応力が計算され，その応力値を用いて計算されるものであるから，式 (43) の計算においては変態ひずみに対しあらかじめある値を仮定して計算を行うことになる．そのような計算を行うと式 (43) の計算の前後において，変態ひずみの値が異なることになる．したがって，変態ひずみに変動がなくなるまで計算を繰り返す収束計算を行う必要がある．計算の前後で変態ひずみが変化しなくなったときには，得られた応力とひずみの関係は正しい関係が得られたことになる．この収束が得られるためには 1 回の応力増分はあまり大きくは取れない．1 回の応力増分毎にこの収束計算を行いつつ，全荷重履歴についての計算を行う．1 回の応力増分に対する具体的手順は次の通りである．

$\sigma_{ij} \to \sigma_{ij} + \Delta\sigma_{ij}$ として，式 (43) に代入し，ひずみを計算する．このとき，変態ひずみは前の状態のまま変化させないので，得られたひずみは，前段階のひずみに，応力増分に対応した弾性ひずみ増分を加えたものになっている．そのひずみに対して，6.1 項と同様な方法で，式 (29)

第Ⅱ部　変形挙動を表わすシミュレーション手法

を用いて結晶粒の応力 $\sigma_{rs,m}$（$=\sigma_{rs,mn}$）を計算し，座標変換を施すことにより変態システムの応力に変換する．新たな相変態がただ1つになるように増分を加減し，その時の変態ひずみ $\varepsilon_{ij,m}^{tr}$ を計算する．式（42）にこの値を入れ，修正されたひずみを求め，それによる新たな相変態が起きないかどうかをチェックする．新たな変態が起きないときには，これをこの計算ステップにおけるひずみとし，次の計算ステップへと進む．新たな相変化が生じるとき，もし複数の相変化候補があるときには，最も早くに相変態が生じる変態システムに変化が生じたとし，ひずみ $\varepsilon_{ij,m}^{tr}$ を計算する．式（43）にこの値を入れ，修正されたひずみを求め，再びそれによる新たな相変態が起きないかどうかをチェックする．この繰返し計算は，新たな相変態が起きなくなるまで行う．新たな相変態が起きなくなり，変態ひずみ $\varepsilon_{ij,m}^{tr}$ が変化しなくなった時，得られたひずみをこのステップのひずみとして，次のステップに進む．

7　材料定数

　アコモデーションモデルを材料の構成式として用いるためには，対象材料の材料定数を与える必要がある．必要な材料定数は，以下の4種である．

7.1　晶癖面および変態方向

　解析対象合金の金属学的解析により求める必要がある．Ti-Ni 形状記憶合金に対しては例として第1章表1[1] が与えられているので，必要に応じてこれを利用する．

7.2　変態固有ひずみ

　解析対象合金の金属学的解析により求められる．ただし，暫定的な値を定め，それを用いてアコモデーションモデルによる試計算を行い，実際の材料の応答と比較してこの値を修正する方法が実際的である．

7.3　弾性定数

　母相およびマルテンサイト相の弾性定数を求める．必要ならば弾性定数の温度依存性も求めておく．等方性を仮定すれば，引張り試験を行い，各相のヤング率を求めることができる．ポアソン比は，母相およびマルテンサイトで等しいと仮定されることが多い．

7.4　変態応力および逆変態応力の温度依存性およびマルテンサイト再配列バリア応力

　第1章図1に示すような変態応力および逆変態応力の温度依存性データを，実験的に求めておく必要がある．変態開始温度 M_s，変態終了温度 M_f，逆変態開始温度 A_s および逆変態終了温度 A_f は，試料を無応力状態に保ったまま温度を変化させ吸熱及び発熱の変化を示差走査熱量測定（DSC）することによって求められる．また，電気抵抗の変化を測定することおよびその他の方法によっても測定可能である．

　変態応力および逆変態応力の温度依存性を精度よく求めるには，種々の温度における負荷・除荷曲線のデータが必要であり，これはかなり困難な作業である．しかし第1章図1に示すよう

－76－

に，これらの応力の温度依存性が温度に関し線形になると仮定すれば，ある1つの温度 T_0 における変態・逆変態応力（τ_1, τ_2, τ_3 および τ_4）の値と，先に求めておいた4つの変態温度を用いて，変態応力および逆変態応力の温度依存性データが求められる．さらに，このようにして得られた4本の応力の温度依存性を表わす直線が，お互いに平行であると仮定すれば，上記4つの応力値のうち1つの応力値だけあればよいことになる．

　変態・逆変態応力の値は，理想的には，単結晶材料を用いて，変態面（晶癖面）に平行なせん断応力条件の負荷・除荷試験を行うことにより求める．一般的には，多結晶材料を用いて，単軸応力条件の負荷・除荷試験を行い，変態および逆変態を生じる軸応力（σ_1, σ_2, σ_3, σ_4）を求め，変態面における変態・逆変態応力（τ_1, τ_2, τ_3, τ_4）を，この1/2と置く．多結晶材料変態・逆変態応力の値から，変態面における変態・逆変態応力をこのようにして求める手法は1つの近似に過ぎないので，この値は材料挙動のシミュレーション結果と実験値を比較し，必要ならば適宜修正を施す．変態終了温度 M_f 以下における応力—ひずみ曲線は，マルテンサイト再配列挙動を反映している．マルテンサイト再配列バリア応力の値は，この応力—ひずみ挙動を再現するように設定する．

8　アコモデーションモデルの応答計算例

　以下に，アコモデーションモデルを用いた材料応答の計算例をいくつか示す．材料定数は Ti-50.39 at% Ni の実験データ[2] を参照し，例題解析のためのサンプル値として次のように与えた．ただし，弾性定数に関しては，簡単のため温度依存性を無視した．

母相のヤング率	$E_a = 65.5MPa$
マルテンサイトのヤング率	$E_m = 14.1MPa$
ポアソン比	$\nu = 0.3$
マルテンサイト変態開始応力	$\tau_1 = 151MPa$　（at $T_0 = 333K$）
マルテンサイト変態終了応力	$\tau_2 = 155MPa$　（at $T_0 = 333K$）
マルテンサイト変態開始温度	$M_s = 282K$
変態応力と逆変態応力の差	$\tau_{rv} = 50MPa$
マルテンサイト再配列バリア応力	$\tau_{or} = 20MPa$
変態固有ひずみ	$\gamma^* = 0.2$, $\varepsilon^* = 0$

　アコモデーションモデルの計算には，物質点を構成する種々の方位の結晶粒の数と，結晶粒を構成する部分要素の数を設定する必要がある．ここでは，結晶粒の方位は空間的に一様であるとして，図3に示すオイラー角 φ，θ および ψ に関し，$0 \sim \pi/2$ の範囲をそれぞれ6，3および3分割し，それぞれの方位の結晶粒を考える．すなわち物質点における材料は，全部で

$$M = 6 \times 3 \times 3 = 54$$

の方位の結晶粒の集合であるとして扱っている．ただし，単軸応力状態における材料の応答を考えるときは，応力とひずみの対称性から，θ および ψ に関する分割は必要ないことに注意する．さらに，1つの結晶粒が

$$N = 1000$$

第Ⅱ部　変形挙動を表わすシミュレーション手法

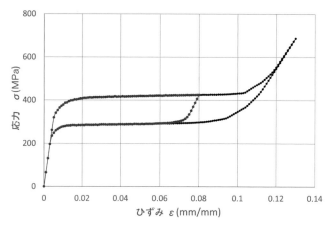

図5　超弾性挙動

の部分要素からなるものとして計算を行った．また，1つの部分要素中には，第1章表1[1]に示す24通りの変態システムが存在するので，材料の挙動はこれらすべての変態システムにおいて評価する必要がある．

8.1　超弾性挙動[3) 4)]

単軸応力状態における形状記憶合金の超弾性挙動の計算例を，図5に示す．逆変態終了温度以上の温度において，ひずみ制御にて最大ひずみの値になるまで引張り，そののち，応力ゼロになるまで除荷したときの応力―ひずみ挙動を示している．引張り応力が小さいときには弾性挙動を示し，応力とひずみは比例するが，引張り応力が増加するにともない変態が始まり，応力の増加率が減少し，最大ひずみ $\varepsilon_{max} = 0.13$ に対する計算例では，やがて変態が終了し，変態が終了すると再び弾性挙動をする様子が示されている．このとき，変態前（オーステナイト状態）のヤング率と変態完了（マルテンサイト状態）のヤング率が異なることが，図5から読み取れる．最大ひずみ $\varepsilon_{max} = 0.13$ に達したのち，除荷してゆくと，最初は弾性的に応力およびひずみが減少していくが，やがて逆変態が始まり負荷中に生じた変態ひずみが消滅していくにつれて，応力の減少率が小さくなる．さらに除荷していくと，すべての変態ひずみが消滅し，材料は再び弾性的な挙動を示し，最終的に応力・ひずみは原点に戻る．すなわち，超弾性挙動を示す．また，変態を生じているときの応力より逆変態を生じているときの応力が小さいため，応力―ひずみ曲線はヒステリシスをともなう．また，弾性状態から変態進行状態への移行時など，相変化の移行時における応力・ひずみ曲線の滑らかな挙動が示されている．

最大ひずみ $\varepsilon_{max} = 0.08$ の負荷に対しては，変態は生じるが完了に至らず，変態完了後に再び弾性挙動を生じる挙動はみられない．この場合も，最大ひずみからの除荷にともない逆変態が生じ，最終的には応力・ひずみが原点に戻る超弾性挙動を観察することができる．この場合，逆変態を生じているときの応力―ひずみ曲線は，最大ひずみ $\varepsilon_{max} = 0.13$ のケースの逆変態時の応力―ひずみ曲線に重なる．実際の材料においては，変態に重畳して生じる塑性ひずみの影響で，

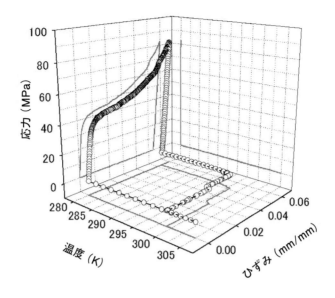

図6　形状記憶効果

2つのケースで逆変態時の応力―ひずみ曲線が重ならない場合もある．

8.2　形状記憶効果[3) 4)]

図6は，形状記憶効果の計算例である．与えた負荷条件を以下に示す．負荷経路は初期状態の設定を含めて5つの荷重パスよりなる．

① 初期状態として，材料はオーステナイト逆変態終了温度以上の温度 $T = 333$ K で $\sigma = 0$ MPa, $\varepsilon = 0\%$ にあるものとする．
② $\sigma = 0$ MPa を保ったまま，温度をマルテンサイト変態終了温度以下の温度 $T = 280$ K に低下させる．
③ 単軸引張り応力を付加し，$\varepsilon = 6\%$ まで引張りひずみを与える．
④ 応力を除荷する．
⑤ 温度を，オーステナイト逆変態終了温度以上の温度 $T = 308$ K にする．

初期状態から温度を低下させていくとマルテンサイト変態が開始し，変態終了温度より低い $T = 280$ K においてはマルテンサイト変態が完了しているが，マルテンサイト変形が空間のランダムな方位に一様に生じ，結果としてひずみゼロのマルテンサイト変態が達成される．したがって，図6のひずみ値には何の変化も現れない．荷重パス③以降では，この状態を初期状態として計算を行った．この際，変態固有ひずみの垂直ひずみ成分を無視し，せん断成分のみを考慮した．荷重パス③以降の計算結果を，図6および図7に示す．ここで，図6は3Dプロッタによって作図されている．ただし，これらの図において，熱膨張ひずみはプロットから除外してある．

図6および図7（a）に，計算から得られた応力―ひずみ関係を表わす．これらの図において，

第Ⅱ部　変形挙動を表わすシミュレーション手法

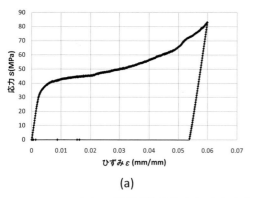
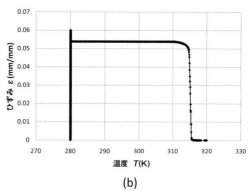

図7　形状記憶効果（2），(a) 応力―ひずみ関係，(b) ひずみ―温度関係

荷重パス③では，応力の増加とともにマルテンサイト再配列が起こり，曲線状の応力―ひずみ線図が得られることがわかる．また，荷重パス④では，弾性的に応力が減少して，応力ゼロにおいてひずみが残留することが確認できる．荷重パス⑤において，温度を上昇させることにより，オーステナイト逆変態が生じ，残留ひずみが次第に解消され，完全に母相状態になると，残留ひずみがゼロとなり，初期形状を回復し，形状記憶効果が発現することが図6および図7(b)に示されている．図6においては，用いた3Dプロッタの解像度が低かったため，温度の変化にともなうひずみの変化に段差があるようにみえるが，図7においては，温度上昇にともないひずみが滑らかに減少していく様子が表わされている．

8.3　多軸応力場における解析・比例負荷[5]

軸応力とせん断応力の，2軸応力場における変態挙動の計算を行った．軸ひずみとせん断ひずみが比例する条件で，図8に示すひずみ空間における角 α の種々の値に対して，応力―ひずみ関係を求めた．一例として，図9に $\alpha = 0$（単軸引張り）に対する応力―ひずみ関係を示す．弾性挙動から変態が開始し，さらに変態が発達，変態が終了ののち再び弾性挙動をする様子が示されている．ここで，変態開始応力 σ_{TR} を，図に示すように弾性挙動を表わす線と変態挙動を表わす線の接戦の交点の応力と定義する．種々の α の値に対して計算された応力―ひずみ曲線に対

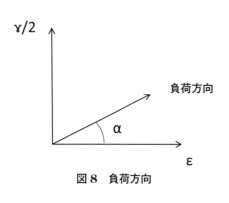
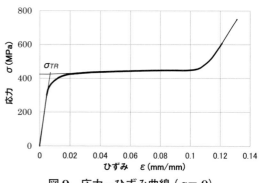

図8　負荷方向　　　　　　　図9　応力―ひずみ曲線（$\alpha = 0$）

第2章　微視的変形・変態機構を考慮した構成式モデル

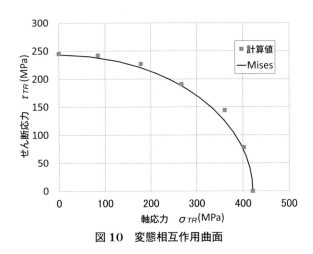

図 10　変態相互作用曲面

し変態開始応力を求め，図 10 のようにプロットし，これらの点を滑らかに結ぶと応力空間内に1つの曲線が得られる．この曲線を変態応力相互作用線（面）と呼ぶことにすると，図 10 に示すようにこれは Mises の相当応力

$$\sigma_{eq} = \sqrt{\sigma^2 + 3\tau^2} \tag{50}$$

の応力空間内のプロットと非常に近いことがわかる．また，相当変態ひずみ

$$\varepsilon^{tr}{}_{eq} = \frac{\gamma^*}{\sqrt{3}} F_M \tag{51}$$

を定義して，相当応力と相当変態ひずみの関係を図 11 に示す．ここで，F_M はマルテンサイトの体積分率である．図からわかるように，相当応力と相当変態ひずみの関係は，負荷経路における軸ひずみとせん断ひずみの比（α の値）によらず，1本の曲線で近似されることがわかる．図

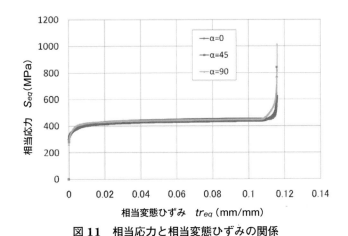

図 11　相当応力と相当変態ひずみの関係

※口絵参照

表1 軸力・ねじり試験負荷経路

パス	軸ひずみ ε (%)	せん断ひずみ γ (%)
A to B	0 → 2.6	0
B to C	2.6	0 → 1.5
C to D	2.6	1.5 → $\tau = 0\,MPa$ におけるひずみ
D to E	2.6 → $\sigma = 0\,MPa$ におけるひずみ	ひずみ保持

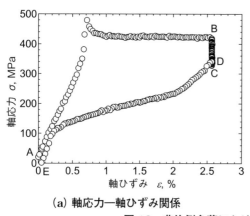 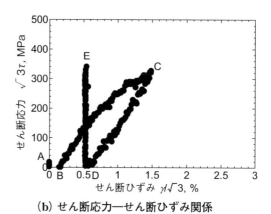

(a) 軸応力―軸ひずみ関係　　(b) せん断応力―せん断ひずみ関係

図12　非比例負荷における応力ひずみ関係（実験結果）

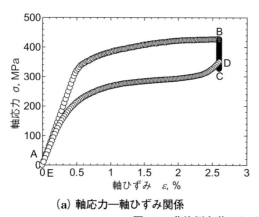 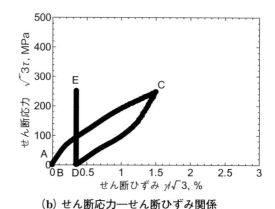

(a) 軸応力―軸ひずみ関係　　(b) せん断応力―せん断ひずみ関係

図13　非比例負荷における応力ひずみ関係（計算値）

10および図11に示した関係は，形状記憶合金の変態挙動解析への，不変量理論の適用可能性を示している．

8.4　多軸応力場における解析・非比例負荷[6) 7)]

非比例負荷条件の試験が，形状記憶合金（Ti-56 wt% Ni）の円筒試験片（5.015 mmOD,

4.525 mmID）を用いて，$T = 313$ K において引張り・ねじり条件下で行われた．非比例負荷条件での試験結果の一例を図12に示す．

　負荷はひずみ制御にて行われ，その負荷条件を表1に示す．軸応力とせん断応力の相互作用による複雑な応力—ひずみ挙動が得られた．この実験結果に対応する計算を行った結果を，図13に示す．この図から，アコモデーションモデルを用いた計算により，Ti-Ni 形状記憶合金の多軸応力・非比例負荷条件の応力—ひずみ挙動がよく記述できることがわかる．計算に用いた材料定数のパラメータの合わせ込みをより精密に行えば，定量的にもよりよい結果が得られるものと思われる．軸応力—軸ひずみ曲線にみられる軟化挙動は，計算では記述できていないが，これは，円筒試験片にマクロ的に発生・成長したマルテンサイトの帯状組織によるものと考えられる[7]．

参考文献

1) Wang, X. M. , Xu, B. X. , Yue, Z. F. : "Micromechanical Modeling of the Effect of Plastic Deformation on the Mechanical Behavior in Pseudoelastic Shape Memory Alloys", *Int. J. Plast.* **24**, 1307-1332（2008）.

2) 鈴木章彦，渋谷秀雄，山本隆栄，佐久間俊雄，馬場秀成："形状記憶合金相変態のアコモデーション機構に関する検討"，日本材料学会第 57 期学術講演会講演論文集，205-206（2008.5）.

3) Cho, H., Suzuki, A., Yamamoto, T., Takeda, Y., Sakuma, T. : "Numerical Investigations for Thermally Induced Transformation, Reorientation of Martensite Variants and Shape Memory Effect of Shape Memory Alloys using Constitutive Model for Accommodation of Transformation Strain", *Material Science Forum* **687**, 510-518（2011）.

4) Cho, H., Suzuki, A., Yamamoto, T., Sakuma, T. : "Mechanical Behavior of Shape Memory Alloys under Complex Loading Conditions of Stress, Strain and Temperature", *J. Materials Engineering and Performance*, **21**-12, 2587-2593（2012）.

5) Cho, H., Suzuki, A. Sakuma, T. : "Interaction Surface of Phase Transformation Stress by Constitutive Model for Accommodation of Transformation Strain", *Trans. MRS-J*, **35**（2）, 359-363（2010）.

6) Suzuki, A., Yamamoto, T., Cho, H., Sakuma, T. : "Numerical Study on Transformation/Deformation Behavior of Shape Memory Alloy under Mechanical and Thermal Loading in the Uniaxial and Multi-axial Stress State", *Trans MRS-J*, **38**-1, 1-6（2013）.

7) Yamamoto, T., Suzuki, A., Cho, H., Sakuma, T. : "Transformation Behavior of Shape Memory Alloys in Multiaxial Stress State", *Advances in Science and Technology*, **78**, 46-51（2013）.

第II部　変形挙動を表わすシミュレーション手法

第3章
現象論的構成式

1　背　景

　形状記憶合金を用いた機器の変形挙動を予測するためには，形状記憶合金の相変態挙動を精密に予測する必要がある．形状記憶合金の相変態挙動がアコモデーション機構のもとで生じることを正確に記述するための構成式モデルとして，第2章 [2] で述べたアコモデーションモデルが提案されているが，これを用いて材料の変態挙動を知るためには，材料中に含まれるすべての結晶粒の方位および，それぞれの結晶粒における変態面と変態方向（24通りの組合せがある）における分解せん断応力の値を計算し，変態および逆変態発生の判定をすることが必要であり，それによる計算負荷が大きい．したがって，必要な精度を保ちながら，計算負荷の少ない相変態挙動の予測技術が求められている．

　そのためには，材料の内部構造を直接的に参照することなく，材料試験から得られる応力—ひずみ関係を，現象論的に記述する構成式の開発が必要となる．このとき，外部に現れる応力—ひずみ関係に影響を及ぼす材料内部の変形機構の影響は，内部変数として構成式に取り込まれる．内部変数を適切に選ぶことが，現象論的構成式の精度を決定する．

　また，応力は一般的には多軸応力となるので，構成式は多軸応力状態に適用可能なものでなくてはならない．

2　等応力モデル

2.1　等応力モデルの概要

　「等応力モデル」とは，応力が一様とみなせる材料の微視要素を考え，そのひずみは変態にともなう微視要素内部の不均一変形の平均で表わされるとしたモデルであり，多結晶形状記憶合金の変態挙動を記述することを目的としている．モデルにおいては，材料内部の不均一変形を反映するため，材料微視要素をさらにいくつかのエレメントに分割し，それぞれのエレメントの体積分率を考慮したひずみの和によって，材料微視要素のひずみを表わす．それぞれのエレメントは変態・逆変態特性が異なっており，それによって材料内部のひずみの不均一を表わすことができる．このモデルは，模式的に図1に示すように，材料微視要素を特性の異なるエレメントの直列結合により表わすモデルである．図1よりわかるように，このモデルにおいては，すべてのエレメントが等しい応力をもつことになり，ここではこのモデルを等応力モデルと呼ぶことにする．

−84−

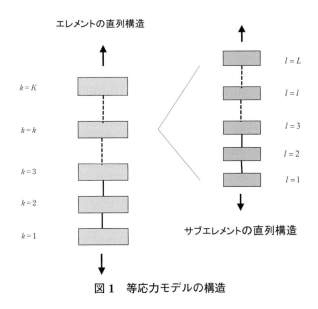

図1 等応力モデルの構造

2.2 変態および逆変態の評価における Mises の相当応力

第2章[8.4]に，アコモデーションモデルを用いて多軸比例負荷の場合に対し，形状記憶合金の相変態挙動を計算した例を示した．軸応力とせん断応力重畳する条件における変態応力の相互作用曲線は，第2章図10に示すように，Mises の相当応力の応力空間へのプロットでよく近似できることがわかる．さらに，第2章図11よりわかるように，この場合の応力・ひずみ関係は，軸応力とせん断応力の比の値にかかわらず，1本の相当応力—相当変態ひずみの関係で表わされることがわかる．現在のところ，軸応力とせん断応力が重畳する条件で比例負荷の場合の変態に対してのみに証明されているだけだが，一般の多軸応力の場合にもこの関係が近似的に成り立つと仮定し，等応力モデルにおいてこの関係を採用する．すなわち，変態および逆変態の限界応力を Mises の相当応力で評価することにする．このような取り扱いにより，アコモデーションモデルにおいて行われるような，材料中に含まれるすべての結晶粒の方位，およびそれぞれの結晶粒における変態面と変態方向の評価をする必要がなくなり，大幅に計算負荷が減少する．

2.3 応力誘起変態および温度誘起変態

形状記憶合金の変態は，温度によるものと応力によるものがあり，それぞれ温度誘起変態と応力誘起変態と呼ぶことにする．

母相（オーステナイト）状態にある形状記憶合金に対し，無応力の状態に保持し温度を下げていくと，ある温度（変態開始温度：M_s）からマルテンサイト変態が始まり，さらに温度を下げていくと，ある温度（変態終了温度：M_f）にて変態が完了し，材料はマルテンサイト状態になる．逆にその状態から温度を上げていくと，ある温度（逆変態開始温度：A_s）から逆変態が始まり，さらに温度を上げていくと，ある温度（逆変態終了温度：A_f）にて逆変態が終了し，材料は元の母相状態に戻る．このような温度誘起変態においては，変態ひずみは発生しないが，相変態に対応して弾性率が変化する．したがって，温度誘起変態においてもマルテンサイト変態の量を評価

第Ⅱ部　変形挙動を表わすシミュレーション手法

することが必要になる.

　一方，ある温度条件のもと，母相状態にある材料に応力を負荷していくと，ある応力値（変態開始応力：S_{ms}）にて変態を開始し，さらに応力を増加するとある応力値（変態終了応力：S_{mf}）で変態が完了し，材料はマルテンサイト状態になる．その状態にある材料に対し応力を減少していくと，ある応力値（逆変態開始応力：S_{as}）にて逆変態が開始し，さらに応力を減少していくとある応力値（逆変態終了応力：S_{af}）にて逆変態が完了し，材料は元の母相状態に戻る.

　さらに，温度誘起変態により，マルテンサイト状態にある材料が，応力の作用により変態方向の再配列が生じる場合は，それにより変態ひずみが発生する.

　ここでは，文献[1]にならって温度誘起変態と応力誘起変態を分けて考え，温度誘起変態においては変態ひずみをともなわない変態が生じ，変態ひずみは応力誘起変態においてだけ生じるとする．温度誘起変態により，マルテンサイト状態にある材料が，応力の作用により変態方向の再配列が生じる場合は，温度誘起変態が応力誘起変態に変化し，それによって変態ひずみが生じると解釈する．すなわち，マルテンサイト再配列は上記のように応力誘起変態のなかに含めて考え，応力誘起変態が起きる条件において，変態ひずみが偏差応力の方向に生じるとする（全ひずみ理論，Hencky の方程式）．このような取り扱いにより，応力方位の変動にともなうマルテンサイト再配列は自動的に生じることになる．マルテンサイト再配列の際のバリア応力は考慮していない.

　次の量を導入する.

| マルテンサイト体積分率 | ξ | ($0 \leq \xi \leq 1$) |

| 応力誘起マルテンサイト体積分率 | ξ_σ | ($0 \leq \xi_\sigma \leq 1$) |

| 温度誘起マルテンサイト体積分率 | ξ_T | ($0 \leq \xi_T \leq 1$) |

マルテンサイト体積分率　　ξ　　　　($0 \leq \xi \leq 1$)
応力誘起マルテンサイト体積分率　ξ_σ　($0 \leq \xi_\sigma \leq 1$)
温度誘起マルテンサイト体積分率　ξ_T　($0 \leq \xi_T \leq 1$)
変態開始応力　　　　　S_{ms}
変態終了応力　　　　　S_{mf}
逆変態開始応力　　　　S_{as}
逆変態開始応力　　　　S_{af}
変態固有ひずみ　　　　ε_0
マルテンサイト変態開始温度　　M_s
マルテンサイト変態終了温度　　M_f
オーステナイト逆変態開始温度　A_s
オーステナイト逆変態終了温度　A_f
オーステナイトヤング率　　　E_a
マルテンサイトヤング率　　　E_m
ポアソン比　　　　　　　v

2.4　変態限界応力の温度依存性

　前項のように定義した，変態開始応力および変態終了応力の値を，実験結果をもとに，**図2**

第3章 現象論的構成式

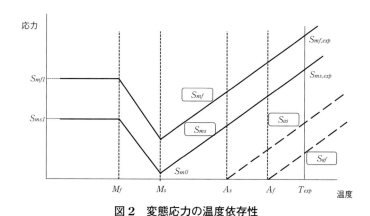

図2 変態応力の温度依存性

のように設定する．この図においては変態開始応力 S_{ms}，変態終了応力 S_{mf}，逆変態開始応力 S_a，および，逆変態終了応力 S_{af} と温度の関係が4本の屈曲線で示されている．これらの関係の求め方については後述する（[2.8]）．

2.5 エレメントおよびサブエレメントの応力誘起変態特性
2.5.1 応力誘起変態における限界応力

図1に示すように，等応力モデルは変態挙動の異なる K 個のエレメントの直列結合からなる．エレメントの特性としては，ある一定の変態応力および逆変態応力をもつエレメントAと，部分変態および部分逆変態を許すエレメントBを考えることができる．それぞれのエレメントの変態特性を，模式的に図3に示す．エレメントAを用いる場合，サブエレメントの導入を考える必要はないが，後述するように，エレメントBは L 個のサブエレメントの直列結合で表わすことができるから，エレメントBを用いる場合，等応力モデルは $K \times L$ 個のサブエレメントの直列構造として表わされることになる．サブエレメントの特性としては，エレメントAと同様のある一定の変態応力および逆変態応力をもつ．

図3に示すように，エレメントAは1つの変態応力の値と1つの逆変態応力の値をもち，応力が変態応力に達すると変態が生じ，材料の変態固有ひずみ ε_0 を生じる．変態した状態にあるエレメントAの応力が逆変態応力より小さくなると，逆変態が生じ変態ひずみがリセットされる．エレメントAの変態応力，逆変態応力および体積分率は，次のようにして求めることができる．図4に，引張り試験から得られた応力と変態ひずみの関係を，模式的に示す．この曲線を K 個の区分線形曲線に分割し，図に示すように，区間の両端を表わす点を $k = 1, 2, 3, \cdots, k, \cdots, K+1$ とし，点 k における応力および変態ひずみを，それぞれ σ^k および ε_{tr}^k とする．両端が k と $k+1$ で表わされる区間が k 番めのエレメントの変態に対応するので，k 番めのエレメントの変態応力 S_m^k は，

$$S_m^{\ k} = \frac{\sigma^k + \sigma^{k+1}}{2} \tag{1}$$

第Ⅱ部　変形挙動を表わすシミュレーション手法

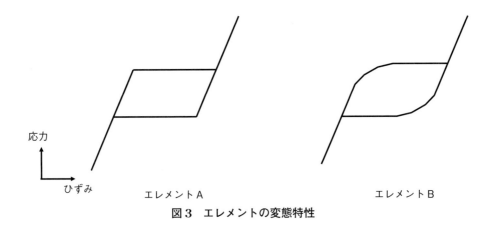

図3　エレメントの変態特性

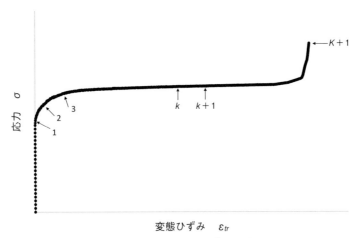

図4　応力・変態ひずみ曲線

k番めのエレメントの体積分率f^kは,

$$f^k = \frac{\varepsilon_{tr}^{k+1} - \varepsilon_{tr}^{k}}{\varepsilon_0} \tag{2}$$

で与えられることになる．ここでε_0は変態固有ひずみであり，図4に示される変態ひずみε_{tr}^{K+1}と，

$$\varepsilon_0 = \varepsilon_{tr}^{K+1} \tag{3}$$

の関係がある．また，$\varepsilon_{tr}^1 = 0$，さらには，$\sigma^1 = S_{ms}$および$\sigma^{K+1} = S_{mf}$の関係があることに注意する必要がある．ここで，S_{ms}およびS_{mf}は，図2に定義されるマルテンサイト変態開始応力および変態終了応力である．

逆変態応力に関しても，実験により逆変態応力と変態ひずみの関係を求め，変態応力を求める際と同様の手続きにより，k番めのエレメントの逆変態応力を求めることができる．この際，当

第3章　現象論的構成式

然のことながら，エレメントの体積率は変態応力を定めたときのものと同一にする必要がある．

　このような手続きにより，エレメントの変態応力および逆変態応力の値を定め，図1に示す等応力モデルを用いることにより，材料の変態及び逆変態を記述することができる．

　その1つの例として，形状記憶合金の超弾性挙動を解析した例を図5に示す．図より，等応力モデルにより，形状記憶合金の超弾性挙動における加工硬化挙動が適切に表現できることがわかる．ただし，滑らかな加工硬化挙動を得るためには，エレメントの数をかなり大きくとる必要がある．

　図6に部分除荷および部分再負荷条件における超弾性挙動に対し，エレメントAを用いた等応力モデルによる解析例を示す．この図に示すように，変態完了以前に除荷し，また，逆変態完了前に再負荷する負荷条件に対する挙動においては，図中で丸で囲って示したように，除荷時の弾性挙動から逆変態挙動への遷移領域，および再負荷時の弾性挙動から変態挙動への遷移領域において，滑らかな応力・ひずみ挙動が得られないことがわかる．この欠点を改良するため，図3に示すような部分変態および部分逆変態を許すエレメントBを導入した．エレメントBの効果により，**図7**に示すように上記遷移領域において滑らかな挙動が得られる．したがって，これ以降，等応力モデルにおけるエレメントはエレメントBを用いることとする．

　図3に示すエレメントBの変態挙動は L 個のサブエレメントの直列結合により表現可能である．サブエレメントの変態特性はエレメントAと同様に，1つの変態応力の値と1つの逆変態応力の値をもち，変態が生じると材料の変態固有ひずみ ε_0 と等しい変態ひずみを生じるものとする．エレメントBの加工硬化特性が与えられれば，k 番めのエレメントにおける l 番めのサブエレメントの変態応力 S_m^{kl}，逆変態応力 S_a^{kl} および k 番めのエレメントに対する体積分率 f_e^{kl} を，エレメントAの特性を求めたと同様な方法で，求めることができる．ただし，エレメントBの加工硬化特性を実験から直接求めることは困難であるから，エレメントBの加工硬化特性を試行的に与え，サブエレメントのパラメータを決定し，その妥当性を，計算結果と実験結果とを比較することにより確認するという手続きが必要になる．材料挙動を表現する等応力モデルと，サブエレメントの関係をいえば，図1に示したように，$K \times L$ 個のサブエレメントの直列構造で表わされる等応力モデルによって，材料挙動が表現されることになる．

2.5.2　温度誘起変態における限界温度

k 番目のエレメントにおける変態温度 $T_m^{\ k}$ および逆変態温度 $T_a^{\ k}$ は，次のように与えられる．

$$T_m^{\ k} = M_s - \left(\frac{M_s - M_f}{K} \right) \left(k - \frac{1}{2} \right) \tag{4}$$

$$T_a^{\ k} = A_f - \left(\frac{A_f - A_s}{K} \right) \left(k - \frac{1}{2} \right) \tag{5}$$

k 番めのエレメントにおける l 番めのサブエレメントの変態温度 $T_m^{\ kl}$ および逆変態温度 $T_a^{\ kl}$ は，k 番めのエレメントの変態温度および逆変態温度に等しいとする．すなわち，

−89−

第Ⅱ部　変形挙動を表わすシミュレーション手法

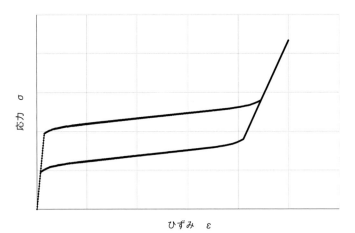

図5　エレメントAを用いた場合の超弾性挙動
（変態完了および逆変態完了の場合）

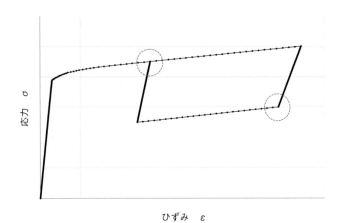

図6　エレメントAを用いた場合の超弾性挙動
（部分除荷および部分再負荷の場合）

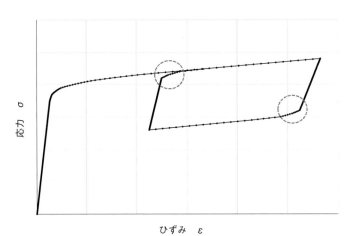

図7　エレメントBを用いた場合の超弾性挙動
（部分除荷および部分再負荷の場合）

$$T_m{}^{kl} = T_m{}^k , \quad l = 1, 2, \ldots, L \tag{6}$$

$$T_a{}^{kl} = T_a{}^k , \quad l = 1, 2, \ldots, L \tag{7}$$

2.6 等応力モデルの定式化

等応力モデルは，結局 $K \times L$ 個のサブエレメントの直列構造で表わされるモデルであるから，ある1つのサブエレメントの変態の状態を知ることができればよい．エレメント k におけるサブエレメント l（これをサブエレメント kl と呼ぶことにする．）の状態量に，上付きの添え字 k および l を付けて表わすことにする．また，この項において応力およびひずみの表記は，テンソル表記とする．

2.6.1 温度誘起変態

材料微視要素のなかでは，温度は一様であるとして扱う．サブエレメントは材料微視要素の下部組織であるので，すべてのサブエレメントにおいて温度は等しくなる．サブエレメント kl の温度が変態温度 $T_m{}^{kl}$ 以下になると，サブエレメント kl は温度誘起マルテンサイト変態を起こし，マルテンサイト状態になるものとする．逆に，マルテンサイト状態にあるサブエレメント kl の温度が逆変態温度 $T_a{}^{kl}$ 以上になると，温度誘起逆変態を生じ，母相状態になる．温度誘起変態および逆変態において，変態ひずみの生成および消滅は生じないものとする．

2.6.2 応力誘起変態

等応力モデルにおいて，すべてのサブエレメントにおける応力 σ_{ij} は等しくなる．偏差応力 s_{ij}

$$s_{ij} = \sigma_{ij} - \frac{1}{3} \sigma_{ii} \tag{8}$$

を定義すれば Mises の相当応力は，

$$\sigma_{eq} = \sqrt{\frac{3}{2} s_{ij} s_{ij}} \tag{9}$$

となる．相当応力がサブエレメント kl の変態応力 $S_m{}^{kl}$ 以上になると，サブエレメント kl は応力誘起マルテンサイト変態を生じ，変態固有ひずみ ε_0 を生じる．応力誘起マルテンサイト状態にあるサブエレメント kl の相当応力が逆変態応力 $S_a{}^{kl}$ 以下になると，応力誘起逆変態を生じ，変態ひずみが消滅し，母相状態となる．

2.6.3 変態の指標およびマルテンサイト体積分率

サブエレメントの材料状態は，母相（オーステナイト）であるか変態相（マルテンサイト）であるかのどちらかである．サブエレメント kl の変態状態を識別するための指標を，次のように導入する．

第Ⅱ部　変形挙動を表わすシミュレーション手法

$$m_\sigma(k,l) = 1 : \quad \text{応力誘起マルテンサイト} \tag{10}$$

$$m_\sigma(k,l) = 0 : \quad \text{母相} \tag{11}$$

$$m_T(k,l) = 1 : \quad \text{温度誘起マルテンサイト} \tag{12}$$

$$m_T(k,l) = 0 : \quad \text{母相} \tag{13}$$

また，温度誘起マルテンサイトと応力誘起マルテンサイトの区別をしないで，マルテンサイト相にあるかどうかを区別する指標として，以下のような指標を導入する．

$$m(k,l) = 1 : \quad \text{マルテンサイト} \tag{14}$$

$$m(k,l) = 0 : \quad \text{母相} \tag{15}$$

これらの指標の間には，次のような関係がある．

$$m(k,l) = m_\sigma(k,l) + m_T(k,l) \tag{16}$$

ただし，$m(k,l) = 2$　のときは，

$$m(k,l) = 1, \ m_\sigma(k,l) = 1, \ m_T = 0 \tag{17}$$

のように修正する．マルテンサイト体積分率 ξ，応力誘起マルテンサイト体積分率 ξ_σ，温度誘起マルテンサイト体積分率 ξ_T は，それぞれ定義により，

$$\xi = \sum_{n=1}^{N} \sum_{l=1}^{L} m(k,l) f(k) f_e(k,l) \tag{18}$$

$$\xi_\sigma = \sum_{n=1}^{N} \sum_{l=1}^{L} m_\sigma(k,l) f(k) f_e(k,l) \tag{19}$$

$$\xi_T = \sum_{n=1}^{N} \sum_{l=1}^{L} m_T(k,l) f(k) f_e(k,l) \tag{20}$$

となる．ここで $f(k)$ は，k 番めのエレメントのモデル全体に対する体積分率であり，$f_e(k,l)$ は，l 番めのサブエレメントの k 番目のエレメントに対する体積分率である．

2.6.4　変態ひずみ成分

材料は一般に多軸応力状態におかれるため，変態ひずみも多軸成分をもつ．相当応力が変態応力を上回り，変態を生じたサブエレメント kl における変態ひずみ成分 $(\varepsilon_{ij}^{tr})_{,kl}$ は，次式によって与えられるものとする．

$$\left(\varepsilon_{ij}^{\ tr}\right)_{,kl} = \phi\frac{\partial\sigma_{eq}}{\partial s_{ij}} = \frac{3}{2}\phi\frac{s_{ij}}{\sigma_{eq}} \tag{21}$$

ここで，ϕは比例定数である．式 (21) は，塑性力学の全ひずみ理論による Hencky の式に他ならない．サブエレメント kl における相当変態ひずみ $\left(\varepsilon_{ij}^{\ tr}\right)_{,kl}$ を，次のように定義する．

$$\left(\varepsilon_{eq}^{\ tr}\right)_{,kl} = \sqrt{\frac{2}{3}\left(\varepsilon_{ij}^{\ tr}\right)_{,kl}\left(\varepsilon_{ij}^{\ tr}\right)_{,kl}} \tag{22}$$

式 (21) を代入して整理すると，

$$\left(\varepsilon_{eq}^{\ tr}\right)_{,kl} = \frac{3}{2}\phi \tag{23}$$

が得られる．相当変態ひずみを変態固有ひずみに等しいと置くと，

$$\frac{3}{2}\phi = \varepsilon_0 \tag{24}$$

が得られるから，これを式 (21) に代入して，最終的に，

$$\left(\varepsilon_{ij}^{\ tr}\right)_{,kl} = \varepsilon_0\frac{s_{ij}}{\sigma_{eq}} \tag{25}$$

が得られる．ここで，

$$g_{ij} = \frac{s_{ij}}{\sigma_{eq}} \tag{26}$$

と置いて式 (25) を書き直すと，

$$\left(\varepsilon_{ij}^{\ tr}\right)_{,kl} = \varepsilon_0 g_{ij} \tag{27}$$

が得られる．この式より，サブエレメント kl における変態ひずみは，大きさが ε_0 で方位が g_{ij} で与えられることがわかる．式 (25) からわかるように現在の相当応力がサブエレメント kl の変態応力より大きい場合は，サブエレメント kl の変態ひずみの方位は過去に生じた変態ひずみの方位によらず，現在の応力状態によって定められることになる．すなわち，式 (26) により，変態におけるマルテンサイト再配列が表現されている．ただし，負荷履歴において，一旦変態が生じたサブエレメントの応力が変態応力より小さくなるが，逆変態応力より大きく，逆変態が生じないような場合においては，マルテンサイト再配列は生じないので，以前の変態ひずみが保存される．このような状況の評価はサブエレメント kl 毎に行う必要があるので，式 (26) の g_{ij} の再定義を以下のように行う．すなわち，$m_\sigma(k, l) = 1$ のサブエレメントに対して，

現在の相当応力が変態応力に等しいか大きい時

$$\left(g_{ij}\right)_{,kl} = \frac{s_{ij}}{\sigma_{eq}} \tag{28}$$

現在の相当応力が変態応力より小さいが逆変態応力より大きい時

第Ⅱ部 変形挙動を表わすシミュレーション手法

$$\left(g_{ij}\right)_{,kl} = \left(\frac{s_{ij}}{\sigma_{eq}}\right)^{*} \tag{29}$$

となる．ここで，上付きのアスタリスク（＊）は，相当応力が変態応力を上回った直近の応力履歴における量であることを示す．

等応力モデル全体の変態ひずみは，これらの直列和となるので

$$\varepsilon_{ij}{}^{tr} = \sum_{k=1}^{K}\sum_{l=1}^{L} f(k)f_{e}(l)(\varepsilon_{ij}{}^{tr})_{,kl} = \sum_{k=1}^{K}\sum_{l=1}^{L} m_{\sigma}\varepsilon_{0} f(k)f_{e}(l)\left(g_{ij}\right)_{,kl} \tag{30}$$

と与えられる．

2.6.5 弾性ひずみ成分

材料が等方弾性体であると仮定し，母相のヤング率を E_{a}，マルテンサイト相の弾性率を E_{m}，ポアソン比は両相に共通に ν と置く．母相状態にあるサブエレメントの弾性ひずみ $\varepsilon_{ij}{}^{e,A}$ およびマルテンサイト状態にあるサブエレメントの弾性ひずみ $\varepsilon_{ij}{}^{e,M}$ は，それぞれ，

$$\varepsilon_{ij}{}^{e,A} = \frac{1+\nu}{E_{a}}\sigma_{ij} - \frac{\nu}{E_{a}}\sigma_{\alpha\alpha}\delta_{ij} \tag{31}$$

$$\varepsilon_{ij}{}^{e,M} = \frac{1+\nu}{E_{m}}\sigma_{ij} - \frac{\nu}{E_{m}}\sigma_{\alpha\alpha}\delta_{ij} \tag{32}$$

と表わされる．ただし，各サブエレメントにおける応力は等しいので，サブエレメントの量であることを表わす添え字 kl は省略してある．等応力モデル全体の弾性ひずみ $\varepsilon_{ij}{}^{e}$ は，サブエレメントの弾性ひずみの直列和であるから，

$$\varepsilon_{ij}{}^{e} = \sum_{k=1}^{K}\sum_{l=1}^{L} m(k,l)f(k)f_{e}(k,l)\varepsilon_{ij}{}^{e,M} + \sum_{k=1}^{K}\sum_{l=1}^{L}\{1-m(k,l)\}f(k)f_{e}(k,l)\varepsilon_{ij}{}^{e,A} \tag{33}$$

$\displaystyle\sum_{k=1}^{K}\sum_{l=1}^{L} f(k)f_{e}(k,l)=1$ に注意し，式 (18) を用いて式 (33) を書き直すと，

$$\varepsilon_{ij}{}^{e} = \xi\varepsilon_{ij}{}^{e,M} + (1-\xi)\varepsilon_{ij}{}^{e,A} \tag{34}$$

2.6.6 全ひずみ成分

等応力モデルの全ひずみ ε_{ij} は，弾性ひずみと変態ひずみの和で表わされる．

—94—

$$\varepsilon_{ij} = \varepsilon_{ij}{}^{e} + \varepsilon_{ij}{}^{tr}$$
$$= \xi\left(\frac{1+\nu}{E_m}\sigma_{ij} - \frac{\nu}{E_m}\sigma_{\alpha\alpha}\delta_{ij}\right) + (1-\xi)\left(\frac{1+\nu}{E_a}\sigma_{ij} - \frac{\nu}{E_a}\sigma_{\alpha\alpha}\delta_{ij}\right) + \varepsilon_0\frac{s_{ij}}{\sigma_{eq}}\xi_\sigma \tag{35}$$

2.7 計算手順

2.7.1 応力制御による応答

応力制御におけるひずみの応答の計算は，次のような手順で行われる．ただし，温度変動がある場合は，小さな温度変動を与えて温度による材料特性の変化およびそれにともなうひずみ変動を計算し，しかるのちに応力変動によるひずみの応答を計算するものとする．応力変動による応答計算の間は，温度変動がないものとする．

① 応力増分を与える．

現在の応力に応力増分を加算したものを，新しい応力とする．式 (9) により相当応力を計算する．すべてのサブエレメントの変態および逆変態の可能性を評価する．与える応力増分の大きさは，変態状態の変化を生じるサブエレメントが 1 個以下になるように調整する．

② 変態状態の指標の値を変化させる．

サブエレメント kl が母相からマルテンサイトに変態した場合は $m_\sigma(k, l) = 1$ とし，マルテンサイトから母相に逆変態する場合は $m_\sigma(k, l) = 0$ とする．

③ サブエレメントの変態ひずみを計算する．

マルテンサイト状態にあるサブエレメントに対し，相当応力がサブエレメントの変態応力以上であるかどうかを判定し，変態応力以上であれば式 (25) を用いて変態ひずみを計算し，変態応力を超えていなければ，前ステップにて計算された変態ひずみが変化しないものとする．

④ 等応力モデル全体の変態ひずみを計算する．

③で計算された各サブエレメントの変態ひずみを，サブエレメントの体積分率を考慮して足し合わせ，式 (30) を用いて全体の変態ひずみを求める．

⑤ 全ひずみを求める

式 (33) で与えられる弾性ひずみを加えて，全ひずみを求める．

⑥ 次の計算ステップに進む．

2.7.2 ひずみ制御による応答

ひずみを与えたときは応力を与えた場合と異なり，各サブエレメントの変態・逆変態を直接的に評価することができないので，ある種の収束計算が必要となる．すなわち，ある応力およびひずみの状態から，小さなひずみ増分を与え，弾性変形を仮定してそれによる応力増分を計算し，現在の応力に加えることにより新しい応力値が得られ，これを用いて各サブエレメントの変態状態の変化を評価し，ひずみを計算する．

与えるひずみ増分の値は，変態状態の変化を生じるサブエレメントが 1 個以下になるように調整する．このようにして求めた応力をもとに計算されたひずみは，一般に制御ひずみと異なって

第Ⅱ部　変形挙動を表わすシミュレーション手法

いるので，ひずみを制御値に戻すための修正応力をさらに加える．得られた応力によるサブエレメントの変態の評価を再度行い，矛盾が生じないことを確かめ，そのときの応力・ひずみ値を，その増分ステップ終了時の応力・ひずみ値として，次のステップに移る．すなわち，変態が進行することを仮定して，与えたひずみ増分により得られた応力に修正応力を加味し，そのようにして得られた応力により逆変態が生じるような場合は，最初の仮定と得られた結果が矛盾しており，最初に与えたひずみ増分の値が大きすぎたと判断され，ひずみ増分の値を適宜小さくして再計算を行う必要がある．

　修正応力値の計算は，ひずみ拘束が与えられたひずみ成分に関し優先的に行う．すなわち，例えば後述の［2.9.4］にある，ひずみ制御による軸力・ねじり試験に対応した計算を行う場合，軸ひずみが保持された状態でねじりひずみを加える荷重パスに対しては，軸ひずみの保持が正しく行われるように修正応力を求めるのが効果的である．ねじりひずみに関しては，計算から求められたひずみを現在のステップでのひずみとして，そのような制御が行われた結果が示されたと考えてよい．

2.8　等応力モデルに必要な材料定数

　等応力モデルの材料定数は，次の4種類の定数が必要である．

2.8.1　変態固有ひずみ

　等応力モデルにおける変態固有ひずみは，相当変態ひずみとしての固有ひずみであるので，多結晶形状憶合金の引張り試験において，マルテンサイト変態が完了したときに得られる変態ひずみの値を用いる．

2.8.2　弾性定数

　母相およびマルテンサイト相の弾性定数を求める．必要ならば弾性定数の温度依存性も求めておく．等方性を仮定すれば，引張り試験を行い，各相のヤング率を求めることができる．ポアソン比は，オーステナイトおよびマルテンサイトで等しいと仮定されることが多い．

2.8.3　変態応力および逆変態応力の温度依存性

　図2に示すような変態応力および逆変態応力の温度依存性データを，実験的に求めておく必要がある．求め方は第2章［3］に示したアコモデーションモデルで第1章図1を求めた手法とほぼ同じであるが，変態開始温度 M_s 以下においても，変態開始応力および変態終了応力を求める点が異なっている．

　まず，変態開始温度 M_s，変態終了温度 M_f，逆変態開始温度 A_s および逆変態終了温度 A_f については，第2章［7.4］に記述したとおり，試料を無応力状態に保ったまま温度を変化させ，吸熱および発熱の変化を示差走査熱量測定（DSC）することによって求められる．また，電気抵抗の変化を測定すること，およびその他の方法によっても測定可能である．

　変態応力および逆変態応力の温度依存性を精度よく求めるには，種々の温度における負荷・除

荷曲線のデータが必要であり，これはかなり困難な作業である．しかし，変態終了温度 M_f 以上の温度領域においては，第2章 [7.4] で用いたように，これらの応力の温度依存性が温度に関し線形になると仮定すれば，ある1つの温度 $T_{\exp}$ における実験により，変態・逆変態応力の値と，先に求めておいた4つの変態温度を用いて，変態応力および逆変態応力の温度依存性データが求められる．さらに，このようにして得られた4本の応力の温度依存性を表わす直線が，お互いに平行であると仮定すれば，実験から求める応力は，上記4つの応力値のうち1つの応力値（例えば $S_{ms,\exp}$）だけであればよいことになる．

変態終了温度 M_f 以下における応力―ひずみ曲線は，マルテンサイト再配列挙動を反映している．しかし，等応力モデルにおいては，マルテンサイト再配列による変態挙動を，温度誘起変態が応力誘起変態に変化したとして扱うので，この温度領域において応力―ひずみ曲線を求め，変態開始応力 S_{ms} および変態終了応力 S_{mf} を求めておく．変態開始温度 M_s および変態終了温度 M_f の間の温度領域においても，応力の負荷によりマルテンサイト再配列が生じると考えられるので，この温度領域においても応力―ひずみ曲線を実験で求め，変態開始応力 S_{ms} および変態終了応力 S_{mf} を求め，変態開始温度 M_s 以上および変態終了温度 M_f 以下のデータと接続させる．

図2においては，利用できるデータが少ないため，変態終了温度 M_f 以下の温度において変態応力は，温度に対して一定としているが，実験値を入手できれば，その値を用いるべきである．

図2中に示す温度 M_s における変態開始応力 S_{m0} は，モデルの数値計算の都合上，ゼロでない小さな正の値を用いる必要がある．これは応力ゼロで変態が生じるとすると，そのときの変態ひずみ成分を式 (25) を用いて計算することができなくなるため，それを避ける措置である．

等応力モデルにおいては，変態・逆変態の評価は相当応力で行われるため，これらの値の取得は，引張り応力状態で試験を行うだけでよい．

2.8.4 加工硬化特性

変態開始応力から変態終了応力までの加工硬化特性を与えるため，ある1つの温度において引張りの応力―ひずみ曲線が必要である．また，一般的には，逆変態開始応力から逆変態終了応力までの加工硬化曲線も，同様に必要となる．変態応力と逆変態応力の加工硬化特性が，同じであると仮定することもある．

2.9 等応力モデルの応答計算例

2.9.1 材料定数のサンプル値

例題解析のためのサンプル値を以下に示す．

$$E_a = 66.5GPa \; , \; E_m = 14.1GPa \; , \; \nu = 0.3$$

$$M_s = 283K \; , \; M_f = 273.4K$$

$$A_s = 287.9K \; , \; A_f = 297.3K$$

$$T_{\exp} = 308K \; , \; S_{ms,\exp} = 54MPa \; , \; S_{mf,\exp} = 460Mpa$$

$$S_{m0} = 5Mpa \; , \; S_{ms1} = 23MPa \; , \; S_{mf1} = 90MPa$$

$$S_{as} = S_{mf} - S_{rv} \; , \; S_{af} = S_{ms} - S_{rv} \; , \; S_{rv} = 160MPa$$

第Ⅱ部　変形挙動を表わすシミュレーション手法

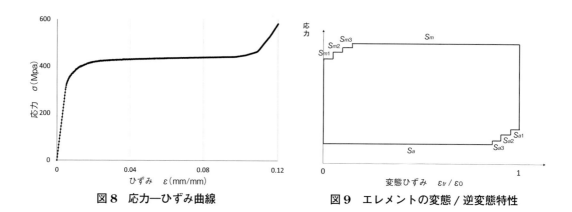

図8　応力―ひずみ曲線　　　　　図9　エレメントの変態／逆変態特性

表1　サブエレメントの変態応力，逆変態応力および体積分率

サブエレメント番号	変態応力	逆変態応力	体積分率
1	$S_{m1} = 0.95\,S_m$	S_a	0.05
2	$S_{m2} = 0.98\,S_m$	S_a	0.05
3	$S_{m3} = 0.995\,S_m$	S_a	0.05
4	S_m	S_a	0.7
5	S_m	$S_{a3} = S_a + 0.02\,S_{rv}$	0.05
6	S_m	$S_{a2} = S_a + 0.01\,S_{rv}$	0.05
7	S_m	$S_{a1} = S_a + 0.004\,S_{rv}$	0.05

$$\varepsilon_0 = 0.12/\sqrt{3} = 0.06928$$

各エレメントの変態応力 S_m，S_a および体積率 f：

　　サンプルデータとして図8に示す加工硬化曲線を用いて硬化域の応力を2000等分した値をエレメントの変態応力 S_m とし，対応する変態ひずみ量から各エレメントの体積分率を求めた．エレメントの逆変態応力 S_a は，

$$S_a = S_m - S_{rv} \tag{36}$$

$M_s < T$ では式 (36) を当該温度域に外挿した値とした．

サブエレメントの変態応力，逆変態応力および体積分率 f_e：

　　図3に示すエレメントBを用いることとし，これを7つのサブエレメントの直列結合で表わす．各サブエレメント変態応力および逆変態応力を，およびエレメントに対する体積分率を，サンプル値として表1に示す．これらの値を用いるとエレメントの変態挙動は図9のように表わされる．

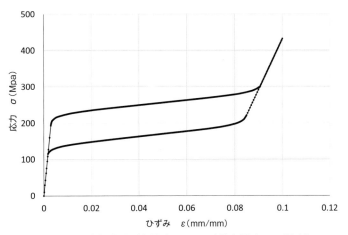

図 10　超弾性挙動（変態完了および逆変態完了の場合）

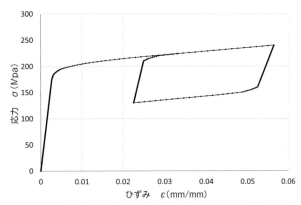

図 11　超弾性挙動（部分除荷および部分再負荷の場合）

2.9.2　超弾性挙動の例題解析

単軸応力状態における超弾性挙動の例を，図 10 および図 11 に示す．図 10 は変態完了後に除荷をして逆変態が完了した場合の超弾性挙動の例であり，図 11 は変態が完了する前に除荷をして，さらに逆変態完了前に再負荷したときの挙動である．変態完了前に除荷した場合における弾性―逆変態遷移領域，および逆変態完了前に再負荷した場合における弾性―変態遷移領域の滑らかな応答が，記述可能であることがわかる．

2.9.3　形状記憶効果の例題解析

計算に用いた負荷条件を以下に示す．

$T = 290\,K \to 270\,K \to 270\,K \to 270\,K \to 298\,K$

$\sigma = 0\,MPa \to 0\,MPa \to 120\,MPa \to 0\,MPa \to 0\,MPa$

計算結果を図 12 (a) および (b) に応力―ひずみ関係およびひずみ―温度関係を示す．応力ゼロ

第Ⅱ部　変形挙動を表わすシミュレーション手法

の下で温度を $T = 290$ K $(\approx A_f)$ から $T = 270$ K $(< M_f)$ に低下させると，材料はマルテンサイト変態を起こすが，アコモデーション機構が働いて変態ひずみは生じない．モデルにおいては，この負荷条件では変態ひずみをともなわない温度誘起変態が生じるものとして取り扱っている．したがって，図 12 (a) においてはこの負荷条件の下では（応力，ひずみ）は原点にとどまっている．図 12 (b) においてはひずみゼロを保ったまま温度が低下する様子が表わされている．次のステップで温度 $T = 270$ K を保ったまま，応力を $\sigma = 120$ MP に増加すると，外部ひずみがゼロとなるような方位に生じているマルテンサイト変態が，負荷応力の方向に再配列して，マルテンサイト変態ひずみが外部ひずみとして現れてくる．この現象を，モデルにおいては，温度誘起変態が応力誘起変態に変化したと扱い，このような扱いにより生じたひずみの増加が図 12 (a) に示されている．したがって，このように計算されたひずみ挙動が実験値と整合するように，図 2 に示す変態応力に関する材料定数の値を設定する必要があることがわかる．次のステップにお

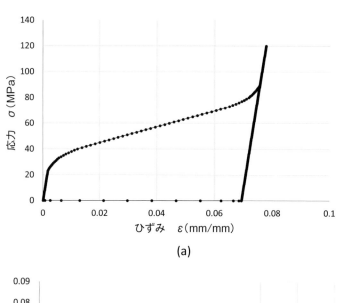

(a)

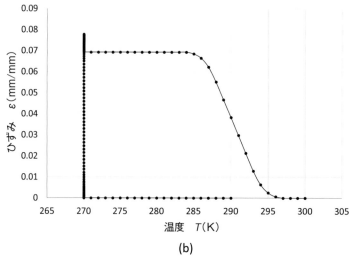

(b)

図 12　形状記憶効果，(a) 応力—ひずみ関係，(b) ひずみ—温度関係

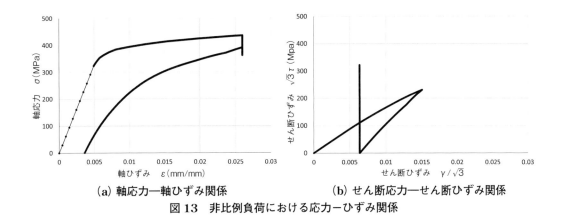

(a) 軸応力—軸ひずみ関係　　(b) せん断応力—せん断ひずみ関係

図13　非比例負荷における応力−ひずみ関係

いては，温度を $T = 270$ K に保ったまま応力を除荷する．このような温度領域では，図2からわかるように逆変態は生じないので，材料は弾性挙動をすることになり，応力ゼロにおいて変態ひずみが残留ひずみとして残ることが，図12（a）よりわかる．この残留ひずみは次のステップで温度を $T = 298$ K $(> A_f)$ まで上昇させると，オーステナイト逆変態が生じ，変態ひずみが消失するため，ひずみはゼロに復帰し，形状記憶効果が表われる．モデルにおいてはこれを温度誘起逆変態が生じるとして扱っており，ひずみがゼロに復帰する様子が，図12（a）に示されている．図12（b）には温度上昇とともにひずみが消失していく様子が示されている．

2.9.4　多軸応力場・非比例負荷

多軸応力状態において非比例負荷を受ける例題として，すでに第2章［8.4］において述べた軸力・ねじり試験に対応した負荷を受ける場合について解析した．そして，第2章表1に示される負荷経路に沿った形状記憶合金の応答を計算し，その結果を図13に示す．第2章図12に示した実験結果と比較すると，軸応力—ひずみ挙動においての負荷領域での軟化挙動を計算では表わすことはできていないが，その他の挙動は，定性的には記述可能であることがわかる．実験でみられる軟化挙動は，すでに第2章［8.4］において述べたように，試験片にマクロ的に発生・成長したマルテンサイトの帯状組織によるものと考えられる[2]．定量的には，残留軸ひずみや残留せん断ひずみの量の不一致がみられるが，材料定数の調整をより精密に行うことにより改善可能と考えられる．

3　その他のモデル

3.1　田中のモデル[3)4)]

田中のモデルは熱力学検討から得られた速度型の構成式

$$\dot{\boldsymbol{\sigma}} = \boldsymbol{D} : \dot{\boldsymbol{\varepsilon}} + \boldsymbol{\theta}\dot{T} + \boldsymbol{\Omega}\dot{\xi} \tag{37}$$

を出発点とする．ここで $\boldsymbol{\sigma}$，$\boldsymbol{\varepsilon}$，T，はそれぞれ応力テンソル，ひずみテンソル，温度である．弾性定数テンソル $\boldsymbol{D}$，熱弾性テンソル $\boldsymbol{\theta}$，変態ひずみに関するテンソル $\boldsymbol{\Omega}$ は材料テンソルであ

第Ⅱ部　変形挙動を表わすシミュレーション手法

り，一般的には変数（ε, T, ξ）あるいは（σ, T, ξ）の関数である．ξはマルテンサイト相の体積分率を表わし，構成式の内部変数となる．ξの生成状態を規定する式は，

$$\xi = \Xi(\sigma, T) \tag{38}$$

と与えられ，これを出発点として，金属学的あるいは力学的検討によりξの発展方程式が与えられている．

3.2　徳田のモデル[5)-7)]

このモデルは，多結晶形状記憶合金の変態挙動について，材料のメゾレベルの変態機構を考慮した構成式モデルである．すなわち，形状記憶合金の変態は材料の結晶学的に決まった面上で，かつ決まった方向にのみ生じるせん断変形と考えることができ，このときの支配応力は，この面上の変形方向に働く分解せん断応力である．この面と方向をもつせん断変形システムを，変態系と呼ぶことにする．構成式においては，まず，この変態系に作用する温度と応力の下での変態ひずみを計算する式を，以下のように与える．すなわち，k番めの変態系に対して，

$$\tau_{(k)}^{m}(\gamma_{(k)}^{T},T) = \tau_{(k)}^{ms}(T) + H\gamma_{(k)}^{T}$$
$$\tau_{(k)}^{a}(\gamma_{(k)}^{T},T) = \tau_{(k)}^{af}(T) + H\gamma_{(k)}^{T} \tag{39}$$

が成り立つものとする．ここに，$\tau_{(k)}^{m}(\gamma_{(k)}^{T}, T)$および$\tau_{(k)}^{a}(\gamma_{(k)}^{T}, T)$は，それぞれ，マルテンサイト変態において，バリアントが成長するための臨界せん断応力，および逆変態において，バリアントが減退するための臨界せん断応力である．Tは温度，Hは硬化係数，$\tau_{(k)}^{ms}(T)$および$\tau_{(k)}^{af}(T)$は，それぞれ温度Tにおけるマルテンサイト変態開始応力およびオーステナイト逆変体終了応力であり，$\gamma_{(k)}^{T}$は相変態せん断ひずみである．さらに$\tau_{(k)}^{ms}(T)$および$\tau_{(k)}^{af}(T)$は温度に関し線形と仮定され，

$$\tau_{(k)}^{ms}(T) = \tau_{(k)}^{ms}(T_0) + \beta(T - T_0)$$
$$\tau_{(k)}^{af}(T) = \tau_{(k)}^{af}(T_0) + \beta(T - T_0) \tag{40}$$

と表わされる．式（39）および式（40）より増分関係を求めると

$$d\tau_{(k)}^{ms}(T) = \beta dT + Hd\gamma_{(k)}^{T}$$
$$d\tau_{(k)}^{af}(T) = \beta dT + Hd\gamma_{(k)}^{T} \tag{41}$$

が得られる．また変態系の分解せん断応力$\tau_{(k)}$と結晶粒に作用する応力σ_{ij}は次の関係がある．

$$\tau_{(k)} = \alpha_{ij}^{(k)}\sigma_{ij} \tag{42}$$

ここで，$\alpha_{ij}^{(k)}$はシュミット係数テンソルである．

次に，1つの結晶粒内に$K (=24)$通りの変態系があることを考慮し，変態系の変態ひずみの総和として結晶粒の変態ひずみε_{ij}^{T}を求める．このとき，異なる変態系の相互作用を，線形硬化の仮説を用いて考慮している．すなわち，式（41）を修正して，

第3章 現象論的構成式

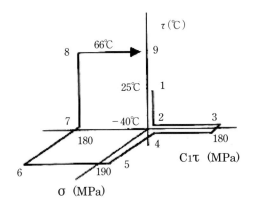

(a) 多軸負荷経路

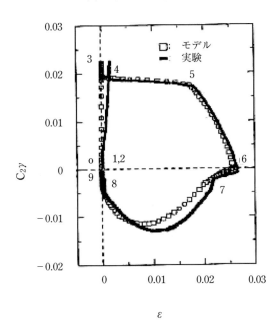

(b) ひずみの応答

図14 徳田のモデルによる多軸応力負荷に対するひずみ応答[7]

$$d\tau_{(k)}^{ms}(\gamma_{(1)}^T, \gamma_{(2)}^T, \cdots, \gamma_{(K)}^T, T) = \beta dT + H\sum_{k=1}^{K} d\gamma_{(k)}^T$$

$$d\tau_{(k)}^{af}(\gamma_{(1)}^T, \gamma_{(2)}^T, \cdots, \gamma_{(K)}^T, T) = \beta dT + H\sum_{k=1}^{K} d\gamma_{(k)}^T$$

(43)

を得る．結晶粒の変態ひずみ ε_{ij}^T を，

$$d\varepsilon_{ij}^T = \sum_{k=1}^{K} \alpha_{ij}^{(k)} d\gamma_{(k)}^T \tag{44}$$

第Ⅱ部　変形挙動を表わすシミュレーション手法

と与える．全ひずみ ε_{ij} は，弾性ひずみ ε_{ij}^{e} と変態ひずみ ε_{ij}^{T} の和として，次のように与えられる．

$$d\varepsilon_{ij} = d\varepsilon_{ij}^{e} + d\varepsilon_{ij}^{T} \tag{45}$$

　多結晶材は，ランダムな配向の結晶粒の集合と考えることができるので，結晶方位の異なる結晶粒の変態ひずみの平均をもって，多結晶材の変態ひずみとする．このとき各結晶粒に働く応力と材料要素に働くマクロ応力の関係を求める必要があるが，ここでは応力一定のモデルを用いて，各結晶粒に働く応力はマクロ応力に等しいとしている．

　このモデルの適用例[7]を**図14**に示す．形状記憶合金中空円管の試験片を用いた引張りねじり負荷に対するひずみ応答の実験結果[6]と比較したもので，このモデルによる計算結果は，実験結果とよく一致している．

　このモデルは第2章 [2] に述べたアコモデーションモデルと非常によく似ているが，アコモデーションモデルにおいては，変態に関与する変態系の体積分率を考慮し，各変態系の相互作用および各結晶粒の相互作用は，ひずみ一定モデルを用いて統一的に取り扱っている点で異なっている．

3.3　Brinson らのモデル[1) 8)]

　Brinson らのモデルでは，マルテンサイト変態を変態ひずみをともなわない温度誘起変態による twinned マルテンサイト変態と，応力誘起変態による de-twinned（oriented）マルテンサイト変態に分け，変態ひずみは，de-twinned マルテンサイト変態によって生じるとしている．さらに変態ひずみを，de-twinned マルテンサイト体積分率が変化することによって生じるひずみと，すでに変態しているマルテンサイト相のマルテンサイト再配列によって生じるひずみとに区別して，それぞれのプロセスを記述することに特徴がある．

　マルテンサイト体積分率 z を，次のように定義する．

$$z = z_{T} + z_{\sigma} \tag{46}$$

ここで，

z_{T} ： twinned マルテンサイト体積分率

z_{σ} ： de-twinned マルテンサイト体積分率

である．さらに，変態ひずみ（非弾性ひずみ）$\boldsymbol{\varepsilon}^{in}$ は，母相の変態（de-twinned マルテンサイト体積分率の増加）によって生じるひずみ $\boldsymbol{\varepsilon}^{tr}$ と，すでに変態しているマルテンサイト相の再配列によるひずみ $\boldsymbol{\varepsilon}^{re}$ の和で表わされるものとする．太字で表わされた量は，ベルトルまたはテンソルであることを示す．

　全ひずみ $\boldsymbol{\varepsilon}$ は，弾性ひずみ $\boldsymbol{\varepsilon}^{e}$ と非弾性ひずみ $\boldsymbol{\varepsilon}^{in}$ の和で与えられ，

$$\boldsymbol{\varepsilon} = \boldsymbol{\varepsilon}^{e} + \boldsymbol{\varepsilon}^{in} \tag{47}$$

となる．非弾性ひずみに関しては体積不変条件により

−104−

$$tr\,\boldsymbol{\varepsilon}^{in} = 0 \tag{48}$$

が成り立つ．さらに，非弾性ひずみ増分を母相の変態によるひずみ増分と，すでに変態している相のマルテンサイト再配列によるひずみ増分に分ける．

$$\dot{\boldsymbol{\varepsilon}}^{in} = \dot{\boldsymbol{\varepsilon}}^{tr} + \dot{\boldsymbol{\varepsilon}}^{re} \tag{49}$$

ここで，ドットは時間増分であることを表わす．再配列によるひずみはマルテンサイト体積分率に影響を与えない．

マクロ変態ひずみは，配向マルテンサイト体積分率によるひずみであるから

$$z_\sigma = \frac{\left\|\boldsymbol{\varepsilon}^{in}\right\|}{\sqrt{3/2}\gamma} \tag{50}$$

と表わされる．ここでγは，単純せん断負荷における最大変態ひずみである．この式の時間微分をとり，式(48)を考慮すると，

$$\dot{z}_\sigma = \frac{\boldsymbol{\varepsilon}^{in} : \dot{\boldsymbol{\varepsilon}}^{tr}}{\sqrt{3/2}\gamma\left\|\boldsymbol{\varepsilon}^{in}\right\|} \tag{51}$$

が得られる．

現象論的構成関係式を得るため，前述の田中のモデルにおいて用いられたような，熱力学的検討を行う．弾性ひずみ$\boldsymbol{\varepsilon}^e$と温度$T$を，制御変数，$z_\sigma$と$z_T$を内部変数として，ヘルムホルツの自由エネルギ$\psi$を次のように与える．

$$\begin{aligned}
\psi(\boldsymbol{\varepsilon}^e, T, z_\sigma, z_T) &= \frac{1}{2\rho}\boldsymbol{\varepsilon}^e : L : \boldsymbol{\varepsilon}^e + u_0^A - T\eta_0^A - z_T\left(\Delta u_0 - T\Delta\eta_0\right) \\
&\quad - z_\sigma\left\langle\Delta u_0 - T\Delta\eta_0\right\rangle + c_v\left[\left(T - T_0\right) - T\ln\left(\frac{T}{T_0}\right)\right] + \Delta\psi
\end{aligned} \tag{52}$$

ここで，ρは材料の密度，Lは4階の等方弾性係数テンソル，u_0^Aとu_0^Mは母相とマルテンサイトの比内部エネルギ，η_0^Aとη_0^Mは母相とマルテンサイトの比エントロピ，c_vは定容比熱，T_0は母相とマルテンサイト相が均衡状態にあるときの温度，$\Delta\psi$は相混合に起因する配列エネルギである．Δu_0および$\Delta\eta_0$は，それぞれ母相とマルテンサイトの内部エネルギ差$\Delta u_0 = u_0^A - u_0^M$およびエントロピ差$\Delta\eta_0 = \eta_0^A - \eta_0^M$を表わす．また，$u_0^M$および$\eta_0^M$は，twinnedマルテンサイトとde-twinnedマルテンサイトで等しいと仮定する．配列エネルギは，次の式によって表わされると仮定する．

$$\Delta\psi = H_\sigma \frac{1}{2} z_\sigma{}^2 \tag{53}$$

ここでH_σは相変態における加工硬化を表わす材料定数である．

熱力学第2法則より次のClausius-Duhen不等式が得られる．

$-105-$

第Ⅱ部　変形挙動を表わすシミュレーション手法

$$D_p = \frac{1}{\rho}\boldsymbol{\sigma}:\dot{\boldsymbol{\varepsilon}} - \dot{\psi} - \eta\dot{T} - \frac{1}{\rho T}\boldsymbol{q}\cdot grad\ T \geq 0 \tag{54}$$

ここで，$\boldsymbol{\sigma}$ は応力テンソル，$\boldsymbol{q}$ は熱流束ベクトルを表わす．ここで熱伝導に関するフーリエの法則により，

$$-\frac{1}{\rho T}\boldsymbol{q}\cdot grad\ T \geq 0$$

であるから，この関係と式 (52) から求めた $\dot{\psi}$ を式 (54) に代入して，

$$\rho D_p = \rho\left(-\frac{\partial\psi}{\partial T} - \eta\right)\dot{T} + \left(\boldsymbol{\sigma} - \rho\frac{\partial\psi}{\partial\boldsymbol{\varepsilon}^e}\right):\boldsymbol{\varepsilon}^e + \boldsymbol{\sigma}:\boldsymbol{\varepsilon}^{in}$$
$$-\rho\frac{\partial\psi}{\partial z_\sigma}\dot{z}_\sigma - \rho\frac{\partial\psi}{\partial z_T}\dot{z}_T \geq 0 \tag{55}$$

が得られる．ここから，

$$\boldsymbol{\sigma} = \rho\frac{\partial\psi}{\partial\boldsymbol{\varepsilon}^e} = L:\boldsymbol{\varepsilon}^e \tag{56}$$

$$\eta = -\frac{\partial\psi}{\partial T} \tag{57}$$

$$\rho D_p = \boldsymbol{\sigma}:\dot{\boldsymbol{\varepsilon}}^{in} - \rho\frac{\partial\psi}{\partial z_\sigma}\dot{z}_\sigma - \rho\frac{\partial\psi}{\partial z_T}\dot{z}_T$$
$$= \left(\boldsymbol{\sigma}' - \rho\frac{\partial\psi}{\partial z_\sigma}\frac{\boldsymbol{\varepsilon}^{in}}{\sqrt{3/2\gamma}\|\boldsymbol{\varepsilon}^{in}\|}\right):\dot{\boldsymbol{\varepsilon}}^{tr} + \boldsymbol{\sigma}':\dot{\boldsymbol{\varepsilon}}^{re} - \rho\frac{\partial\psi}{\partial z_T}\dot{z}_T \geq 0 \tag{58}$$

が得られる．いま，

$$X_{tr} = \boldsymbol{\sigma}' - \rho\left[\langle T\Delta\eta_0 - \Delta u_0\rangle + H_\sigma z_\sigma\right]\frac{\boldsymbol{\varepsilon}^{in}}{\sqrt{3/2\gamma}\|\boldsymbol{\varepsilon}^{in}\|}$$

$$X_{re} = \boldsymbol{\sigma}'$$

$$X_T = -\rho\left(T\Delta\eta_0 - u_0\right)$$

と置けば，式 (111) の不等式は，

$$\rho D_p = X_{tr}:\dot{\boldsymbol{\varepsilon}}^{tr} + X_{re}:\dot{\boldsymbol{\varepsilon}}^{re} + X_T\dot{z}_T \geq 0 \tag{59}$$

と表わされる．この不等式は内部変数の発展式として，

$$-106-$$

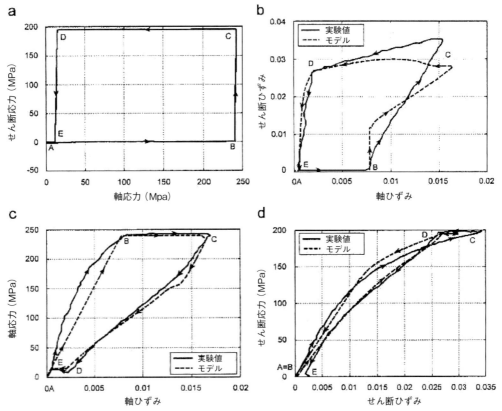

図15 Brinsonらのモデルによる多軸応力負荷に対する計算例[8]，a. 負荷履歴，b. せん断ひずみ―軸ひずみ関係，c. 軸応力―軸ひずみ関係，d. せん断応力―せん断ひずみ関係

$$\dot{\varepsilon}^{tr} = \dot{\lambda}_{tr} X_{tr} \tag{60}$$

$$\dot{\varepsilon}^{re} = \dot{\lambda}_{re} \hat{I} : X_{re} \tag{61}$$

および，
$$\dot{z}_T = \dot{\lambda}_T X_T \tag{62}$$

を仮定すれば常に満足される．ここで，$\dot{\lambda}_{tr}$，$\dot{\lambda}_{re}$，$\dot{\lambda}_T$ は正のラグランジェ乗数であり，$\hat{I}$ はいわゆる射影テンソルであり，テンソルをその横方向成分に射影する．

さらに $\dot{\varepsilon}^{tr}$ および $\dot{\varepsilon}^{re}$ のプロセスに関し，次のような限界関数を仮定する．

$$F_{tr} = \|X_{tr}\| - Y_{tr}(z_\sigma) \tag{63}$$

$$F_{re} = \frac{1}{2} X_{re} : \hat{I} : X_{re} - Y_{re} \tag{64}$$

ここに，Y_{re} はマルテンサイト再配列のプロセスが起きるかどうかを規定する材料定数である．また，$Y_{tr}(z_\sigma)$ は相変態のプロセスを支配する関数であり，変態と逆変態に対しそれぞれ次のように与えられる．

第Ⅱ部　変形挙動を表わすシミュレーション手法

$$Y_{tr}(z_\sigma) = A^f z_\sigma - B^f z_\sigma \ln(1-z_\sigma) + C^f \qquad for \quad \dot{z}_\sigma > 0$$
$$Y_{tr}(z_\sigma) = A^r (1-z_\sigma) - B^r (1-z_\sigma)\ln(z_\sigma) + C^r \qquad for \quad \dot{z}_\sigma < 0 \tag{65}$$

twinned マルテンサイトのプロセスに対する限界関数は，次のように与えられる．

$$F_T = X_T - Y_T^f(z_T) \qquad for \quad \dot{z}_T > 0$$
$$F_T = -X_T - Y_T^r(z_T) \qquad for \quad \dot{z}_T > 0 \tag{66}$$

ここで，

$$Y_T^f(z_T) = c^f z_T \tag{67}$$

$$Y_T^r(z_T) = Y_{T_0}^r + \overline{\sigma} + c^r z_T \tag{68}$$

である．ここで $\overline{\sigma}$ は Mises の相当応力である．

　このモデルでは，変態におけるマルテンサイト体積率を，温度誘起変態によるものと応力誘起変態によるものとに区別して扱っているところに特徴がある．このモデルを用いた計算例を，実験結果と比較して**図 15** に示す．計算結果は実験結果をよく記述している．

3.4　Yu らのモデル[9)-13)]

　このモデルにおいては，形状記憶合金の単結晶に対する構成式を，熱力学検討により求め，それを β-rule と呼ばれる簡単な遷移則を用いて拡張し，多結晶材に対する構成式を求める．このモデルは，熱力学検討において Helmholtz の自由エネルギの中に弾性ひずみエネルギ，化学エネルギ，変態─塑性相互作用エネルギ，変態硬化エネルギおよび塑性硬化エネルギを考慮しており，変態に及ぼす塑性変形の影響を評価できる点において特長がある．形状記憶合金を繰返し負荷の下で使用する場合，塑性変形の影響により，変態特性の劣化が生じる場合があり，変態における塑性変形の影響を考慮できる構成式の開発が必要とされる．そのような要請に応える構成式の１つといえる．

　単結晶の形状記憶合金を考える．全ひずみを次のように分解する．

$$\boldsymbol{\varepsilon} = \boldsymbol{\varepsilon}^e + \boldsymbol{\varepsilon}^{tr} + \boldsymbol{\varepsilon}^p \tag{69}$$

ここで，$\boldsymbol{\varepsilon}$：全ひずみテンソル，$\boldsymbol{\varepsilon}^e$：弾性ひずみテンソル，$\boldsymbol{\varepsilon}^{tr}$：変態ひずみテンソル，$\boldsymbol{\varepsilon}^p$：塑性ひずみテンソル，である．24 通りの変態系があるから変態ひずみは各々の変態系の変態ひずみの和として，次のように書ける．

$$\boldsymbol{\varepsilon}^{tr} = \sum_{\alpha=1}^{24} f^\alpha \boldsymbol{\Lambda}^\alpha \tag{70}$$

$$\boldsymbol{\Lambda}^\alpha = \frac{1}{2} g^{tr} \left(\boldsymbol{m}^\alpha \otimes \boldsymbol{n}^\alpha + \boldsymbol{n}^\alpha \otimes \boldsymbol{m}^\alpha \right) \tag{71}$$

$$f = \sum_{\alpha=1}^{24} f^{\alpha} \tag{72}$$

ここで，f^a，Λ^a，g^{tr}，m^a および n^a は，それぞれ，a 番めのマルテンサイトバリアントの体積分率，変態ひずみテンソル，変態ひずみの大きさ，変態方向ベクトルおよび変態面に垂直なベクトルである．f は全マルテンサイト体積分率である．

BCC 結晶であるオーステナイトは，すべり面 $\{1, 1, 0\}$ およびすべり方向 $\langle 1, 1, 1 \rangle$ で表わされる 12 個の主すべり系をもつ．したがって，オーステナイト相の転位すべりによる塑性ひずみは，次のように表わされる．

$$\dot{\boldsymbol{\varepsilon}}^P = (1-f)\sum_{\beta=1}^{12} \dot{\gamma}^{\beta} \boldsymbol{P}^{\beta} \tag{73}$$

$$\boldsymbol{P}^{\beta} = \frac{1}{2}\left(\boldsymbol{s}^{\beta} \otimes \boldsymbol{l}^{\beta} + \boldsymbol{l}^{\beta} \otimes \boldsymbol{s}^{\beta}\right) \tag{74}$$

ここで，γ^{β}，$\boldsymbol{P}^{\beta}$，$\boldsymbol{s}^{\beta}$ および $\boldsymbol{l}^{\beta}$ は，それぞれ，すべり系 β における転位すべりの量，すべり系の方位テンソル，すべり方向ベクトルおよびすべり面に垂直なベクトルである．ここでは，すべりは母相にのみ生じるとしている．

Helmholtz の自由エネルギーは次のように書ける．

$$\begin{aligned}
\psi\left(\boldsymbol{\varepsilon}^e, f, t\right) = &\frac{1}{2}\boldsymbol{\varepsilon}^e : C(T) : \boldsymbol{\varepsilon}^e + \beta(T-T_0)f + \int_0^t A\boldsymbol{\varepsilon}^p : \dot{\boldsymbol{\varepsilon}}^{tr} dt \\
&+ \int_0^t \sum_{\alpha=1}^{24} X^{\alpha} \dot{f}^{\alpha} dt + \int_0^t \sum_{\beta=1}^{12} R^{\beta} \left|(1-f)\dot{\gamma}^{\beta}\right| dt
\end{aligned} \tag{75}$$

ここで，右辺第 1 項は弾性エネルギ，第 2 項は化学エネルギ，第 3 項は塑性と変態の相互作用エネルギ，第 4 項は変態硬化エネルギ，第 5 項は塑性硬化エネルギを表わす．

一様温度の場合，逸散不等式は次のように書ける．

$$\boldsymbol{\sigma} : \dot{\boldsymbol{\varepsilon}} - \dot{\psi} \geq 0 \tag{76}$$

ここで，$\boldsymbol{\sigma}$ は応力テンソルである．変形して，

$$\Gamma = \left(\boldsymbol{\sigma} - \frac{\partial \psi}{\partial \boldsymbol{\varepsilon}}\right) : \dot{\boldsymbol{\varepsilon}} + \boldsymbol{\sigma} : \dot{\boldsymbol{\varepsilon}}^{tr} + \boldsymbol{\sigma} : \dot{\boldsymbol{\varepsilon}}^p - \sum_{\alpha=1}^{24} \frac{\partial \psi}{\partial f^{\alpha}} \dot{f}^{\alpha} - \frac{\partial \psi}{\partial t} \geq 0 \tag{77}$$

この式より，弾性応力—ひずみ関係式が得られる．

$$\boldsymbol{\sigma} = \frac{\partial \psi}{\partial \boldsymbol{\varepsilon}^e} = C(T) : \boldsymbol{\varepsilon}^e \tag{78}$$

不等式の残りの部分を変態による逸散式と塑性による逸散式に分けると，それぞれ

—109—

第Ⅱ部　変形挙動を表わすシミュレーション手法

$$\sum_{\alpha=1}^{24}\left\{\left(\boldsymbol{\sigma}-A\boldsymbol{\varepsilon}^{\,p}\right):\boldsymbol{\Lambda}^{\alpha}-\beta\left(T-T_{0}\right)-X^{\alpha}\right\}\dot{f}^{\alpha}\geq 0 \tag{79}$$

$$\sum_{\beta=1}^{12}\left\{\boldsymbol{\sigma}:\boldsymbol{P}^{\beta}-R^{\beta}\,sign\!\left(\dot{\gamma}^{\beta}\right)\right\}\dot{\gamma}^{\beta}\geq 0 \tag{80}$$

となる．これらの式を用いて熱力学的駆動力を定義することができ，それを用いて発展式を与えることができる．変態の進行に対しては，$\dot{f}^{a}$ に対する熱力学的駆動力および発展式を次のように与える．

$$F_{for}^{\alpha}=\left(\boldsymbol{\sigma}-A\boldsymbol{\varepsilon}^{\,p}\right):\boldsymbol{\Lambda}^{\alpha}-\beta\left(T-T_{0}\right)-X^{\alpha} \tag{81}$$

$$\dot{f}^{\alpha}=\dot{f}_{0}\left\langle\frac{F_{for}^{\alpha}}{K^{tr}}\right\rangle^{n} \tag{82}$$

逆変態に対しては，

$$F_{res}^{\alpha}=R_{res}-\left(\boldsymbol{\sigma}-A\boldsymbol{\varepsilon}^{\,p}\right):\boldsymbol{\Lambda}^{\alpha}+\beta\left(T-T_{0}\right)+X^{\alpha} \tag{83}$$

$$\dot{f}^{\alpha}=\dot{f}_{0}\left\langle\frac{F_{res}^{\alpha}}{K^{tr}}\right\rangle^{n} \tag{84}$$

ここで，R_{res} は逆変態の際の弾性除荷の幅を規定する，材料パラメータである．塑性ひずみに対しても同様な検討を行い，$\dot{\gamma}^{\beta}$ に対する発展式を次のように与える．

$$\dot{\gamma}^{\beta}=\dot{\gamma}_{0}\left\langle\frac{\left|\boldsymbol{\sigma}:\boldsymbol{P}^{\beta}\right|-R^{\beta}}{K^{p}}\right\rangle^{n_{p}}sign\!\left(\boldsymbol{\sigma}:\boldsymbol{P}^{\beta}\right) \tag{85}$$

変態に対する抵抗 X^{a} およびすべりに対する抵抗 R^{β} の，変形にともなう変化を，次のように与える．

$$\begin{aligned}
\dot{X}^{\alpha}&=\sum_{\beta=1}^{24}h_{tr}^{\alpha\beta}\,\dot{f}^{\beta}\\
h_{tr}^{\alpha\beta}&=h_{0}^{tr}q_{tr}^{\alpha\beta}\\
q_{tr}^{\alpha\beta}&=q_{tr}+\left(1-q_{tr}\right)\delta_{\alpha\beta}
\end{aligned} \tag{86}$$

$$\begin{aligned}
\dot{R}^{\alpha}&=\sum_{\beta=1}^{12}h_{p}^{\alpha\beta}\left|\dot{\gamma}^{\beta}\right|\\
h_{p}^{\alpha\beta}&=h_{0}^{p}q_{p}^{\alpha\beta}\\
q_{p}^{\alpha\beta}&=q_{p}+\left(1-q_{p}\right)\delta_{\alpha\beta}
\end{aligned} \tag{87}$$

以上の式により記述された，単結晶に対する構成式，を多結晶体の構成式に移行するために，

$-110-$

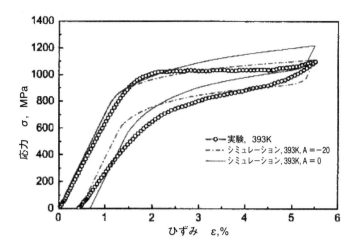

図16 引張り・除荷における形状記憶合金の応答およびYuらの構成式による計算結果[10]

CailletaydとPilvinによって提案された，いわゆるβ-ruleを用いる．β-ruleは，よく知られたセルフコンシステントモデルよりも計算が簡便になる利点がある．

すなわち，多結晶体における平均応力をσとすると，局所応力σ^gは次の式によって与えられる．

$$\sigma^g = \sigma + D(\varepsilon_{in} - \varepsilon_{in}^g) \tag{88}$$

ここで，ε_{in}^gは局所の非弾性ひずみであり，ε_{in}は多結晶体の非弾性ひずみであり，局所ひずみε_{in}^gの体積平均として定義される．

$$\varepsilon_{in} = [\varepsilon_{in}^g] \tag{89}$$

また，Dは材料パラメータであり，せん断弾性率のオーダの値である．

図16に，Yuらのモデルを用いた計算例[20]を示す．Yuらのモデルは変態挙動に及ぼす塑性変形の影響を評価できる点に特徴があり，図に示した例では，変態変形中に生じた塑性変形により，引張り・除荷試験において，除荷時に残留ひずみが生じることがシミュレートされている．

参考文献

1) Panico, M., Brinson, L., C. : "A three-dimensional phenomenological model for martensite reorientation in shape memory alloys", *J. Mechanics and Physics of Solids*, **55**, 2491-2511 (2007).

2) Yamamoto, T., Suzuki, A., Cho, H., Sakuma, T. : "Transformation Behavior of Shape Memory Alloys in Multiaxial Stress State", *Advances in Science and Technology*, **78**, 46-51 (2013).

3) 田中喜久昭, 戸伏壽昭, 宮崎正修一：″形状記憶合金の機械的性質″第1版, 養賢堂 (1993).

4) 宮崎修一, 佐久間俊雄, 渋谷寿一 (編)：″形状記憶合金の特性と応用展開″, 第1刷, シー

エムシー出版（2001）.

5) 徳田正孝, 叶　萌, Borut Bundara, Petr Sittner："多結晶形状記憶合金の多軸構成方程式（第1報, モデル化と定式化）", 機論（A）, 65-631, 491-497（1999）.

6) 徳田正孝, P. Sittner, 高倉政佳, 土師　学："多結晶形状記憶合金の多軸構成方程式（第2報, 実験的根拠）", 機論（A）, 66-650, 1943-1948（2000）.

7) 徳田正孝, 叶　萌, 高倉政佳, Petr Sittner："多結晶形状記憶合金の多軸構成方程式（第3報, 信頼性の検証）", 機論（A）, 68-675, 1574-1581（2002）.

8) Brinson, L. C.："One-dimensional constitutive behavior of shape memory alloys : Thermomechanical derivation with non-constant material functions and redefined martensite internal variable", *J. Intelligent Material Systems and Structures*, **4**, 229-242（1993）.

9) Yu, C., Kang, G., Song, D., Kan, Q.："A Micromechanical Constitutive Model for Anisotropic Cyclic Deformation of Super-Elastic NiTi Shape Memory Alloy single Crystals", *J. Mech. Phys. Solids* **82**, 97-136（2015）.

10) Yu, C., Kang, G., Song, D., Kan, Q.："Micromechanical constitutive model considering plasticity for super-elastic NiTi shape memory alloy", *Computational Materials Science*, **56**, 1-5（2002）.

11) Yu, C., Kang, G., Kan, Q., Song, D., "A micromechanical constitutive model based on crystal plasticity for thermo-mechanical cyclic deformation of NiTi shape memory alloys", *International Journal of Plasticity*, **44**, 161-191（2013）.

12) Yu, C., Kang, G., Kan, Q.："A physical mechanism based constitutive model for temperature-dependent transformation ratchetting of NiTi shape memory alloy : one dimensional model", *Mechanics of Materials*, **78**, 1-10（2014）.

13) Yu, C., Kang, G., Song, D., Kan, Q.："Effect of martensite reorientation-induced plasticity on multiaxial transformation ratchetting of super-elastic NiTi shape memory alloy : New consideration in constitutive model", *International Journal of Plasticity*, **67**, 69-101（2015）.

第Ⅱ部　変形挙動を表わすシミュレーション手法

【付　録】
座標変換

1　テンソルの座標変換[1]

　アコモデーションモデルのなかでは，応力テンソルおよびひずみテンソルをマクロ座標，結晶粒座標，変態システム座標の 3 つで考える必要があるので，最初にこの 3 つの座標におけるベクトルおよびテンソルの変換則を与えておく．

　ベクトル b を 2 つの座標系で表現すると，それぞれの座標系の基底ベクトルを e_i, e'_i として，

$$b = b_j e_j = b'_k e'_k \tag{A1}$$

と書ける．右の等号の両辺に左から e'_i を掛けて内積を取ると，

$$b'_i = b_j e'_i \cdot e_j \tag{A2}$$

式 (A1) の右の等号の両辺に右から e_i を掛けて内積を取ると，

$$b_i = b'_k e'_k \cdot e_i \tag{A3}$$

P_{ij} を次のように定義すれば，

$$P_{ij} \equiv e'_i \cdot e_j \tag{A4}$$

式 (A2) および式 (A3) はそれぞれ，

$$b'_i = P_{ij} b_j \tag{A5}$$

$$b_i = P_{ki} b'_k \tag{A6}$$

と書くことができる．式 (A6) を式 (A5) に代入すると，

$$b'_i = P_{ij} P_{kj} b'_k$$

が得られる．すなわち，

$$P_{ij} P_{kj} = \delta_{ik} \tag{A7}$$

の関係が成り立つことがわかる．同様に，式 (A5) を式 (A6) に代入することにより，

$$P_{ki} P_{kj} = \delta_{ij} \tag{A8}$$

—113—

第Ⅱ部　変形挙動を表わすシミュレーション手法

が成り立つ.

　テンソル X の成分は，それぞれの座標で次のように書ける.

$$X = X_{ij}e_i \otimes e_j = X'_{ij}e'_i \otimes e'_j \tag{A9}$$

テンソル X は，任意のベクトル b に作用して新たなベクトル

$$c = X \cdot b \tag{A10}$$

を生じる線形変換として定義される．式 (A10) を 2 組の基底ベクトル e_i, e'_i を用いて成分表示すると，

$$c_i = X_{ij}b_j \tag{A11}$$

$$c'_i = X'_{ij}b'_j \tag{A12}$$

となる．式 (A12) に式 (A5) の関係を用いると，

$$P_{ki}c'_k = X_{ij}P_{kj}b'_k \tag{A13}$$

両辺に P_{mi} を乗じると，式 (A8) を用いて，

$$c'_m = P_{mi}X_{ij}P_{kj}b'_k \tag{A14}$$

これと式 (A12) を比較することにより，

$$X'_{ml} = P_{mi}X_{ij}P_{lj} \tag{A15}$$

を得る．この式の両辺に左から P_{mk}，右から P_{ln} を乗じると

$$\begin{aligned}
P_{mk}X'_{ml}P_{ln} &= P_{mk}P_{mi}X_{ij}P_{lj}P_{ln} \\
&= \delta_{ki}X_{ij}\delta_{jn} \\
&= X_{kn}
\end{aligned} \tag{A16}$$

が得られる．式 (A15) および式 (A16) が，テンソル成分の座標変換公式を与える.

2　結晶粒系のひずみおよび応力と変態システム系のひずみおよび応力の変換

　変態固有ひずみは，変態面を第 1，第 2 座標に取り，第 1 座標方向にせん断変態する場合，マトリックス表示で次のように表わされる．ここで，変態面に垂直方向に生じる軸ひずみについても考慮している.

$$\varepsilon^* = \begin{bmatrix} 0 & 0 & \gamma^*/2 \\ 0 & 0 & 0 \\ \gamma^*/2 & 0 & \varepsilon^* \end{bmatrix} \tag{A17}$$

【付 録】座標変換

結晶粒系の基底ベクトルを，

$$\boldsymbol{e}_1, \ \boldsymbol{e}_2, \ \boldsymbol{e}_3$$

変態システム系の基底ベクトルを，

$$\boldsymbol{e}_1' = \boldsymbol{b} \ , \ \boldsymbol{e}_2' = \boldsymbol{c} \ , \ \boldsymbol{e}_3' = \boldsymbol{a} \tag{A18}$$

とする．式 (A17) のひずみをテンソル成分で書けば，

$$\varepsilon_{13}' = \gamma^* / 2 \ , \ \varepsilon_{31}' = \gamma^* / 2 \ , \ \varepsilon_{33}' = \varepsilon^* \tag{A19}$$

となり，他の成分はゼロである．P_{ij} の必要な成分を陽に書き下せば，

$$P_{1j} = \boldsymbol{b} \cdot \boldsymbol{e}_j = b_i \boldsymbol{e}_i \cdot \boldsymbol{e}_j = b_i \delta_{ij} = b_j \tag{A20}$$

となる．同様に，

$$P_{2j} = c_j \tag{A21}$$

$$P_{3j} = a_j \tag{A22}$$

が得られる．ここで，a_j 等は，変態システム系基底ベクトルの，結晶系座標における成分である．これらを用いることで，結晶系座標で表わした変態ひずみ成分は式 (A16) を参照して，

$$
\begin{aligned}
\varepsilon_{kl} = P_{ik} \varepsilon_{ij}' P_{jl} &= \left(P_{1k} \varepsilon_{1j}' + P_{2k} \varepsilon_{2j}' + P_{3k} \varepsilon_{2j}' \right) P_{jl} \\
&= \left(b_k \varepsilon_{1j}' + c_k \varepsilon_{2j}' + a_k \varepsilon_{3j}' \right) P_{jl} \\
&= \left(b_k \varepsilon_{1j}' + a_k \varepsilon_{3j}' \right) P_{jl} \\
&= b_k \left(\varepsilon_{11}' P_{1l} + \varepsilon_{12}' P_{2l} + \varepsilon_{13}' P_{3l} \right) + a_k \left(\varepsilon_{31}' P_{1l} + \varepsilon_{32}' P_{2l} + \varepsilon_{33}' P_{3l} \right) \\
&= b_k \varepsilon_{13}' a_l + a_k \left(\varepsilon_{31}' b_l + \varepsilon_{33}' a_l \right) \\
&= \frac{\gamma^*}{2} \left(b_k a_l + a_k b_l \right) + \varepsilon^* a_k a_l
\end{aligned}
\tag{A23}
$$

すなわち，書き直して，

$$\varepsilon_{ij} = \frac{\gamma^*}{2} \left(a_i b_j + a_j b_i \right) + \varepsilon^* a_i a_j \tag{A24}$$

ここで，因子 $(a_i b_j + a_j b_i)$ は，変態面上のせん断ひずみを結晶系のひずみに変換する因子であり，シュミットテンソルと呼ばれている．

　結晶系の応力を変態系の応力に変換するには，ひずみの変換と同様な変換則を用いれば

第Ⅱ部　変形挙動を表わすシミュレーション手法

$$\sigma'_{13} = P_{1i}\sigma_{ij}P_{3j} = b_i\sigma_{ij}a_j$$
$$\sigma'_{31} = P_{3i}\sigma_{ij}P_{1j} = a_i\sigma_{ij}b_j$$

が得られる．応力の対称性を考えて，変態面上の分解せん断応力は

$$\tau' = \frac{1}{2}\left(a_ib_j + b_ia_j\right)\sigma_{ij} \tag{A25}$$

変態面上に働く垂直応力は

$$\sigma'_{33} = P_{3i}\sigma_{ij}P_{3j} = a_ia_j\sigma_{ij} \tag{A26}$$

と与えられる．

　式 (A24)，(A25)，(A26) 中に現れる a_i，b_i 等は，変態面および変態方向によって決まる．それらは Ti-Ni 形状記憶合金に対して，第1章表1に示すように与えられている[2]．第1章表1には，変態面（晶癖面）の法線単位ベクトルと，変態方向の単位ベクトルの結晶粒座標の成分が示されている．

3　マクロ座標系のひずみおよび応力と結晶粒座標系のひずみおよび応力の変換

　マクロ座標系 (x, y, z) に対し，微視的座標系すなわち結晶粒座標系 (x', y', z') の方位を第2章図3に示すオイラー角 (φ, θ, ψ) で表わす．座標変換則を次のような手順で導く[3]．

(1) (x, y, z) 座標系を z 軸周りに θ だけ回転した座標系を (x''', y''', z''') 座標系とすると，2つの座標系におけるベクトル成分の間には，次の関係が成り立つ．

$$x''' = x\cos\theta + y\sin\theta, \quad y''' = -x\sin\theta + y\cos\theta, \quad z''' = z \tag{A27}$$

(2) (x''', y''', z''') 座標系を y''' 軸周りに ϕ だけ回転した座標系を (x'', y'', z'') 座標系とすると，2つの座標系におけるベクトル成分の間には，次の関係が成り立つ．

$$x'' = x'''\cos\theta - z'''\sin\varphi, \quad y'' = y''', \quad z'' = x'''\sin\varphi + z'''\cos\varphi \tag{A28}$$

(3) (x'', y'', z'') 座標系を z'' 軸周りに ψ だけ回転した座標系を (x', y', z') 座標系とすると，2つの座標系におけるベクトル成分の間には，次の関係が成り立つ．

$$x' = x''\cos\psi + y''\sin\psi, \quad y' = -x''\sin\psi + y''\cos\psi, \quad z' = z'' \tag{A29}$$

3つの回転を合成すると，

$$\begin{Bmatrix} x' \\ y' \\ z' \end{Bmatrix} = \begin{bmatrix} \cos\psi & \sin\psi & 0 \\ -\sin\psi & \cos\psi & 0 \\ 0 & 0 & 1 \end{bmatrix} \begin{bmatrix} \cos\varphi & 0 & -\sin\varphi \\ 0 & 1 & 0 \\ \sin\varphi & 0 & \cos\varphi \end{bmatrix} \begin{bmatrix} \cos\theta & \sin\theta & 0 \\ -\sin\theta & \cos\theta & 0 \\ 0 & 0 & 1 \end{bmatrix} \begin{Bmatrix} x \\ y \\ z \end{Bmatrix} \tag{A30}$$

変形すると，

【付　録】座標変換

[付録] 表 1　座標変換マトリックス R_{ij}

	x	y	z
x'	$\cos\varphi\cos\theta\cos\psi - \sin\theta\sin\psi$	$\cos\varphi\sin\theta\cos\psi + \cos\theta\sin\psi$	$-\sin\varphi\cos\psi$
y'	$-\cos\varphi\cos\theta\sin\psi - \sin\theta\cos\psi$	$-\cos\varphi\sin\theta\sin\psi + \cos\theta\cos\psi$	$\sin\varphi\sin\psi$
z'	$\sin\varphi\cos\theta$	$\sin\varphi\sin\theta$	$\cos\varphi$

$$
\begin{Bmatrix} x' \\ y' \\ z' \end{Bmatrix} = \begin{bmatrix} \cos\varphi\cos\theta\cos\psi - \sin\theta\sin\psi & \cos\varphi\sin\theta\cos\psi + \cos\theta\sin\psi & -\sin\varphi\cos\psi \\ -\cos\varphi\cos\theta\sin\psi - \sin\theta\cos\psi & -\cos\varphi\sin\theta\sin\psi + \cos\theta\cos\psi & \sin\varphi\sin\psi \\ \sin\varphi\cos\theta & \sin\varphi\sin\theta & \cos\varphi \end{bmatrix} \begin{Bmatrix} x \\ y \\ z \end{Bmatrix}
$$

$$\text{(A31)}$$

が得られる．このマトリックスの成分を R_{ij} と書き，改めて **[付録] 表 1** に示す．また，式 (A31) を，

$$
x'_i = R_{ij} x_j \tag{A32}
$$

と書けば，式 (A5) との比較により，R_{ij} はマクロ座標と結晶粒座標の間に定義された P_{ij} に他ならないことがわかる．したがって，式 (A15) より，

$$
\sigma'_{ij} = R_{ik} \sigma_{kl} R_{jl} \tag{A33}
$$

$$
\varepsilon'_{ij} = R_{ik} \varepsilon_{kl} R_{jl} \tag{A34}
$$

式 (A16) より，

$$
\sigma_{ij} = R_{ki} \sigma'_{kl} R_{lj} \tag{A35}
$$

$$
\varepsilon_{ij} = R_{ki} \varepsilon'_{kl} R_{lj} \tag{A36}
$$

となる．

参考文献

1) 久田俊明："非線形有限要素法のためのテンソル解析の基礎"，24，丸善 (1992).

2) Wang, X. M., Xu, B. X., Yue, Z. F. : "Micromechanical Modeling of the Effect of Plastic Deformation on the Mechanical Behavior in Pseudoelastic Shape Memory Alloys", *Int. J. Plast.* **24**, 1307-1332 (2008).

3) 高橋　寛："多結晶塑性論" 52，コロナ社 (1999).

第Ⅲ部

アクチュエータの設計

佐久間　俊雄

はじめに
第1章　形状記憶合金のアクチュエータ等への
　　　　利用方法
第2章　エネルギ変換素子としての応用
第3章　形状記憶合金を利用した
　　　　エネルギ変換システムの設計
第4章　形状記憶合金を利用したパイプ継手の設計

はじめに

　アクチュエータの駆動源となるピエゾ素子，形状記憶合金，電磁誘導，静電力，空気圧等に対し，単位体積あたりの仕事量は形状記憶合金が最も大きい．また，直線，往復運動するアクチュエータに対しては，形状記憶合金直線ワイヤ，形状記憶合金コイル，ワックス，ソレノイド等の各種アクチュエータの出力 / 質量比は，形状記憶合金直線ワイヤが最も大きい[1]．このために，第2章で述べる熱エンジンでは，駆動素子形状として形状記憶合金直線ワイヤ，および第3章では，冷却速度にかかわる伝熱面積の増加を図った矩形断面を有する帯状（板状）を対象とした．しかし，形状記憶合金はピエゾ素子や静電力に比べて応答性が極めて悪いという欠点がある．これは，合金の主組成であるTiおよびNiの熱伝導率が小さいことに起因する．通電加熱，自然冷却によるアクチュエータでは，特に，冷却速度がアクチュエータの応答性を左右する．そこで，第1章では，アクチュエータの応答性向上対策について詳述している．第2章以降では，アクチュエータを設計・製作する際の手順，基本的考え方や課題等について詳述している．

参考文献

1) 宮崎修一，佐久間俊雄，渋谷寿一 編：形状記憶合金の特性と応用展開，シーエムシー出版，259（2001）．

第Ⅲ部　アクチュエータの設計

第1章
形状記憶合金のアクチュエータ等への利用方法

　形状記憶合金の利用分野[1]は多岐にわたるが，国内で実用化が進んでいるのは，機器の自動化を目標とするアクチュエータとしての利用である．

　自動化機器への利用では，バイアスばねと形状記憶合金を組み合わせたものが一般的である．図1は，形状記憶合金の応力とひずみとの関係を示したものである．

　低温（M_s点以下）の状態（マルテンサイト相，M相）では，合金の変形応力は小さい．一方，合金をA_f点以上（母相）に加熱すると形状回復にともない大きな回復応力（変形応力の数倍の応力）が発生する．

　ここで，高温相の応力σ_Aと低温相の応力σ_Mの中間にバイアス応力σ_0を設定すると，冷却時には$\sigma_0 - \sigma_M$の応力が，また，加熱時には$\sigma_A - \sigma_0$の応力が逆向きに得られる．このようにして得られる正逆方向の力（応力）は，作動温度とバイアス力を変えることによって任意に調節できる．また，使用する合金の変態温度をすでに第Ⅰ部で述べたように合金組成，加工，熱処理等により変えることで，作動温度も変えることができる．

1　形状記憶合金とバイアスばねの連結

　従来から広く実用化されているのは形状記憶合金とバイアスばねとを，直列に連結する方法である．

　図2は，形状記憶合金とバイアスばねとを直列に連結したものである．冷却時は，ばね力により形状記憶合金は延ばされて変形した状態にある．ここで，形状記憶合金を加熱して，ばねの

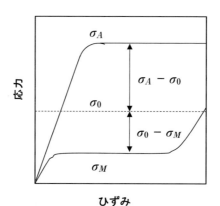

図1　形状記憶合金の発生応力とバイアス力との関係

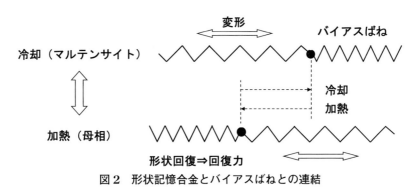

図2 形状記憶合金とバイアスばねとの連結

変形力より大きな回復力が発生すると，ばねとの連結部が移動する．加熱，冷却を制御することにより，連結部を繰り返し左右に移動させることができる．通常，加熱は通電により，また，冷却は自然冷却による場合が多い．なお，すでに第Ⅰ部で述べたように形状記憶合金の電気抵抗は大きいため，通電加熱に要する電力量は小さい．

実用化されている機器では，形状記憶合金コイルとバイアスばね（コイル）の組合せで利用されている．これは，コイルを使用することで，変形量を大きくすることによるものである．

以下に，形状記憶合金がアクチュエータに利用されている代表的な例[2]を示す．

① 温室窓の自動開閉装置

温室内の温度が298 K以上になると形状記憶合金コイルには，バイアスばねの力に勝る形状回復力が発生し，窓が全開し，293 K以下になると形状回復力は小さくなり，バイアスばねの力によって窓が全閉する仕組みとなっている．

② 自動乾燥庫

吸湿剤を内蔵した乾燥ユニットと乾燥庫内を通じるドアの開閉に，形状記憶合金コイルが使用されている．コイルの駆動熱源には，吸湿剤の加熱用ヒータが使われている．発生音がほとんどなく，また，吸湿剤の加熱とドアの開閉のタイミングがよいため，乾燥効率が高い．

③ 電子レンジ

庫内と外気とが通じるダンパーの開閉に，小形モータに代わって形状記憶合金コイルが使われ，小形化に成功している．

④ エアコン用ルーバー

冷暖房兼用エアコンの風向き制御用ルーバーの切替に，小形モータに代わって形状記憶合金コイルが利用されている．10万回以上の動作にも問題が認められないことが報告されている．しかし，最近小形モータの低廉化にともない，形状記憶合金コイルの使用が減少している．

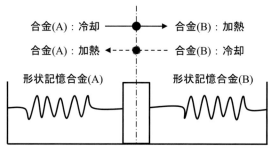

図3 形状記憶合金の拮抗型連結

2 形状記憶合金の拮抗型連結

　形状記憶合金（一方向性）は，加熱・冷却のみでは可逆的に所定形状には戻らない．そこで，加熱時の回復力が低温時の変形力よりも数倍大きいことを利用して，形状記憶合金を拮抗型に配置して利用する方法がある．この場合，バイアス力は必要としない．図3は，形状記憶合金を拮抗型に配置した場合を，模式的に示したものである．形状記憶合金（A）と形状記憶合金（B）を拮抗型に配置することにより，合金（A）が冷却状態のときに合金（B）を加熱すれば，合金（B）は形状回復し，そのときの回復力により合金（A）は変形し（伸ばされ）て，図の右方向に連結点が移動する．合金（A）と合金（B）の加熱と冷却を交互に繰り返し行えば，左右への移動が連続的に行える．ここで注意しなければならないことは，合金（A）および合金（B）を，連結する前にあらかじめ所定の変位を与えておく必要があることである．

　このように形状記憶合金を拮抗型に配置した代表例として，次の第2章で述べる熱エンジンがあげられる．また，バイアス力を用いず連続動作を可能とする手段として，二方向性形状記憶合金を利用する方法がある．二方向性形状記憶合金は，すでに第Ⅰ部で述べたように，形状記憶合金にある特殊の処理を施すことにより，加熱時には形状が回復し，冷却時にはあらかじめ変形した方向に伸びる性質がある．この性質を有する形状記憶合金を用いると，拮抗型のように2つの形状記憶合金を連結する必要はなく，1つの形状記憶合金で，加熱・冷却を繰り返すだけで連続動作が可能となる．第Ⅳ部で述べる形状記憶合金を利用したアクチュエータやセンサは，二方向性形状記憶合金を用いる場合が多い．

3 アクチュエータの応答性向上対策

　アクチュエータの動作は加熱・冷却を繰り返すことにより行うが，その方法には温水や冷水を用いた強制対流による場合，通電加熱，自然冷却による場合があり，通常は後者による場合が多い．図4は，一定応力を負荷した状態における応力―温度関係を模式的に示したものである．M_f点以下の温度から昇温していくとほぼ一定応力状態が続き，A_s点以上の温度となると応力が増大し，A_f点に達すると応力の増大はなくなり，それ以上に昇温しても応力の変化はほとんどない．逆にA_f点以上の温度から降温するとM_s点まではほとんど応力の変化はないが，M_s点以下に降温すると応力はM_f点まで低下し，それ以下に降温しても応力の低下はほとんどない．

　そこで，A_s点とA_f点との温度差を小さくすることができれば，わずかな温度上昇で応力を増

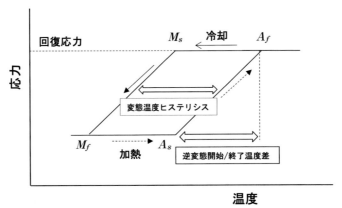

図4　一定応力下での応力─温度関係の模式図

大させることができる．また同様に，M_s点とM_f点との温度差を小さくすることができれば，わずかな温度降下により応力を低下させることができる．このように，逆変態終了温度（A_f点）/開始温度（A_s点）差および変態開始温度（M_s点）/終了温度（M_f点）差をそれぞれ小さくすることにより，わずかな温度変化で応力が増大，低下するため温度応答性が向上する．さらに，変態温度ヒステリシス（=$A_f - M_s$）を小さくすることによっても，温度応答性を向上させることができる．すなわち，わずかな温度低下で，母相（オーステナイト相）から柔らかいマルテンサイト相に変態させることができるため，応答性が向上する．

そこで，次項以降ではTi-Ni-Cu合金を対象に，開始／終了温度差やヒステリシス等に及ぼす加工・熱処理の影響について述べる．

3.1　逆変態開始／終了温度差
3.1.1　加工・熱処理条件

形状記憶合金を加熱・冷却により駆動させる場合，変態・逆変態開始／終了温度差が小さいほどわずかな温度変化で応力が大きく変化するため，温度応答性が向上する．そのため，より高速な駆動を行うためには，これらの温度差を小さくすることが有効である．

図5[3]は，Ti-Ni-Cu合金に対する逆変態開始／終了温度差と予ひずみとの関係に対し，冷間加工率をパラメータとして示したものである．ここで，A_f'点およびA_s'点は，それぞれ予ひずみ付与後の変態点を示している．予ひずみおよび冷間加工率が大きくなるほど開始／終了温度は大きくなり，温度応答性は低下する．しかし，アクチュエータの設計では，二方向性形状記憶合金以外では，予ひずみの付与は必要である．その場合は，加工率の小さいものを選択することが有効である．

一方，形状記憶合金の変態温度は，熱処理条件によっても調整できる．**図6**[4]は逆変態開始／終了温度差と記憶処理温度との関係に対し，予ひずみをパラメータとして示したものである．予ひずみの影響ほど顕著ではないが，処理温度を高くすると，逆変態開始／終了温度差を小さくすることができる．

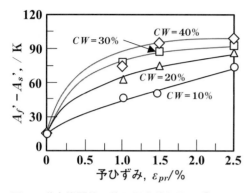

図5 逆変態開始／終了温度差と予ひずみとの関係（冷間加工率の影響）

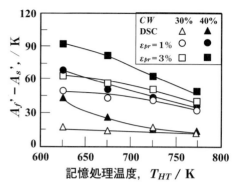

図6 逆変態開始／終了温度差と記憶処理温度との関係（冷間加工率の影響）

3.1.2 繰返しサイクル条件

アクチュエータの作動は，加熱・冷却を繰り返す熱・力学サイクルか，またはA_f点以上の状態で負荷・除荷を繰り返す超弾性サイクルのいずれかになる場合が多い．このようなサイクルを繰り返すことによっても，開始／終了温度差は変化する．**図7**[5)]には，累積ひずみエネルギとの関係で温度差の変化を示している．ここで，累積ひずみエネルギΣは，1サイクルめの回復ひずみエネルギとNサイクルめの回復ひずみエネルギとの差を累積したものである．したがって，Σの増大はサイクル数の増加を意味する．変態および逆変態開始／終了温度差は，サイクル数の増大にともない低下する方向にある．熱・力学サイクルの場合，最大ひずみが5％以上の場合では数十回程度のサイクル数でほぼ一定となるが，5％未満では数千〜一万回以上のサイクル数を繰り返さないと一定にはならない．

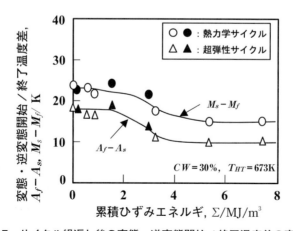

図7 サイクル繰返し後の変態・逆変態開始／終了温度差の変化

3.2 変態温度ヒステリシス

変態温度ヒステリシスを小さくすることでも，アクチュエータの応答性を向上させることができる．図8[3]に変態温度ヒステリシスと予ひずみとの関係，および図9[4]に記憶処理温度との関係をそれぞれ示す．予ひずみはアクチュエータの設計時に決めるものであるから，冷間加工率のみに注目すると，その影響はほとんど認められない．また，記憶処理温度については，冷間加工率予ひずみにかかわらず，記憶処理温度の影響もほとんど認められない．変態温度ヒステリシスを小さくして温度応答性を向上させることの意味合いは，合金素子をいかに素早く冷却できるかによる．

3.3 逆変態温度上昇分

ヒステリシスに対しては，前述したように合金に各種の処理を施す効果は少なく，素早く冷却するという観点から考えると，逆変態温度 A_f を高める処理を施すことが有効である．これは，通常のアクチュエータは自然冷却によることが多く，逆変態温度以上の加熱温度と環境温度（例えば室温）との温度差に強く依存するため，この温度差を大きくすれば自然冷却効果が大きく，より速く素子を冷却できることになる．図10[3]および図11[4]は，逆変態終了温度 A_f の上昇分

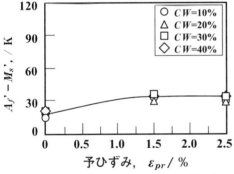

図8 変態温度ヒステリシスと予ひずみとの関係（冷間加工率の影響）

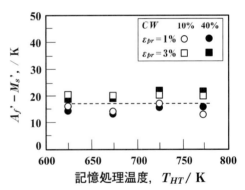

図9 変態温度ヒステリシスと記憶処理温度との関係

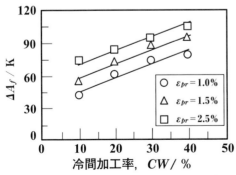

図10 逆変態終了温度上昇分と冷間加工率との関係

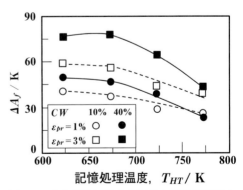

図11 逆変態終了温度上昇分と記憶処理温度との関係

第Ⅲ部　アクチュエータの設計

ΔA_fと冷間加工率，および記憶処理温度との関係をそれぞれ示したものである．冷間加工率を増大または記憶処理を低い温度で処理することにより，逆変態温度を高めることができる．また，変態開始温度の上昇分ΔM_sについても，逆変態終了温度の上昇分と同様に冷間加工率を増大，または記憶処理を低い温度で処理することにより，変態開始温度を高めることができる．

　以上の温度応答性を向上させる各種の処理技術をまとめると，変態温度差の縮小化を図るためには，冷間加工率は小さく，記憶処理温度は高く，また，逆変態温度を高めるためには，前者の処理方法とは逆の高加工率，低処理温度となり，相反する処理を施すことになる．どの処理方法が有効かは，アクチュエータの種類や用途などを考慮した設計者の判断になる．

参考文献

1)　宮崎修一，佐久間俊雄，渋谷寿一 編：形状記憶合金の特性と応用展開，シーエムシー出版，233（2001）.

2)　本間敏夫，日本金属学会会報：**24**（1）20（1985）.

3)　Y. Takeda, T. Yamamoto, A. Goto and T. Sakuma：*MRSJ*, **32**（3）635（2007）.

4)　Y. Takeda, T. Yamamoto, A. Goto and T. Sakuma：*MRSJ*, **33**（4）877（2008）.

5)　細木真保，岡部永年，佐久間俊雄，岩田宇一，宮崎修一：日本機械学会論文集，**68**，672（2002）.

第Ⅲ部　アクチュエータの設計

第2章
エネルギ変換素子としての応用

1　低温廃熱エネルギの賦存量とその活用技術

　各種熱機関，工場，産業等からの廃熱は量的には膨大であるが，温度レベルが低く，かつ低密度であるため，これまでほとんど利用されていない．2000年の廃熱エネルギの賦存量は3.34×10^8 Gcal/年，2050年には3.95×10^8 Gcal/年と予想されている[1]．廃熱の構成割合を業種別にみると，電気事業が60％以上，鉄鋼・化学工業等が合わせて約30％を占める．例えば製鉄所から排出される廃熱では，エンタルピ比較でみると，373 K未満の冷却水廃熱が最も多く，次いで473〜773 K前後の放熱・排ガスであり，さらに1073 K前後の顕熱である．温度が473 K以上の廃熱は，各種の熱交換器により空気予熱，スチーム，熱水，温水，冷暖房等に有効活用できる．

　一方，373 K未満の廃熱を有効活用するためには技術的な課題が多く，ヒートポンプによる技術開発が主として行われてきた．ディーゼルエンジン駆動の圧縮機を用いて333 Kの廃熱を383 Kに昇温，また，臭化リチウム溶液が水蒸気を吸収する際に発熱する原理を応用して，433 Kの高温水が得られるようになった．これらの成果は，温泉の昇温や空調などに利用されている．

　このように低温廃熱の有効活用方法は，ヒートポンプを利用した熱供給である．しかし，熱は遠距離への輸送が困難であり，設備費など経済的欠点がある．したがって，廃熱源に近接した地域で，熱需要が存在する地域が対象となる．このために，低温レベルの廃熱エネルギで賄える，民生用の冷暖房や給湯などの熱需要が多い都市部を中心に，廃熱の合理的な利用方法の構築が重要である．

2　低温廃熱エネルギの利用効率

　本項では，373 K未満の低質な廃熱エネルギを，どのように利用するのがベストであるかを，熱力学的に考察してみる．

　廃熱エネルギを回収，再利用する考え方として，

① 熱をそのまま利用する，すなわち，給水加熱や空気予熱等に利用する方法で，廃熱が保有するエンタルピの再利用である「エンタルピ的利用」

② 廃熱から熱機関（ランキンサイクル等）により動力を発生させようとすものであるが，保有する熱量のうちその一部しか動力化できない．実際に動力化できる量で評価する「エクセルギ的利用」

③ 廃熱を低熱源として熱を汲み上げる「ヒートポンプ的利用」

について，それぞれの利用効率を求めてみる．

−129−

第III部　アクチュエータの設計

① エンタルピ的利用効率

廃熱の温度を T_1，質量および比熱をそれぞれ M，C_p とすると，廃熱が保有するエンタルピ Q_0 は，環境温度を T_0 とすると次式で表わすことができる．

$$Q_0 = MC_p(T_1 - T_0) \tag{1}$$

また，温度 T_1 の廃熱から温度 T_2 の利用温度において，回収できる熱量 Q_i は次式のようになる．

$$Q_i = MC_p(T_1 - T_2) \tag{2}$$

よって，式 (1)，(2) より利用効率 η_i は次式で表わされる．

$$\eta_i = \frac{T_1 - T_2}{T_1 - T_0} \tag{3}$$

② エクセルギ的利用効率

温度 T_1 の廃熱エネルギが，熱の放出とともに温度が低下することを考慮した微小カルノーサイクルを重ねた，無段階カルノーサイクルによって達成できる．環境温度 T_0 に対するエクセルギ E_x は，次式で求められる．

$$E_x = \int \frac{T - T_0}{T} \, dq = MC_pT_0 \left\{ \frac{T_1 - T_0}{T_0} - \ln\left(1 + \frac{T_1 - T_0}{T_0}\right) \right\} \tag{4}$$

したがって，廃熱 Q_0 に対するエクセルギ効率 η_x は，次式で求められる．

$$\eta_x = 1 - \frac{T_0}{T_1 - T_0} \ln\left(1 + \frac{T_1 - T_0}{T_0}\right) \tag{5}$$

③ ヒートポンプ的利用効率

廃熱のエクセルギを動力化し，その動力によってヒートポンプを駆動して低温熱源より熱を所定の温度 T_2 に汲み上げるものであり，動力発生に利用できなかった廃熱も所定温度に放出し，両者の重ね合わせで単純加熱より多くの熱量が得られる．所定温度 T_2 に放出できる熱量 Q_h は，次式で与えられる．

$$Q_h = MC_p(T_1 - T_2) \left[1 + \frac{T_0}{T_2 - T_0} \left\{ 1 - \frac{T_2}{T_1 - T_2} \ln\left(1 + \frac{T_1 - T_2}{T_2}\right) \right\} \right] \tag{6}$$

したがって，廃熱 Q_0 に対する利用効率 η_h は，次式で表わされる．

$$\eta_h = \frac{T_1 - T_2}{T_1 - T_0} \left[1 + \frac{T_0}{T_2 - T_0} \left\{ 1 - \frac{T_2}{T_1 - T_2} \ln\left(1 + \frac{T_1 - T_2}{T_2}\right) \right\} \right] \tag{7}$$

図 1[2] は，廃熱温度 T_1 が 373 K 以下の低温廃熱水に対する各利用効率を示したものである．エクセルギ的利用では，図に示すように廃熱温度の上昇にともない利用効率は増大するが，373 K 以下の低温度領域における利用効率は 10% 以下である．このために，熱機関による動力回収は，約 600 K 以上の廃熱温度に対して行われている．

一方，低温廃熱を熱として利用するエンタルピ的利用やヒートポンプ的利用の場合には，大きな利用効率となる．このために，低温廃熱の利用では，専ら予熱や給湯などエンタルピあるいは

−130−

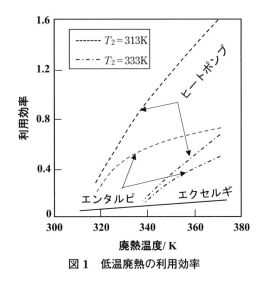

図1 低温廃熱の利用効率

ヒートポンプの熱源として用いられており，熱機関による動力回収は熱力学的には極めて効率が悪く，また，経済的にも成立しない場合がほとんどである．しかし，低温熱源（廃熱）から動力回収することの意義は大きく，新たな動力回収システムの構築が望まれる．

3 形状記憶合金のエネルギ変換素子としての利用

　形状記憶合金には，すでに述べたように「形状記憶効果」と「超弾性」の2つの性質がある．この2つの性質を利用した，エネルギ分野への応用が考えられる．1つは，熱エネルギを，合金内に蓄えられたひずみエネルギである力学的エネルギに変換する方法，もう1つは，余剰エネルギを合金のひずみエネルギとして蓄え，必要に応じてそれを利用するものである．

3.1 超弾性を利用したエネルギ貯蔵

　図2に，超弾性における応力-ひずみ関係を示す．形状記憶合金を逆変態終了温度A_f点以上の状態で，図のO→Aの変形では，母相状態での弾性変形である．A点を超えてさらに負荷すると，A点において応力誘起によるマルテンサイトに変態が開始・進行し，B点で変態が終了，すべてがマルテンサイト相となる．次にB点から除荷すると，C点までマルテンサイトの状態で形状回復するが，C点において逆変態が開始し，母相が徐々に現れ，D点において逆変態が終了して全てが母相となる．さらに除荷を続けると母相の弾性回復により最初の位置，O点に戻る．この応力-ひずみ関係で注目すべきは，図のO-D-C-B-E-Oで囲まれた領域（面積）は合金の単位体積あたりのひずみエネルギ（仕事量）であることである．余剰エネルギが利用できる場合，それを用いて，合金を所定のひずみ（5%以上）まで変形し保持しておけば，除荷過程では仕事として利用できる．しかし，投入した余剰エネルギの全部を貯蔵することはできず，A-B-C-Dで囲まれたひずみエネルギ（仕事量）は負荷時に材料内部で消費されるなどのため，散逸エネルギとなってしまう．

第Ⅲ部　アクチュエータの設計

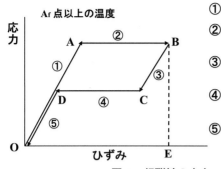

図2　超弾性の応力—ひずみ関係

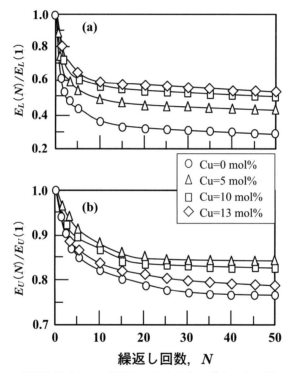

図3　超弾性サイクルの繰返しにともなうひずみエネルギの変化

図3[3)]は，超弾性サイクルを繰り返したときのひずみエネルギの変化を表わしたものである．対象となる合金の組成は，Ti-NiにCuを添加したものであり，Cuの影響をみたものである．ここで，$E_L(N)$は図2.2のO−A−B−E−Oで囲まれたN回めの負荷時のひずみエネルギ，$E_U(N)$は図2.2のB−C−D−O−Eで囲まれたN回めの除荷時のひずみエネルギであり，これらの値をそれぞれ1回めのひずみエネルギで基準化して表わされている．

除荷過程で得られるひずみエネルギ$E_U(N)$は，繰返し回数Nが$N = 20$程度までは徐々に減少するがそれ以上の回数（$N > 20$）での繰返しにともなう変化は小さい．余剰エネルギをひずみエネルギという形で繰返し貯蔵する場合，繰り返す毎に貯蔵能力は約80％前後に低下する．一

方，貯蔵されたひずみエネルギを取り出し，利用することを繰返し行っても，初期の80%に近い状態でエネルギを取り出すことができる．これは，図2の領域A－B－C－D－Aに示した散逸エネルギが，繰返し回数$N = 10$回程度で，約20%程度[2,3]にまで急速に減少することによるものである．

一方，Ti-Ni合金のコイルばね[4]については，せん断ひずみ3%で超弾性サイクルを繰り返した場合では，Niが50.63 mol%では繰返しによる減少は10%以内と小さいが，Ni量が少ないと$N = 50$までに50%以下に低下し，その後ほぼ一定となる変化を示す．

3.2 形状記憶効果を利用したエネルギ変換

低温廃熱の有効利用は，ヒートポンプを用いた熱供給としての利用を主目的に，技術開発が進められてきた．すでに述べたように，熱力学的には，ヒートポンプ利用が優れていることによるものである．しかしながら，低温廃熱の大部分は，使われずに捨てられてきたのが現状である．

そこで，低温廃熱を利用して動力回収できれば未利用エネルギの利用拡大につながる．ところが，低温廃熱のエクセルギ利用効率は10%以下である．したがって，ランキンサイクル等の熱機関による動力回収では，技術的には可能であっても，エネルギコストを考えると，その成立性は極めて小さいと言わざるを得ない．

低温度かつ小温度差で作動する形状記憶合金は，逆変態温度以上に加熱すると大きな回復力を発生しつつ形状が回復し（形状記憶効果），加熱・冷却を繰り返すことにより連続動作が可能であり，しかも373 K以下の加熱温度，20 K程度の小温度差で作動する．形状記憶効果により利用できるエネルギの形態は，相変態によるひずみエネルギであり，熱エネルギを力学的エネルギに変換することができる．

従来の熱機関が高温度・大温度差を必要としたのに対して，形状記憶合金をエネルギ変換素子として利用することにより，低温度レベルの未利用エネルギから動力回収できる期待がもてる．

図4に，形状記憶効果における応力―ひずみ関係を示す．低温状態（マルテンサイト相）で，合金を図中のA点からB点まで負荷する．B点でひずみを拘束して合金を逆変態開始温度A_S点以上に加熱（A_f点以上には加熱しない）すると，形状回復力が発生してC点に達する．C点にお

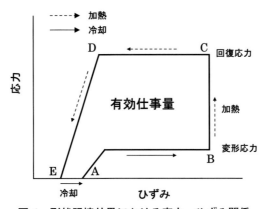

図4 形状記憶効果における応力―ひずみ関係

第Ⅲ部　アクチュエータの設計

いて除荷すると，応力変化はほとんどなくD点に達し，そののちE点の応力ゼロとなるまで減少する．E点において合金を冷却するという加熱/冷却のサイクルを繰り返す．

　ここで，ABと応力ゼロの曲線で囲まれた領域（面積）は，合金を所定のひずみまで変形するに要した合金の単位体積あたりの仕事量であり，ABCDEで囲まれた面積が外部に供給しうる合金単位体積あたりの仕事量となり，熱エネルギを力学エネルギ（仕事量）として利用できることになる．

　なお，注意すべき点として，B点において加熱を開始する際は，A_f点以上には加熱しないことが重要であり，A_f点以上に加熱すると，C点からの除荷過程で応力がほとんど変化しないC→Dの領域が少なくなり，C→Eと応力が低下する変化となる．このため，外部へ供給しうる仕事量は低下することになる．

　以上に述べた形状記憶効果を利用した応用例の代表が，熱エンジンである．そこで，次項では熱エンジンについて詳述する．

4　熱エンジン
4.1　これまでに提案されている熱エンジンの種類と特徴
　これまでに提案（研究）されている形状記憶合金を用いた熱エンジンを紹介すると以下のようである．

　①　オフセットクランク型エンジン

　Ginellが考案したクランク型[5]は，偏心固定軸の周りを形状記憶合金コイルで張られた大輪が回転するものであり，高温槽で加熱されたコイルは縮みながら回転し，空気中で冷却されて伸ばされる仕組みである．高温で収縮する力が，低温で伸長する力より大きく，この両者の力の差が，エンジンを回転させる駆動力となっている．エンジンの回転速度は，合金コイルの冷却速度に依存するため，空気冷却ではそれほど速い回転速度は得られず，強制空冷することにより回転速度を高めることができる．

　②　差動プーリ型エンジン

　A. Johnsonが発明したプーリ型エンジン[5]は，大小2つの同軸プーリに2つのアイドラープーリを介してコイルを渡し，一方のアイドラーを高温槽に，他方を低温槽（水槽）に浸す．高温槽で収縮（形状回復）したコイルは，その回復力が大小のプーリに作用するが，トルクは大径のプーリの方が大きくなるため回転する．低温槽では収縮していたコイルは伸ばされ，連続的に回転する．コイルは大小2つのプーリに掛けられており，各々の回転はベルトで同調するようになっている．

　③　斜板型エンジン

　斜板型エンジン[6]は，2つの回転円盤間を形状記憶合金コイルで連結し，一方の円盤は，回転軸の垂直方向に対して，ある角度だけ傾けて取り付けてあり，他方の円盤は，回転軸に垂直に取り付けてある．加熱領域に幅広になるように斜板が設定されており，加熱されたコイルは形状回復力が発生し，それが緩和する幅の狭い上部方向に回転する．上部で自然冷却（空冷）されたコイルは，小さな力で再び伸ばされ加熱領域に入るサイクルを繰り返し，連続回転するものである．

－134－

④　レシプロ型エンジン

　上記に述べた3種類のエンジンの回転駆動力は，形状記憶合金コイルの形状回復するときの回復力の接線方向力や，プーリとの間の摩擦力を利用するものであり，回復力の一部しか駆動力として使われていない．このために，加熱・冷却により，直接回転運動エネルギが得られるというメリットはあるものの，回転トルクは小さいため，回転エネルギの増大を図るためには，大規模化する必要がある．これに対して，レシプロ型エンジン[7] [8]は，直線形状に記憶処理された形状記憶合金ワイヤが対となっており，あらかじめ所定の変位を与えられたワイヤを，それぞれ熱交換器内に設置し，一端を固定し他端をレバーに等間隔に連結し，レバーの支点を固定する．一方の合金ワイヤを加熱し，他方を冷却し，これを交互に繰り返すことにより，連続した往復運動エネルギが得られる．なお，ワイヤの代わりにコイルを用いて往復運動のストロークを拡大することも可能であるが，コイルの形状回復力はワイヤに比べてはるかに小さい．

　以上に述べた4種類のエンジンの仕様や性能を比較し，表1に示す．表に示した各エンジンは，これまでに提案された熱エンジンを比較したものである．十分なデータが提供されていないため，精確な比較はできないが，エンジン出力は使用する合金の総質量やひずみ量に依存するので，単位質量，単位ひずみ量あたりの出力で比較すると，いずれのタイプのエンジンも大きな差はない．また，合金素子はいわばガソリンエンジンの燃料に相当するものであることから，燃費

表1　各種熱エンジンの仕様と性能

エンジン方式			クランク型	差動プーリ型	斜版型	レシプロ型
エンジン仕様	変換素子	組成	Ti-Ni	Ti-Ni	Ti-Ni	Ti-Ni-Cu
		形状	コイル	コイル	コイル	ワイヤ
		素線径	0.75 mm	0.75 mm	1.2 mm	1.5 mm
		加熱方式	貯湯型	貯湯型	貯湯型	強制対流型
		冷却方式	空冷	空冷	空冷	水冷強制対流型
		動作形態	回転運動	回転運動	回転運動	往復運動
		駆動力	接戦方向力	摩擦力	接戦方向力	軸方向力
出力		最大出力	1.02 W	665 W	2 W	1.3 W
		最大出力時のサイクル	0.67 Hz	3.3 Hz	1.3 Hz	0.33 Hz
		最大ひずみ	せん断ひずみ 5.5%	せん断ひずみ 4.2%	せん断ひずみ 0.094%	ひずみ 0.7%
		単位素子質量あたりの出力	0.357 W/g	0.176 W/g	0.094 W/g	0.052 W/g
		単位素子質量・ひずみあたりの出力	0.065 W/g/%	0.042 W/g/%	0.047 W/g/%	0.074 W/g/%
寿命予測		破断寿命	100000 回程度	100000 回程度	1000000 回以上	1000000 回以上
		機能劣化（80%）寿命	100 回程度	100 回程度	100 回程度	10000 回程度

（表中に示したクランク，差動プーリ，斜板型エンジンの出力，寿命予測の各数値には推定値を含む．）

の指標となる疲労寿命も，エンジンを設計するうえで重要な因子となる．疲労寿命はすでに述べたようにひずみ量に大きく依存し，低ひずみ量ほど長寿命となる．

4.2 熱エンジンの作動原理

対となる形状記憶合金に対し，低温状態（マルテンサイト相）で，それぞれに所定の変位 ε_m を与え設置する．そこで，一方の合金を逆変態開始温度 A_s 点以上の温度で加熱し，他方を変態終了温度 M_f 点以下の温度で冷却する．加熱された合金は，回復応力 σ を発生させつつ記憶された元の形状まで回復するが，このときに発生する回復応力により，冷却側の合金に変形を与える．加熱・冷却を繰り返すことにより連続動作を行うことになる．

熱エンジン作動時の応力とひずみの関係（作動原理）を，図5[7]に示す．上記で述べたように4種類の熱エンジンが提案されているが，いずれの方式も形状記憶合金の形状記憶効果を利用したものであり，また，対になった合金を差動型に配置したものなので，作動原理はほぼ同様である．

温度 M_f 点以下で合金を ε_2 まで変形（図で O→c→A）させるとき，変形時の引張応力 σ_A は小さい．点Aの状態から加熱を開始する．加熱温度Tは，A_s 点以上の温度で行うが，外部負荷応力 σ_{av} がある場合，また，他方の低温状態にある合金を変形しうる応力 σ_A，すなわち $\sigma_a (= \sigma_{av} + \sigma_A)$ を超える回復応力が発生する温度で加熱する必要がある．回復応力 σ が $\sigma < \sigma_a$ の状態ではひずみは変化しないが，$\sigma > \sigma_a$ となると，低温側の合金を変形させながら，a→bの曲線に沿って形状回復する．形状がひずみ ε_1 となる点bまで回復すると，点bでの回復応力が，外部負荷応力 σ_{av} と低温側の合金の引張応力 σ_A との和 $\sigma_b (= \sigma_{av} + \sigma_A)$ に等しくなるため，それ以上の形状回復は進行しない．このとき，低温側の合金は，ひずみ ε_2 まで変形している．そこで，点bの状態で加熱と冷却を逆転させると，上記と同様な変形，回復が行われる．このような加熱・冷却を繰り返すことにより，ε_1 と ε_2 との間で連続的に動作する．よって，領域 c→A→a→b→c で囲まれた面積が，合金の単位面積・長さあたりの外部に供給しうるエネ

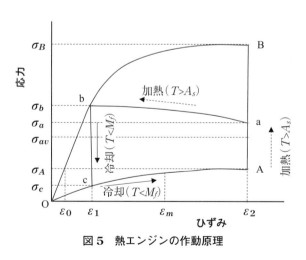

図5　熱エンジンの作動原理　　図6　レシプロ型エンジン作動時の応力－ひずみ関係

ギ（仕事量）となる．

図6[7]に，レシプロ型熱エンジンの応力—ひずみ関係を示す．使用した形状記憶合金の組成は，Ti-41.5Ni-8.5Cu（mol％）であり，直径2 mm，長さ1 mである．加熱用の温水は温水ポンプで供給し，温水温度 T_H = 343〜363 K，温水流速 V_H = 1.6 m/s，冷却用の冷却水は市水であり，冷水温度 T_C = 293 K，冷水流速 V_C = 0.8 m/sである．また，合金の変形最小ひずみは ε_1 = 0.5％，最大ひずみは ε_2 = 1.2％である．応力—ひずみ関係は図2.5に示した領域とほぼ同様な形態となる．

4.3 エンジン出力に及ぼす影響因子

4.3.1 加熱／冷却時間

温水，冷水で変換素子（形状記憶合金）の加熱・冷却を行う場合，合金が内蔵された容器（熱交換器）内に温水が流入して，合金の温度が A_s 点以上になると形状が回復し，このとき発生する回復力により，他方（冷却側）の合金を変形させる．回復力は，A_s 点以上の温度になると発生し，A_f 点温度に達するまで一様に増大する．したがって，合金の一部でも A_s 点以上になると，形状回復が開始する．合金の変形力は，合金の温度が M_s 点以下になると低下し，温度が M_f 点以下になるまで一様に低下する．このために，エンジンのサイクル周期が速くなると，合金の加熱，冷却が十分に行われなくなる．その結果，回復力の低下あるいは変形力が増大する．

図7[8]は，直径 D = 3 mm，長さ L = 1 m，A_S 点 = 333 K，初期温度 T_s の合金を温度 T_H で加熱した場合について，加熱時間 H_T と合金の中心部（断面の中心）の温度が A_s 点以上になる位置 x/L との関係を，数値解析により求めた結果である．一例として，加熱時間 H_T が2秒の場合では，温水流速 V_H = 1.4 m/sで加熱すると，x/L = 0〜0.42の範囲では A_s 点以上になり，この範囲の合金は母相（P相）に逆変態して形状回復し，回復力が発生するが x/L = 0.42〜1.0の範囲では A_s 点以下であり，形状回復は起こらずマルテンサイト相（M相）の状態にある．また，温水流速 V_H が小さくなれば，母相に逆変態する領域も小さくなり，回復力も低下する．したがって，合金全体が母相となるためには，かなりの加熱時間が必要となる．

各加熱温度に対し，合金全体が母相となるまでの時間と温水流速との関係を**図8**[8]に示す．加熱温度 T_H が高く，温水流速を高くすれば母相に至るまでの時間，加熱時間は短くなる．

合金の温度 T_s が A_f 点以上の状態から冷却する場合についても，加熱する場合と同様なことがいえ，十分な冷却時間が必要となる．冷水流速が低く，または冷却時間が短いと母相で残存する領域が大きく，このため変形力はあまり低下せず，変形に要する仕事量が増大することになる．

このように，回復力や変形力は加熱速度や冷却速度に依存するため，エンジンの往復運動の周期や仕事量は加熱／冷却条件に大きく影響されることになる．

図9[8]は，単位長さの合金が形状回復時に行う仕事量 W_R，変形に要する仕事量 W_D，利用可能な仕事量（有効仕事量）W_{av}（= $W_R - W_D$），引張応力振幅 $\Delta\sigma$ およびエンジン出力 P の変化を周期 τ との関係で示したものである．1サイクルの周期 τ が長くなると，加熱により合金の温度が十分上昇するため，合金中の母相の割合が増加し，応力振幅 $\Delta\sigma$ および形状回復時の仕事量 W_R が増加し，さらに冷却も十分行われるため，冷却時の合金中のマルテンサイト相が増加して

—137—

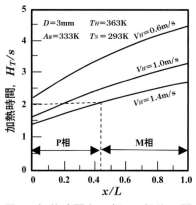
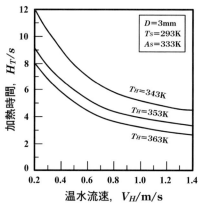

図7 加熱時間とP相/M相比の関係（温水流速の影響）

図8 合金全体が母相になるまでの時間と温水流速との関係

変形仕事量が低下する．その結果，利用可能な仕事量 W_{av} は，周期 τ が長くなるにつれて一様に増大する．また，エンジン出力 P が最大となる周期が存在する．そこで，次項以下では出力に及ぼす影響を述べる．

4.3.2 加熱温度・流速

図10[8]に示すように，加熱温度 T_H が高くなるのにともない，合金が A_s 点以上になるまでの時間は短くなり，回復力が増大するため応力振幅 $\Delta\sigma$ も増大する．このために，回復仕事量 W_R は，加熱温度 T_H が高くなるとともに増大するが，変形仕事量 W_D は加熱温度 T_H の影響がほとんどなく，また，その仕事量も小さい．したがって，加熱温度 T_H が高くなるとともに利用可能な仕事量 W_{av} は増加し，周期 τ が短くなるため，最大出力 P_{max} は，加熱温度が高くなるとともに増大する．

加熱によって，合金の一部が A_s 点以上になると形状回復が始まるが，回復力は温度上昇とともに増大し，A_f 点で最大となる．このため，合金の温度上昇速度が大きいほど周期 τ は短く，大きな回復力を利用できる．

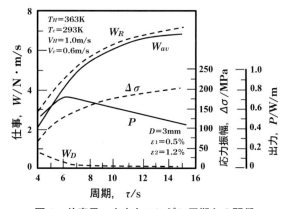

図9 仕事量，出力とエンジン周期との関係

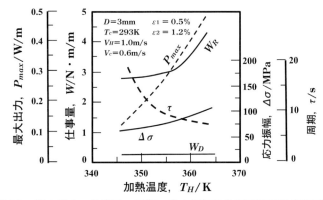

図10 最大出力，仕事量，周期，応力振幅に及ぼす加熱温度の影響

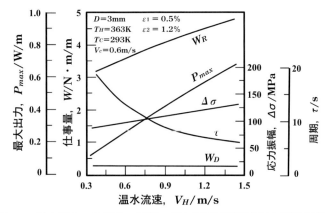

図11 最大出力，仕事量，周期，応力振幅に及ぼす温水流速の影響

図11は，最大出力P_{max}，最大出力時の仕事量W_R，W_D，応力振幅$\Delta\sigma$および周期τと温水流速V_Hとの関係を示したものである．流速V_Hが大きいほど流体（温水）から合金への熱伝達率が大きくなるため，合金がA_s点以上に達するまでの時間が短くなると同時に，回復力，応力振幅が増大し，仕事量W_Rが増大する．ここで，周期τが短くなると，冷却側の合金がM_s点以下にならない部分が増加して変形力が増大し，応力振幅の増加割合が小さくなるが，変形仕事量W_Dは小さいため，最大出力は温水流速の増加とともに増大する．

4.3.3 冷却水温度・流速

エンジン出力を増大させるためには，冷却側にある合金の変形仕事量をさらに低下させる必要がある．合金の変形力は，合金の温度がマルテンサイト相開始温度M_s点以下にならないと低下しない．したがって，エンジン出力を増大させるためには，合金の冷却速度を高める必要がある．

図12[8]は，エンジン出力，仕事量等に及ぼす冷水流速の影響をみたものである．冷水流速V_Cが小さいと，マルテンサイト相に変態しない部分が多くなり，変形仕事量W_Dは大きく，周期τも長くなる．しかし，周期τが長くなると加熱側にある合金温度も十分高くなるために，回復力，応力振幅，回復仕事量は大きくなる．

第Ⅲ部　アクチュエータの設計

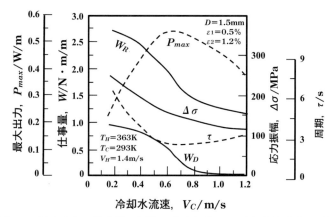

図12　最大出力，仕事量，周期，応力振幅に及ぼす冷水流速の影響

　流速 V_C が大きくなると，M_s 点以下となる領域が増加するため，変形仕事量 W_D は減少し，周期 τ は短くなる．周期 τ が短くなると，回復力も低下する．応力振幅，回復仕事量も，同様に低下する．さらに流速を増大（$V_C > 0.6$ m/s）させると，合金温度が低下しすぎるために，A_s 点以上となるまでに要する加熱時間が長くなり，周期 τ は逆に徐々に増加する．その結果，出力が最大となる冷却水流速が存在することになる．

　エンジン出力が最大となる冷却水流速 V_C は，図13[8] に示すように冷却水温度 T_C によって異なる．$T_C = 293$ K および 303 K では約 0.6 m/s で最大となるが，$T_C = 313$ K 以上では流速を増大させて冷却速度を高める必要があるため，高流速側で最大となる．また，同図に示したように冷水温度が低いほど出力は増大する．

4.3.4　寸法効果

　エンジン出力は，加熱および冷却速度の影響を受け，出力の増大化を図るためには加熱／冷却速度を大きくすることが有効であることを述べた．加熱／冷却速度を高める方法として，合

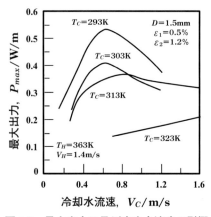

図13　最大出力に及ぼす冷水流速の影響

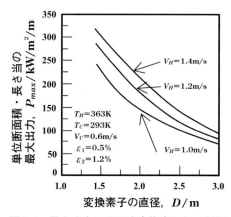

図14　最大出力に及ぼす変換素子径の影響

金の寸法を小さくして熱容量を小さくすれば，A_s 点以上の温度および M_s 点以下の温度に短時間で到達できることになり，同一の長さでは直径 D が小さいほど大きな出力が得られる．図14[8]は単位断面積・長さあたりの出力で比較した結果である．温水流速 V_H によらず直径 D が小さいほど出力は増大する．このことから，エンジンに使用する合金の総重量を一定とした場合には，線径の小さいワイヤを多数使用することが出力増大に有効であるといえる．

4.4 繰返し特性と素子の疲労寿命

前項までの説明で，熱エンジンの出力に及ぼすさまざまな影響について述べた．しかし，エンジン仕様や運転条件の最適化を図るためには，エンジンを長時間連続運転した場合に，安定した出力が得られることが重要である．そこで本項では，エンジンを連続運転させて，変換素子である形状記憶合金が破断に至るまでの種々の，特性変化について述べることとする．

図15[8]は，各加熱温度 T_H に対する有効仕事量比 W_{av}^* と繰返し回数 N との関係を示したものである．ここで，有効仕事量比 W_{av}^* は，回数 N における有効仕事量 $W_{av}(N)$ を，$N = 20$ における仕事量 $W_{av}(20)$ で基準化したものである．加熱温度が $T_H < 363$ K の場合では，$N = 1000$ 回程度までは徐々に低下するものの減少量は小さく，その後変形仕事量 W_D の低下とともに W_{av}^* は増加するが，繰返しによる回復力の低下により W_{av}^* は再び減少し，素子の破断に至る．これに対し，$T_H = 363$ K の場合では，数十回で W_{av}^* が約60％にまで大きく減少する．その後徐々に増加に転じつつ破断に至る．以上述べたように加熱温度が低いほど一定した有効仕事量（出力）が得られ，また，疲労寿命も長くなるが，出力は小さい．

図16[8]は有効仕事量比に及ぼす1サイクルの周期の影響をみたものである．周期 τ が短い場合には，加熱温度が高い場合と同様に，繰返し初期で W_{av}^* が大きく低下する．一方，周期が長い場合には，サイクル数 N に対する変化は小さく，徐々に低下して素子の破断に至る．

エンジンの連続運転に対し，その特性に及ぼす要因として外部負荷の影響も考えられる．図17[9]は，$N = 1$ で作動しうる最大負荷に対する比率で示した，外部負荷 L_{av} の影響を調べたもので

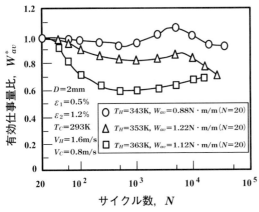

図15　有効仕事量の繰返しにともなう変化（加熱温度の影響）

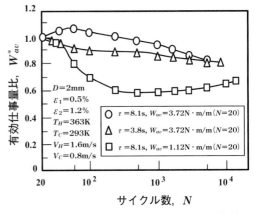

図16　有効仕事量の繰返しにともなう変化（周期の影響）

第Ⅲ部　アクチュエータの設計

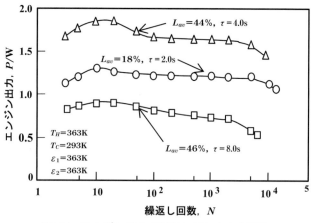

図17　エンジン出力の繰返しにともなう変化

ある．

　負荷が小さいほど回数 N に対する変化は少なく，ほぼ安定した出力が得られ，また疲労寿命も長い．これに対し，負荷が大きくなると出力変化も大きく，疲労寿命も短くなる．

　以上述べたように，エンジン連続運転による変換素子の加熱・冷却，負荷・除荷の繰返し変化に対する出力の安定性という観点から考えると，加熱温度は低いほど安定した出力が得られ，かつ疲労寿命も長いが出力は小さい．これに対し，加熱温度を高くすると大きな出力が得られるが，疲労寿命は短い．安定した出力を得るためには，適切な加熱温度，運転周期とする必要がある．

　そこで，疲労寿命の観点から，加熱温度をどれほどにするのが適切であるかについて述べることとする．すでに述べたように，加熱温度は A_f 点以下にする必要がある．図18[10]は，最大ひずみ ε_{max} をパラメータとして，疲労寿命と過熱度 $\Delta T_H (= T_H - A_S)$ との関係を示したものである．エンジン作動時の最大ひずみ ε_{max} が0.7％と小さい場合には，疲労寿命に及ぼす過熱度の影響はほとんどない．しかし，ε_{max} が大きくなると過熱度 ΔT_H の影響は顕著となり，ΔT_H が大

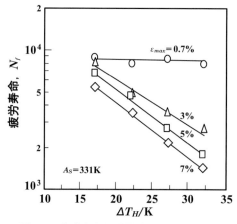

図18　疲労寿命と過熱度 ΔT_H との関係

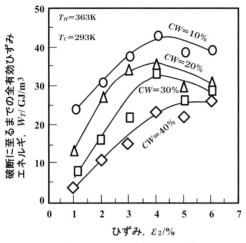

図19 破断に至るまでの全有効ひずみエネルギ（冷間加工率の影響）

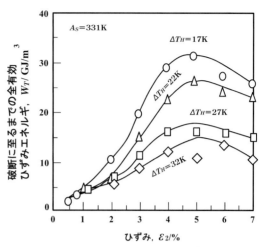

図20 破断に至るまでの全有効ひずみエネルギ（加熱温度の影響）

きくなるとともに疲労寿命は低下する．

　熱エンジンの作動時における，加熱・冷却，負荷・除荷の繰返しは形状記憶合金にとって最も過酷な条件であり，運転条件によっては短時間の作動で，変換素子である形状記憶合金は破断する．そこで次項では，素子が破断に至るまでになしうる全仕事量について，考察することにする．

4.5　素子破断に至るまでの仕事量

　図19[11]は，変換素子が破断に至るまでになしうる全有効ひずみエネルギ W_T と，ひずみ ε_2 との関係に対し冷間加工率 CW を，パラメータとして示したものである．冷間加工率 CW は低いほど，トータルのひずみエネルギが大きくなる．さらに，$CW = 40\%$ を除くと，ひずみ ε_2 が 4% 前後で W_T が最大となる．

　したがって，熱エンジンに使用する素子材料としては，低加工率の材料を選択し，かつ，最大ひずみ ε_2 は 4% 程度にするのがよいといえる．

　次に，加熱温度の影響についてみる．図18に示したように，加熱温度は，A_s 点以上で，かつ，高加熱しないことが素子の長寿命化につながり，全有効ひずみエネルギ W_T も増大になることが想定される．図20[10]は，W_T に及ぼす加熱温度の影響をみたものである．疲労寿命との関係でも明らかなように，過熱度 ΔT_H が小さいほど W_T が増大することがわかる．また，各過熱度 ΔT_H に対して，W_T が最大となる最大ひずみ ε_2 は 5% 前後で最大となり，加工率の場合と若干異なる．

　形状記憶合金は，温度条件等の運転条件により疲労寿命が異なり，加熱温度を高くすれば出力の増大が図れるが，合金に加わる応力が大きくなるため疲労寿命は短くなる．そこで，出力 P を最大にする条件について，疲労寿命 N_f，全（有効）仕事量 W_T 等を考慮して変換素子に加わる応力振幅 $\Delta \sigma$ との関係を，図21[8]に示す．疲労寿命 N_f は，応力振幅 $\Delta \sigma$ が大きくなるにともない短くなるが，全仕事量 W_T は，応力振幅 $\Delta \sigma$ の変化に対して極大値をもち，$\Delta \sigma = 150\,\mathrm{MPa}$ 近

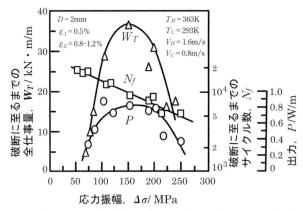

図21　全有効ひずみエネルギ，疲労寿命およびエンジン出力と応力振幅との関係

傍で最大となる．また，応力振幅$\Delta\sigma$に対する出力Pの変化も，全仕事量W_Tと同様に極大値をもつ変化を呈し，出力Pが最大となる応力振幅$\Delta\sigma$とほぼ一致する．

5　形状記憶合金のエネルギ変換効率

　熱エンジン等で利用できる有効ひずみエネルギは，形状回復にともなう回復ひずみエネルギ（回復仕事量）と，変形に要する変形ひずみエネルギ（変形仕事量）との差である．変形応力はすでに述べたように，繰返し初期には比較的大きな値となるが，繰返し数の増加にともない急速に低下する．このため，変形ひずみエネルギは回復ひずみエネルギに比べて極めて小さい．有効ひずみエネルギは外部へ供給できるエネルギであり，熱エンジンでは出力として利用できる．有効ひずみエネルギは，温度およびひずみの関数として与えられるので，素子が破断に至るまでの1サイクルあたりの平均有効ひずみエネルギ$\bar{E}_{av}$は，次式で求められる．

$$\bar{E}_{av} = \frac{1}{N_f}\sum_{i=1}^{N_f}\left\{\int_{\varepsilon_{IR}}^{\varepsilon_{max}}\sigma_{R,i}(T,\varepsilon)d\varepsilon - \int_{\varepsilon_A}^{\varepsilon_{max}}\sigma_{D,i}(T,\varepsilon)\right\} \tag{8}$$

よって，熱エネルギからひずみエネルギへの変換効率は，次式で求められる．

$$\eta = \frac{\bar{E}_{av}}{\rho\{C(T_H-T_C)\}+\Delta L_H} \tag{9}$$

ここで，ρ，CおよびΔL_Hはそれぞれ合金の密度，比熱および変態潜熱であり，$\rho = 6.4 \times 10^3\,\mathrm{kg/m^3}$，$C = 0.53\,\mathrm{kJ/(kg\cdot K)}$および$\Delta L_H = 20\,\mathrm{kJ/kg}$とする．

　図22[10]に，変換熱効率ηと過熱度ΔT_Hとの関係を，最大ひずみε_{max}（熱エンジンではε_2に相当）をパラメータとして示す．変換熱効率ηは，最大ひずみの増加とともに増大し，$\varepsilon_{max} = 7\%$で最大2%となる．熱効率は過熱度の影響を受け，過熱度の変化に対して極大値をもつ変化を呈するが，最大ひずみが小さくなるとともに過熱度の影響は小さくなる．$\varepsilon_{max} = 3\%$以上では，$\Delta T_H = 27\,\mathrm{K}$近傍で熱効率は最大となる．

　次に，変換熱効率と合金の冷間加工率との関係を，図23[11]に示す．冷間加工率に対しては，その増加に対して熱効率も一様に増大する．その傾向は，最大ひずみが大きいほど顕著である．

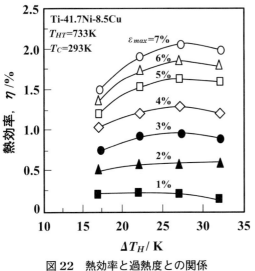
図22 熱効率と過熱度との関係

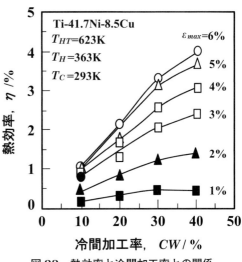
図23 熱効率と冷間加工率との関係

なお，本項で述べた熱効率は，形状記憶合金がなしうる効率であり，熱エンジンでの熱効率ではないことに留意する必要がある．熱エンジンでは，製作したエンジンシステム固有の損失があり，上記で述べた熱効率よりも当然に小さくなるが，エンジンシステムは複雑なものではないため，損失はそれほど大きくはならないと考えられる．

参考文献

1) 桑原脩：エネルギ総合工学，**7** (2) (1984).
2) 佐久間俊雄：燃料及燃焼，**64** (1) (1997).
3) T. Sakuma, M. Hosogi, N. Okabe, U. Iwata and K. Okita : *Materials Transactions*, **43** (5) (2002).
4) T. Sakuma and A. Suzuki : *Materials Transactions*, **48** (3) (2007).
5) W.S. Ginell, J.L. MacNichols, Jr. and J.S. Cory : *Mech. Eng.* 101-5 (1979).
6) M. Nishikawa, M. Kodera, M. Okata, K. Yamauchi and K. Watanabe : *Proc. Int. Conf. Maryens. Transform*, 1041 (1986).
7) 佐久間俊雄，岩田宇一：日本機械学会論文集（B 編），**62** (597) 2086 (1996).
8) 佐久間俊雄，岩田宇一，荒井正行：日本機械学会論文集（B 編），**62** (604) 4262 (1996).
9) 佐久間俊雄，岩田宇一：日本機械学会講演論文集，**95**-1 (II) 478 (1995).
10) 佐久間俊雄，岩田宇一：日本エネルギ学会誌，**79** (8) 859 (2000).
11) 佐久間俊雄，岩田宇一，越智保雄，宮崎修一：日本エネルギ学会誌，**79** (10) 1020 (2000).

第Ⅲ部　アクチュエータの設計

第3章
形状記憶合金を利用した
エネルギ変換システムの設計

　低温廃熱を熱源として，形状記憶合金をエネルギ変換素子として動力回収する場合，変換システムの中枢となる熱エンジンは，素子の特性とその変化および疲労寿命等を考慮した運転をする必要がある．形状記憶合金は，すでに述べたように変態，逆変態を繰り返すと，繰返し数とともに特性が変化する．また，素子の疲労寿命の観点からみると，Ti-Ni-Cu 合金の疲労寿命が 10^4 回程度であるのに対し，Ti-Ni 合金の R 相変態を利用すると疲労寿命は 10^6 回以上とかなり長い．しかし，R 相変態で利用できるひずみ範囲は 1% 未満[1] であり，かつ，低温時の変形応力も大きい．そこで，本システムでは合金の繰返し特性等を考慮して，Ti-Ni-Cu 合金を変換素子とすることにする．

　形状記憶合金を利用した熱エンジンは，合金素子の変形ひずみ量，加熱温度に応じて外部負荷応力の上限が定まるため，一定負荷運転で行う必要がある．したがって，廃熱の供給量の変動あるいは変換したエネルギの供給形態，需要量の変動等に対応できるシステムとすることが肝要である．このために，エネルギ変換システムでは，エネルギ貯蔵部を有するシステムとした．これにより，熱エンジン部とエネルギ貯蔵部とが独立したシステムとなるため，信頼性の高い安定したエネルギ供給が可能である．

1　システム構成

　熱エンジンから直接エネルギを取り出す場合，出力が最大となる加熱 / 冷却サイクルが存在する．この場合の周期は，出力規模にもよるが，数秒程度となる．1 サイクルに要する時間が短いと，合金の加熱・冷却が十分に行われないまま加熱 / 冷却サイクルを繰り返すことになり，合金内部に温度差が生じ，ひずみの変化速度も大きくなる．これらはいずれも寿命低下の要因となる．さらに，合金が外部に供給しうる仕事量は，周期に依存し，周期が短くても長くても低下し，最適な周期が存在することはすでに述べた通りである．そこで，熱エンジンからの出力はそのまま利用せず，一旦貯蔵する方式を採用する．貯蔵部を設けることにより，加熱 / 冷却サイクルの周期を任意に設定できる．

　図1に，エネルギ変換システムの基本構成を示す．システムは，熱エンジンおよび変換器を 1 ユニットとする複数のユニット，一定の油圧で貯蔵するアキュミュレータ，貯蔵したエネルギを回転運動に変換する油圧モータ，および発電機で構成する．ユニット内の変換器は，熱エンジンで得られる仕事を油圧に変換すると同時に，冷却側での変形仕事を行い，残りのエネルギをアキュミュレータに供給する．

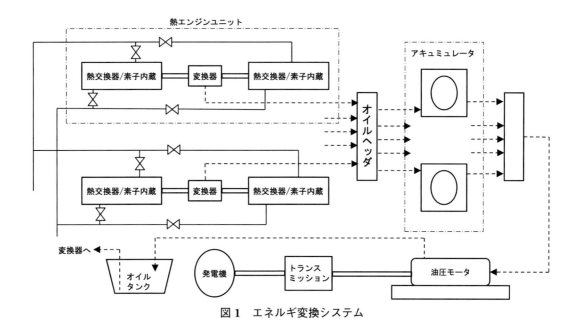

図1 エネルギ変換システム

2 システム設計
2.1 基本仕様
2.1.1 熱エンジン

変換素子の形状は重要であり，断面積はエンジン出力に直接かかわる．また，加熱・冷却を繰り返すことから伝熱面積（表面積）は大きいことが有効である．すなわち，素子の熱容量を小さくすることが望ましい．そこで，変換素子の形状は，矩形断面を有する帯状平板（断面積：A，長さ：L）とする．また，合金の種類は，繰返し特性，耐食性等[2]に優れたTi-Ni-Cu合金とする．

本項では，素子形状を帯状平板としたが，現状の形状記憶合金の材料メーカからこの形状の素子を入手することは困難である．このため，平板の替わりに丸棒の細線を使用することを推奨する．また，Ti-Ni-Cu合金も最近ではあまり製造していないメーカが多いので，Ti-Ni-Cu合金とほぼ同等の性質を有するTi-Niを使用してもよい．

素子のひずみ量は，最小ひずみを ε_1，最大ひずみを ε_2 とする．また，1本の素子が受け持つ外部負荷応力は，第2章図5に示した σ_b から σ_A を差し引いた応力以下にする必要がある．この範囲にある外部負荷応力を σ_{av} とする．また，1つの熱交換器内に設置する素子の本数を N_{SMA} とする．よって，外部仕事として利用できる仕事量 W_{av} は，次式で求めることができる．

$$W_{av} = A\sigma_{av}N_{SMA}L(\varepsilon_2 - \varepsilon_1) \tag{1}$$

次に，N_{SMA} 本の素子を冷却温度 T_C から加熱温度 T_H まで昇温するのに要する熱量 Q_{SMA} は，次式で与えられる．

$$Q_{SMA} = \frac{1}{1-C_Q}\rho_{SMA}ALN_{SMA}\{C_{SMA}(T_H - T_C) + \Delta L_H\} \tag{2}$$

第Ⅲ部　アクチュエータの設計

ここで，ρ_{SMA}，C_{SMA} および ΔL_H は，それぞれ素子の密度，比熱および変態潜熱であり，C_Q は熱損失係数である．

熱エンジンは，1サイクルを時間 τ で運転するものとする．このとき，時間あたりに素子に供給する熱量 q_{SMA} は，次式で与えられる．

$$q_{SMA} = \frac{Q_{SMA}}{\tau} \tag{3}$$

よって，時間あたりに供給すべき加熱用温水流量 G_W は，次式で求められる．

$$G_W = \frac{q_{SMA}}{C_p(T_{in}-T_{out})} \tag{4}$$

ここで，C_p は冷却水の比熱，T_{in} および T_{out} は熱交換器入口および出口の温度である．ただし，熱交換器の熱容量はここでは考えていない．

次に，熱交換器の形状を箱型として，各部の寸法を次のように定める．素子の板厚を t，素子の設置間隔を ΔS，両端に S の隙間を設け，これらを4列に設置すると熱交換器の幅 L_B は，次式で定まる．

$$L_B = \frac{AN_{SMA}}{4t} + \left(\frac{N_{SMA}}{4} - 1\right)\Delta S + 2S \tag{5}$$

また，高さ L_H は上下に N_{SMA} 本の素子を取り付ける部分の余裕をみて，次式で定める寸法とする．なお，熱交換器の奥行きは $L_D = 0.3\,\mathrm{m}$ とする．

$$L_H = L + 0.5 \tag{6}$$

熱交換器内を流動する冷却水のレイノルズ数 Re_{eq} は，次式で求まる．

$$\mathrm{Re}_{eq} = \frac{G_W D_{eq}}{A_{eq}\rho\nu} \tag{7}$$

ここで，A_{eq} は流路面積，D_{eq} は相当直径であり，それぞれ次式で求まる．

$$A_{eq} = L_B L_D - AN_{SMA} \tag{8}$$

$$D_{eq} = \frac{4A_{eq}}{2\left\{L_B+L_D+N_{SMA}\left(\frac{A}{t}+t\right)\right\}} \tag{9}$$

よって，流動抵抗による損失ヘッド H_{LOSS} は，次式で求められる．

$$H_{LOSS} = 0.451\mathrm{Re}_{eq}^{-0.2}\frac{4L_H}{D_{eq}}\frac{1}{2g\rho^2}\left(\frac{G_W}{A_{eq}}\right)^2 \tag{10}$$

したがって，温水・冷水を供給するに必要なポンプ動力 P_P は，次式で求められる．

$$P_P = \frac{1}{C_{pp}}\{G_W(L_H + H_{LOSS})\}N_{unit} \tag{11}$$

ここで，C_{pp} はポンプ効率，N_{unit} は熱エンジンおよび変換器から構成するユニット数である．

2.1.2 変換器

変換器は油圧シリンダとし，熱エンジンから得られる仕事を油圧に変換する．そこで，シリンダの断面積を A_{cy}，シリンダ内のピストンの摩擦抵抗損失係数を C_{cy} とすると，貯蔵部（アキュミュレータ）に供給できる油圧 P_{ac}，油量 Q_{ac} は，それぞれ次式で与えられる．

$$P_{ac} = \frac{A\sigma_{av}N_{SMA}}{(1-C_{cy})A_{cy}} \tag{12}$$

$$Q_{ac} = L(\varepsilon_2 - \varepsilon_1)A_{cy} \tag{13}$$

よって，ユニット数 N_{unit} のエンジンを τ_{op} 時間運転したときに供給できる総油量 Q_T は，次式で与えられる．

$$Q_T = \frac{\tau_{op}}{\tau} Q_{ac} N_{unit} \tag{14}$$

2.1.3 エネルギ貯蔵

熱エンジンによって変換された力学的エネルギは，基本的には力学的エネルギとして集積，貯蔵するのがよい．それには種々の方法が考えられるが，その1つにアキュミュレータがある．アキュミュレータの種類[3]には，ばね式，重錘式，ガス圧式などがある．熱エンジンからの出力が常に一定であること，高い貯蔵効率を有すること等を考慮すると，重錘式アキュミュレータが適していると考えられるので，本システムでは重錘式を採用することとした．

ここで，重錘式アキュミュレータを採用した変換システム（出力 100 W 級）を設計・製作し，発電した実例[4]を紹介する．アキュミュレータ内のシリンダ容積は 5600 cm³，デッドウエイト 2000 kg である．熱交換速度（エンジンの周期）が遅すぎたため，ウエイトを 500 mm 持ち上げるのに約 9 時間を要し，100 W の出力が 30 秒間得られた．

重錘式の場合，デッドウエイトの容積が大きくなるという欠点がある．このため，重錘式を採用する場合にはコンパクト化を図る必要がある．

その他の方法として，揚水型エネルギ集積・貯蔵システムも考えられる．すなわち，変換ユニットからの油圧で直接揚水ポンプを運転し，水を汲み上げて貯蔵する方法であるが，これには，揚水発電所に近接して設置する必要があるなどの制約がある．

2.1.4 油圧モータ，変速機，発電機

油圧モータおよび発電機の運転時間を，τ_p とする．このとき，油圧モータに流入する流量 Q_M は，次式で求まる．

$$Q_M = \frac{Q_T}{\tau_p} \tag{15}$$

よって，油圧モータの回転速度 N_M は，次式により求められる．

$$N_M = \frac{Q_M}{C_v V} \tag{16}$$

第III部　アクチュエータの設計

　ここで，C_v は油圧モータの体積効率，V は1回転あたりの押退け容積である．よって，油圧モータの出力トルク Φ_M は，次式で与えられる．

$$\Phi_M = \frac{1}{2\pi} C_T P_{ac} V \tag{17}$$

ここで，C_T は油圧モータのトルク効率である．

　次に，変速機の歯車効率を C_G，発電機の効率を C_W とすると，発電出力 P_W は次式で求めることができる．

$$P_W = \frac{2\pi}{60} C_G C_W N_M \Phi_M \tag{18}$$

　以上の各式から，エネルギ変換システムの熱効率 η は，次式で求められる．

$$\eta = \frac{P_W \tau_P - P_p \tau_{op}}{q_{SMA} N_{unit} \tau_{op}} \tag{19}$$

　以上の各式に対して，諸係数等を以下のように定めて計算し，エネルギ変換システムの基本仕様を検討した結果を，事項以降に示す．

①外部負荷応力：σ_{av} = 41.6 MPa（T_H = 343 K），111 MPa（T_H = 353 K），208 MPa（T_H = 363 K）

②素子の熱的性質：ρ_s = 6.4 g/cm^3，C_s = 0.12 cal/(g・K)，ΔL_H = 21.5 J/g

③係数，効率等：C_G = 10%，C_{pp} = 75%，C_{cy} = 5%，C_v = 96%，C_T = 0%，C_G = 99%，C_W = 95%，V = 3.2 × 10^4 m^3/rev

④熱交換器の寸法：ΔS = 5 × 10^{-3} m，S = 40 × 10^{-3} m

2.2　変換素子数

　変換素子の断面積を A = 40 mm^2，長さ L = 2 m，発電出力 P = 100 kW の場合について，**図2** に変換素子数と加熱温度との関係を示す．加熱温度 T_H を高くすると外部負荷応力を大きくすることができるため，T_H が高いほど素子数を少なくすることができる．また，素子のひずみ量についても同様なことがいえ，最大ひずみ ε_2 を大きくすることにより，1サイクルあたりの供給油量が増加するため，素子数が少なくなる．

　次に，発電出力と素子数との関係でみると，**図3** に示す結果となる．素子数は出力と比例関係にあり，出力の増大とともに素子数が増加する．出力 P = 100 kW の場合についてみると，ε_2 = 1.5% の場合では約24000本，ε_2 = 2.5% の場合では約12000本と，ひずみが1%増すと，本数は半減する．

第3章　形状記憶合金を利用したエネルギ変換システムの設計

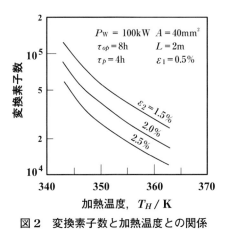

図2　変換素子数と加熱温度との関係

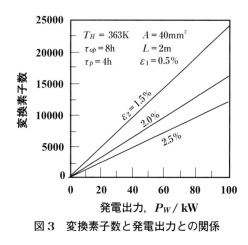

図3　変換素子数と発電出力との関係

素子の断面積も素子数に影響し，断面積を大きくすると素子数は大きく減少し，最大ひずみ ε_2 が小さいほど断面積の影響は大きくなる．また，素子の長さ L についても同様なことがいえ，長さが増大すると1サイクルで供給できる油量が増加するため，L の増加とともに素子数は減少する．

2.3　廃熱量

低温廃熱から動力回収する場合，所定の出力を得るためにどの程度の廃熱量が必要となるのか，あるいは逆に廃熱量からどの程度の出力が得られるかは，設計・製作する上であらかじめ把握しておく必要がある．図4は，温水流量と廃熱（加熱）温度との関係を示したものである．ここで，温水流量はkWあたりに必要となる量である．廃熱温度が高いほど供給すべき流量は減少し，素子の最大ひずみ ε_2 が大きいほど供給流量は減少する．因みに，100 kWの発電出力に必要となる温水流量は，$\varepsilon_2 = 2.5\%$の場合で，$T_H = 343$ Kの温水が約2300 t/h，$T_H = 353$ Kの温水が約800 t/h，$T_H = 363$ Kの温水が約560 t/h，それぞれ必要となる．

2.4　熱効率

373 K以下の低温熱エネルギから動力回収する場合の変換効率は，すでに述べたように理論効率で10%以下である．形状記憶合金をエネルギ変換素子とする場合の熱効率も同様に小さく，2～3%程度である．したがって，動力回収する場合には高温の廃熱を低温にして利用すること，あるいは新たに温水を作って動力を発生させることは，特殊な場合を除いて，基本的にエネルギコストの観点から成立しない．よって，全く未利用の廃熱を利用することが原則である．図5は熱効率と廃熱（加熱）温度の関係を，図6に熱効率と素子の長さとの関係を，最大ひずみ ε_2 をパラメータとしてそれぞれ示したものである．ここで，熱効率は，加熱，冷却用のポンプ動力を考慮してある．さらに，素子の疲労寿命を考慮して外部負荷および最大ひずみ ε_2 を小さくしているため，素子が保有しうる最大熱効率よりも小さくなっている．廃熱（加熱）温度が高く，ε_2 を大きくすれば熱効率は増加するが，素子の長さ L については L の増大とともにポンプ動力が

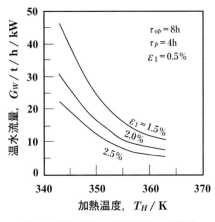
図4　温水流量と加熱温度との関係

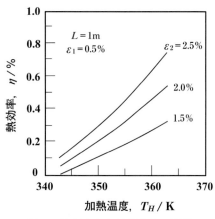
図5　熱効率と加熱温度との関係

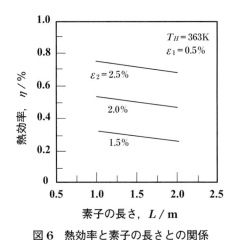
図6　熱効率と素子の長さとの関係

増加する．しかし，熱効率に及ぼす長さの影響はほとんどない．

3　低温廃熱からの回収動力の試算

　次に図7は，発電時間に対して必要となる温水流量を示したものである．温水流量と発電時間とは比例関係にあり，発電時間の増大とともに，必要となる温水流量は増加する．また，最大ひずみ ε_2 が大きいほど，所要温水量は低下する．したがって，熱エンジンに用いる素子の仕様および利用できる廃熱量に対し，発電出力と発電時間が定まることになる．

　ここでは，地熱発電所を対象に，未利用となっている廃熱からの回収動力量の試算結果を述べる．地熱発電所は，約800～2000 mの地中深くから取り出した蒸気で，直接タービンを回し発電するものである．発電出力が55000 kW級の場合では，汲み上げた水・蒸気温度は約440Kであり，この二相流体を気水分離器あるいはフラッシャにより蒸気と熱水に分離し，得られた蒸気をタービンに送り発電するものである．熱水はさらにフラッシュタンクで蒸気と熱水に分離し，蒸気は給湯等に利用され，残りの熱水は還元井に戻される．フラッシャから排出される熱水は，

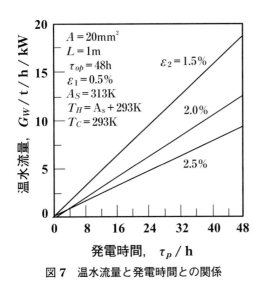
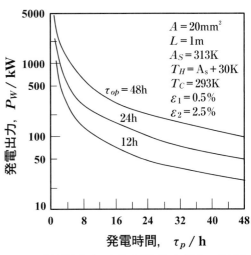

図7　温水流量と発電時間との関係　　図8　地熱発電所の廃熱を利用した場合の発電出力と発電時間との関係

温度380 K，流量1050 t/hである[4]．この熱水のうち約14%（150 t/h）は有効利用されているが，残りの86%（温度：370 K，流量：900 t/h）は未利用のまま還元井に戻されている．また，同時に復水器から317 K，15000 t/hの低温水が排出されている．これらの熱水および低温排水が，形状記憶合金を用いたエネルギ変換システムの加熱および冷却流体として利用できる．

分離された熱水にはさまざまな溶解物質が大量に混入しており，これをそのまま使用するとシリカ等が析出し，変換システムの機器のトラブルの原因となる．これらの溶解物質を除去し，利用するものとする．そこで，温度343 K，流量900 t/hの温水が利用できるものとして試算した結果を以下に述べる．

変換素子の断面積 A = 20 mm^2，長さ L = 1 m，逆変態開始温度 A_s = 313 K，加熱温度 T_H = A_s + 30 K，素子の最大ひずみ ε_2 = 2.5%，最小ひずみ ε_1 = 0.5%とすると必要なユニット数は，N_{unit} = 474となる．ここで，1ユニットは2基の熱交換器からなり，熱交換器内には100本の素子が内蔵されている．その結果，素子の総重量は約12.1 tとなる．また，温水・冷水のポンプ動力は合わせて9.8 kWとなる．

図8に，発電出力と発電時間との関係を示す．熱エンジンの運転時間 τ_{op} を長くすることにより，大出力，長時間の電力供給が可能である．τ_{op} = 48 hの場合では約100 kWの電力を48時間供給できる．また，時間 τ_{op} = 12 hと短い場合でも，発電出力を25 kWとすれば48時間供給できる．地熱発電所では多くのポンプが使用されており，主要なポンプ動力は全体で2200 kW以上となる．熱エンジンの運転時間を τ_{op} = 48 hとすると，約200 kWの電力を24時間供給でき，約9%のポンプ動力を，廃熱を利用することにより供給できることになる．図9は，発電出力と熱エンジンの運転時間との関係を示したものである．発電出力と運転時間は比例関係にあり，運転時間の増加とともに発電出力は増加する．例えば，運転時間 τ_{op} = 24 hとすると，約2300 kWの電力を2時間供給できることになり，起動用電源等に利用できる．また，約900 kWを5時間供給でき，約4500 kWhの電力を，ピーク負荷対策等の電力として供給できる．

第Ⅲ部　アクチュエータの設計

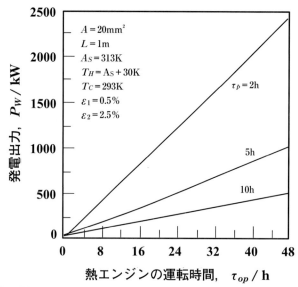

図9　地熱発電所の廃熱を利用した場合の発電出力とエンジン運転時間との関係

4　変換システムの発電コスト

　我が国の電力供給の約80％（2011年3月以前）を賄っている火力・原子力の発電コストは，kWhあたり10円前後である．火力・原子力と競合しうる水力と地熱を除く他の発電コストは，kWhあたり100円前後と高い．そこで，今までに述べた変換システムの発電コストを，現状技術をベースに試算してみた結果を以下に述べる．ここで，試算にあたり以下の条件をもとに行った．まず，変換システムの製作費のほとんどは，変換素子の材料製造，加工・熱処理費で占められること，およびランニングコストは寿命となった素子の交換費用のみであることを勘案し，発電コストは素子の材料費のみとする試算結果を図10に示す．

　ただし，素子の材料費を10000円/kgとしたが，材料の需要が増大し大量生産することにより，材料費はさらに低減できるものと考えられる．同図に示すように最大ひずみ ε_2 を増大させれば，変換効率も上昇し，コスト低減につながるが，商用ベースの発電コストと競合できるようになるには，少なくとも疲労寿命は 10^6 回以上が必要となる．しかし，後述するように疲労寿命の改善に関する提言がいくつかあるが，簡単ではない．したがって，発電コストの低減という観点から，さまざまな工夫・改善を考えるのも1つの考え方ではあるが，新たな発想で，既存の発電設備という考えから脱却した方策を考える必要がある．

5　課題と展望

5.1　変換システムの開発について

　熱エンジンを独立した形で設置するのか，既存のシステムやプラントの一部として組み込み，熱交換器（加熱，冷却水系を含む）やポンプなどを共有するのかといった問題の検討は重要である．すなわち，熱エンジンがどのようなシステムの中で使われるのかによっても，大きく異な

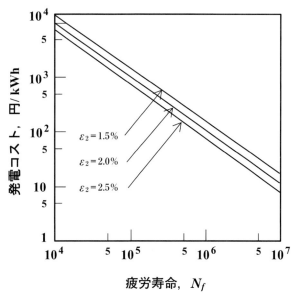

図10 エネルギ変換システムによる発電コストの試算結果

る．既存のシステムで機器，設備を共有することのメリットは大きいが，これを採用できるかどうかは，熱エンジンの信頼性にかかっている．いずれにしても，トータルとしてエネルギ変換効率が最大となるシステムの構築が課題となる．

5.1.1 分散形独立電源として

その1つの考え方として，本変換システムは独立型のシステムであり，その設置場所は任意に決めることができる．独立形とはいえ，温水・冷水の供給可能な地域・場所に限られる．例えば，園芸農家等では，ビニールハウス内に，温風を発生する設備を有している．温風はボイラで温水をつくり，その熱で空気を加熱し，ハウス内の温度管理を行っている．ボイラの燃料は間伐材等を利用する場合が多く，燃料費はほとんどかからない．また，空気加熱用に昇温した温水を変換システムに供給して，3〜5 kWの電力を生産し，発電後の温水温度はあまり低下しないため，空気加熱するには十分な熱量が残存する．このような使い方をすれば，大災害が発生し電力供給がストップしたときにも，個別の電力供給ができるシステムとしての利用が可能である．このような考え方を採れば，付加価値のある変換システムとなり，発電コストも大きな問題とはならない．

5.1.2 カスケード形変換システム

熱エンジンは，変態，逆変態の狭い温度範囲での加熱・冷却によって作動する．したがって，逆変態温度以上に加熱された素子を冷却するときに，冷却水が受け取る熱量や変態潜熱の回収は，エネルギ効率を上げることができる．その1つの方法として，熱エンジンユニットをカスケード形に配置することにより，熱の有効活用ができ，変換システムの総合熱効率を向上させる

ことができる．具体的には，各エンジンユニットで異なる変態温度を有する素子を設置することにより，高温側から低温側に順次変態温度が，それに応じて低い素子を配置・設置する．すでに述べたように同一組成の素子でも，加工・熱処理等によって異なる変態温度を有する素子を準備することは，容易にできる．

5.1.3 渦巻ばね形熱エンジン

これまで述べてきた熱エンジンの素子は，帯状またはワイヤの形状回復時の軸方向回復力を利用するもので，作動は往復運動であった．このために，素子にとっては過酷な使用環境である．そこで，エンジン素子として長尺で帯状の合金を渦巻状に記憶処理したものを，熱交換器に内蔵した渦巻形熱エンジンとすることにより，素子を長寿命化でき，またエンジンユニットをよりコンパクトにできるメリットがある．

図11[5]に，渦巻形素子を熱交換器に内蔵した概略図を示す．通常の渦巻ばねは，ばねを巻くことでそのばね材料を弾性変形させ弾性エネルギを貯蔵し，その後除荷することにより弾性回復させ，その際に貯蔵されていた弾性エネルギを運動エネルギとして取り出す仕組みである．この機構は，長尺の素子をコンパクトな形状にまとめられる．そのため，鋼の弾性変形のようなわずか約0.3%程度のひずみ量であっても，素子自身を長くすることが可能であるため，取り出せる変位量を大きくすることが可能である．また機構上，設定した以上のひずみを与えることができないため，弾性変形領域を超えて塑性変形に至ることがないように設計すれば，長期間安定して繰返し使用することが可能な機構である．この機構は15世紀にヨーロッパで使用され始め，今でも時計や巻尺など，身近な用品に応用されている．

この渦巻ばねを形状記憶合金で作製した場合，合金が超弾性を示す温度域で使用すれば超弾性領域での使用が可能であるため，上記の鋼の渦巻きばねと比較して，非常に大きな変位量を取り出せる渦巻ばねとして使用することが可能である．

一方，形状記憶特性を利用する場合は，マルテンサイト相状態となる低温下で合金をばね状に巻き，その後除荷すると一部弾性回復による形状回復は起こるが，マルテンサイトバリアントの再配列により大部分の変形はそのまま残留する．すなわち，ばねを巻いて手を離してもばね形状

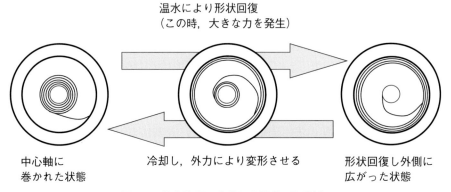

図11 熱交換器に内蔵した渦巻ばね形素子

が完全には回復せず，ばねが巻かれたままの状態となる．この状態で逆変態開始温度以上に加熱すると形状が回復し，通常の渦巻ばねと同様の動作を行なう．そのため除荷すると同時にエネルギを発生する通常の渦巻ばねとは異なり，加熱時にのみ形状回復によりエネルギを放出する熱エンジンとして利用することができる．

この方法にすることにより，従来の熱エンジンに比べ長尺の変換素子を非常にコンパクトに収納できる．そのため従来のSMA熱エンジンの問題点の1つであった，出力増加にともなう素子長さ増加，すなわち装置の大型化を抑制することができる．

また，長尺の素子を使用することが可能であるため，出力増加のための変位量増加にともなうひずみ量の増加を抑制することができ，かつ素子をコンパクトにまとめることで，加熱・冷却の際の素子中の温度の不均一についても，大幅な改善が見込まれ，素子内部での過負荷の発生を低減できる．さらに機構上，設定した以上のひずみ量が付与されることがなく，素子の長寿命化が見込まれる．

そこで，2つの渦巻ばね形を内蔵した熱交換器を，並列に配置した熱エンジンの概略機構図を図12[5]に示す．同じ回転方向をもつ2つの渦巻ばね形素子を並列に配置し，ギアで連結した構造である．まず両方のアクチュエータを冷却してマルテンサイト相にし，その後外力により，素子Aを完全にばねが巻かれた状態にする．そのとき，ギアにより素子Bは，逆に完全に形状が回復されたときの状態となる．この状態において，温水等により素子Aを加熱，冷却水により素子Bを冷却する．素子Aは加熱により逆変態し形状が回復，ばねが巻かれた方向とは逆の方向にトルクを発生させながら回転する．一方素子Bは，冷却されているためマルテンサイト相状態のまま，ばねが巻かれる方向に回転する．このとき，素子Bは弾性係数の小さいマルテンサイト相状態であるが，素子Aは弾性係数の大きい母相である．そのため，マルテンサイト相状態の素子Bを変形させる（ばねを巻く）ための仕事量は，母相状態の素子Aが形状回復により発生する仕事量に比べ小さくなる．すなわち，素子Aは素子Bのばねを巻きながら，外部に対し仕事をすることが可能である．

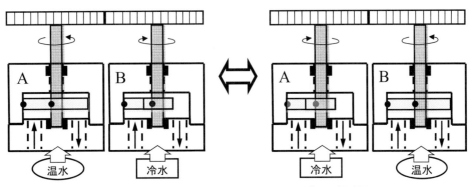

図12 渦巻ばね形素子を用いた熱エンジンの概略図

第Ⅲ部 アクチュエータの設計

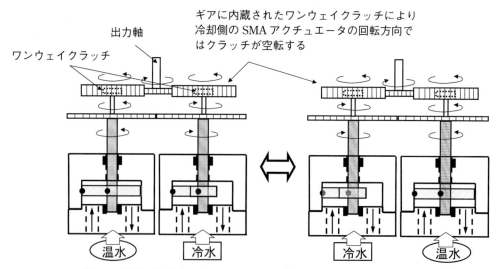

図13 渦巻ばね形素子を用いた熱エンジンの一方向回転機構の概略図

　素子Aの形状が完全に巻き戻ったのち，素子Aを冷却，素子Bを加熱する．すると逆に素子Bが形状回復により出力を発生させながら回転し，素子Aは冷却されマルテンサイト相になりばねが巻かれる．この加熱・冷却を交互に行うことを繰り返すことにより，エンジンとしての連続的な動作を行うことが可能である．しかし図12に示した機構は，温水・冷水の切替えにより回転方向が変わるという欠点がある．そこで図13[5]に一定方法に回転する機構の概略図を示す．熱エンジンの回転軸を延長し，軸上にワンウェイクラッチを内蔵したギアを取り付けた機構である．ワンウェイクラッチを取り付けられたギアには，外部への出力のため，同じくギアを取り付けられた出力軸が連結されている．各々のワンウェイクラッチは，出力を発生する回転方向のときのみ動力を伝達し，ばねが巻かれる方向に回転する場合は動力を伝達しない（空回りする）ように設定されており，出力軸の回転方向はA，Bの動作によらず一方向である．

　図14[5]に，複数連結した発電システムの概略図を示す．上述したように，各々の熱エンジンには温水―冷水の切替えにともなう脈動が存在するが，本機構では1つのエンジンが動作の切替えのため停止したとき，他のエンジンが動作することで，最終出力軸には常に回転力が伝達される．

5.2 変換素子について
5.2.1 素子の形状
　エネルギ変換素子の形状は，材料の単位質量あたりの力学的エネルギ（ひずみエネルギ）の出力が最大となるように，また，長期信頼性の観点から疲労寿命が長くなるように決定されなければならない．このためには，熱・力学サイクルにおける回復応力レベル，疲労強度特性，さらに伝熱特性等が主な問題となる．

　これまでに述べた素子形状は，矩形断面を有する帯状（板状）またはワイヤであった．そこで以下では，ワイヤ（引張変形，垂直応力作用）を用いるか，コイルばね（ねじり変形，せん断応

第3章 形状記憶合金を利用したエネルギ変換システムの設計

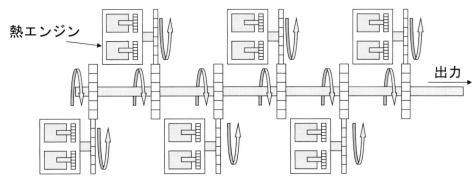

図14 渦巻ばね型素子を用いた発電システムの概要

力作用）を用いるかという問題について考えてみる．

合金（Ti-41.7Ni-8.5Cu［mol％］），直径 D = 3 mm を対象に，低温（293 K）引張→ひずみ保持・加熱（363 K）→除荷サイクルを与えたときの応力—ひずみ関係[6]から，1サイクルあたりに取り出すことができる力学的エネルギ（ひずみエネルギ）W_T（合金の単位体積あたり）は，次式で求めることができる．

$$W_T = \int_0^\varepsilon (\sigma_H - \sigma_C) d\varepsilon \tag{20}$$

ここで，σ_H，σ_C はそれぞれ加熱および冷却時の応力である．

次に，同一組成の合金（D = 3 mm）長さ L = 100 mm について，低温（293 K）ねじり→ねじれ角（せん断ひずみ）保持・加熱（363 K）→除荷サイクル[7]を与えたときのトルク—ねじれ角の関係から，1サイクルあたりに取り出せる力学的主エネルギ W_T（合金の単位体積あたり）は，次式で求めることができる．

$$W_T = \frac{4}{\pi D^2 L} \int_0^\theta (Mt_H - Mt_C) d\theta \tag{21}$$

ここで，Mt_H，Mt_C それぞれ加熱および冷却時のトルクである．

いま，ねじれ角 θ = 90°の場合について考えてみる．このときの線材表面に生じる最大せん断ひずみは γ = 2.36％であり，W_T = 1.7 × 10^{-3} J/mm³ となる．同じ力学的エネルギを引張→加熱→除荷サイクルで得ようとするなら，このときに必要なひずみは ε = 0.83％となる．この結果からみると，同じ力学的エネルギを取り出すのに必要な引張ひずみ ε とせん断ひずみ γ には大きな差があるわけではなく，ねじりが中心となるコイルばねの使用も検討に値する．特にねじりでは，線材の表面付近の熱／力学的挙動が熱エンジンの出力を支配するため，加熱／冷却サイクルを速めるためには，コイルばねを用いることが有効であると考えられる．R相変態を利用したコイルばねでは，10^4 回までの繰返しに対してほとんど機能の劣化は認められず，さらにマルテンサイト相域でも，10^4 回までの繰返しに対しての劣化はわずかである[8]．したがって，素子の形状として，コイルばねも有力な形状といえる．

さらに，線材以外，例えば薄肉のパイプを用いることも可能である．パイプの内外の両面から

第Ⅲ部　アクチュエータの設計

同時に加熱・冷却が可能であることから，加熱 / 冷却サイクルを速めることが可能であり，しかも加熱・冷却にともなう温度の不均一も解消でき，疲労の原因となる応力集中などを低減できる．ただし，パイプは線材に比べ加工費等の面でコスト高になる欠点がある．

5.2.2　素子の寸法・本数

加熱 / 冷却サイクルを速めるためには，ワイヤ（または板材），コイルばねのいずれの場合も，線材の直径が小さい（板材では薄い）ものを使用する．したがって，熱エンジンの1つの出力軸に対し多数の線材（板材）またはコイルばねを並列に設置して使うことになる．線材または板材では大きな伸びを付与できないため，初期ひずみを与える段階で線材（板材）毎のばらつきが生じ易く，それに起因するシステム全体としての疲労強度の低下を招く恐れがある．一方，コイルばねでは伸びを大きくとれるため，コイルばねごとの初期ひずみのばらつきを小さく抑えることができる．

1つの出力軸にどのような形状，寸法，本数の素子が必要となるかは，熱エンジンがどのような使われ方をするかに依存するが，エネルギ変換効率や疲労寿命の観点から最適値があるはずであり，その決定方法の構築も，熱エンジン設計上の重要な課題である．

5.2.3　素子の加熱・冷却方法

形状記憶合金の形状記憶効果を最大限に引き出すためには，加熱 / 冷却速度を速めることが重要であることは，すでに述べた通りである．加熱 / 冷却方法は，熱エンジンをどのようなシステムのなかで使うのか，熱エンジンを独立した形で設置するのか，あるいは既存のシステムやプラントの一部として組み込むのかなどによって，大きく変わる．また，加熱 / 冷却媒体（水，空気など）の選択も，こうした問題とかかわってくる．いずれの場合でも，最も効率の高い設計（熱交換器の最適設計など）およびその運転サイクルの決定が課題となる．

5.2.4　疲労寿命の改善方法

疲労寿命に及ぼす影響因子については，以下の項目が考えられている．

「切欠き」，「寸法」，「表面粗さ」，「表面硬さ」，「残留応力」，「繰返し速度」などが比較的容易に対処できる．

「切欠き」は，疲労強度を低下させるので，表面は一様形状かつ平滑にする．「寸法」は，大きいと疲労強度が低下するので，小さい寸法にするのが有効．「表面粗さ」は粗さが大きいと疲労強度が低下する．ペーパ等で表面仕上げを施すと向上する．「表面硬さ」は高周波焼入れ，浸炭，窒化等の硬化処理を施すと，疲労強度が向上する．「残留応力」は，ショットピーニング等により圧縮の残留応力を付与するのが有効であるが，ショットピーニングの処理程度によっては逆効果になる場合がある．「繰返し速度」は 2～15 Hz の範囲では，速度が速いと低寿命となる．遅い方が長寿命となる．

上記以外にも疲労強度を改善する方法はあるが，素材の製造にかかわる内容となる場合が多いため，本書では触れないこととする．製造にかかわる内容を知りたい方は，他の成書[9]等を参考

されたい.

参考文献

1) 田中喜久昭，戸伏壽昭，宮崎修一：形状記憶合金の機械的性質，養賢堂，129（1993）.

2) T. Sakuma, H. Takaku, Y. Kimura, L. B. Niu and S. Miyazaki：*MRSJ*, **26-1**, 1167（2001）.

3) 草間秀俊，佐藤和朗，一色尚次，阿武芳郎：機械工学概論，理工学社，6（1967）.

4) 佐久間俊雄，岩田宇一：電中研研究報告書，T94072（1995）.

5) 長弘基，佐久間俊雄：チタン，**61**（4）（2013）.

6) H. Mizutani, T. Sakuma, K. Wada and U. Iwata：*ICOPE-93*, 50（1993）.

7) 吉田総仁，佐久間俊雄，岩田宇一：日本機械学会第72期全国大会講演論文集（II），940-30，660（1994）.

8) 田中喜久昭，戸伏壽明，宮崎修一：形状記憶合金の機械的性質，養賢堂，135（1993）.

9) 例えば，宮崎修一，佐久間俊雄，渋谷壽一：形状記憶合金の特性と応用展開，シーエムシー出版，131（2001）.

第Ⅲ部　アクチュエータの設計

第4章
形状記憶合金を利用したパイプ継手の設計

　形状記憶特性を繰返し利用するためには，すでに述べたように加熱・冷却を繰り返す必要がある．したがって，一般的には変態温度ヒステリシス（逆変態温度と変態温度との差）は小さいことが望ましく，ヒステリシスが小さくなると温度応答性が向上するとともに，小さな温度差で作動が可能となる．

　一方，温度ヒステリシスの大きいことを利用した使い方がある．変態温度と逆変態温度の中間に室温があるように合金組成や加工・熱処理等を制御すると，低温で変形した形状は室温でもその形状に留まるため，保管や運搬等においても低温保持する必要がない．そこでこれを室温以上の温度に加熱すると元の形状に回復する．

　このような使い方の1つがパイプ継手である．低温で拡管し，接合現場で加熱して接合する．使用環境温度は A_s 点以上にあるため，形状回復力が使用中常に作用する．また，M_s 点は使用環境温度より十分低いため，使用環境温度が多少変化しても形状回復力は低下せず常に作用している．このような考え方を利用したパイプ継手が，ジェット戦闘機の油圧配管に使われている．また最近では，原子力プラントの補修工事のための管と管との締結法[1][2]として採用されている．軽水炉プラントでの適用実績をみると，配管継手はドライバ（形状記憶合金）の収縮（形状回復）温度によって「加熱収縮型（Ti-Ni-Nb 系）」と「低温収縮型（Ti-Ni-Fe 系）」の2つに分類される．加熱収縮型は室温で保管・輸送が可能であり，国内のプラントにて使用実績がある．また，低温収縮型は液体窒素雰囲気で保管・輸送する必要があり，締結時の加熱が不要である．米国の原子力潜水艦，航空機の油圧配管等への使用実績がある．継手形式で分類すると，「コンポジットタイプ」と「リングドライバタイプ」に分類される（図1参照）．コンポジットタイプの配管継手は，Ti-Ni 系ドライバ，ステンレス鋼製ライナおよび被締結部材であるステンレス鋼鋼管から構成される．ステンレス鋼鋼管は，ドライバの形状記憶効果によって突起を設けたライナを介して締め付けられる．リングドライバタイプの配管継手は，環状のドライバを使用するため，継手素材の物量がコンポジットタイプよりも少なくて済む．そのため，大口径の配管継手に適しており，配管系を構成するうえで不可欠なエルボやT字管の締結にも適用できる．また，Ti-Ni 系合金よりも安価な鉄系合金[3]（Fe-Mn-Si）を継手材とする研究も行われている．

　変態温度ヒステリシスの大きい材料として，Ti-Ni-Nb 合金[4]がある．熱処理後に塑性加工すると A_s 点が上昇し，温度ヒステリシスは 423 K 以上になる．

　そこで，次項以降では Ti-Ni-Nb 合金を対象に，原子力配管の補修部材として開発したパイプ継手をベースに，変態温度に及ぼす組成，加工・熱処理の影響および継手作製にともなうさまざまな課題等について紹介し，今後の継手開発に資する情報について詳述する．

－162－

第4章 形状記憶合金を利用したパイプ継手の設計

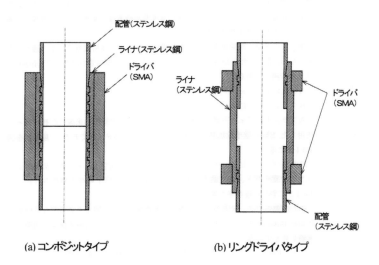

図1 継手形式

1 継手（リングタイプ）の設計・製作手順

　本項では，継手リングを設計，製作する際の手順において，重要と考えられる基本項目について述べる．

① 継手素材の選定：継手リングを製作した際に，所定の機能を発現することが重要であり，素材の選定に際しては，合金組成をどのように選定するかを判断する必要がある．そこで，実績のある Ti-Ni-Nb 合金の Ni/Ti 比や Nb 濃度を基本として，種々の候補組成を選択し，素材の変態温度，機械的特性，熱力学的特性に影響する因子（加工，熱処理，予ひずみ）を調べ，それらの特性を明らかにして適性組成候補を抽出する．

② 継手の製作：適性組成に対して，溶解しインゴットを製作する．インゴットに対して熱間プレス加工を施し，リング形成加工によりリングを製作する．得られたリングから試験片を切り出し，変態温度，等を調べ，さらに，継手使用環境を模擬した条件で時効試験を行い，熱間加工率の適正化を図る．

③ 拡管：上記の工程を経て製作されたリングの拡管を行う．ここでは，拡管時の温度や拡管寸法等を変態温度や回復応力等の特性を考慮して，拡管温度・寸法等を決定する．

④ 継手の性能検査：拡管されたリングを実際に管等に加熱・締結させ，引抜強度等を調べ，所定の性能を有しているかを評価する．

　上記に述べた内容は概略であり，製作上基本となる項目について述べた．次項以降では継手を製作する上で重要となる項目について，できるだけ詳細に，データも含めて紹介する．また，実際に継手を設計・製作する場合の参考となるよう，製作上の留意点や問題点等についても，紙面の許す範囲で記述する．

第Ⅲ部　アクチュエータの設計

2　継手素材の選定

2.1　合金組成

Ti-Ni-Nb 合金は，国内の材料メーカではほとんど製造していない．そこで，新たに同合金を高周波真空溶解法により作製した．組成は Ni/Ti = 1，Nb = 0～15 mol%，および Nb = 6 mol%，Ni/Ti = 1.025～1.1 とした．また，国内での使用実績のある継手材は米国の R 社製であるが，その組成や製造方法は全く情報開示されていない．そこで，実績材の組成等を分析した結果，実績材の組成は Ni/Ti = 1.088，Nb = 6，9 mol% であったので，これらの組成も継手素材の候補材とした．なお，実績材については国内での基本特許の登録は抹消されている．

溶解後，熱間プレス，圧延，冷間伸線の工程を経て，直径 1 mm の線材に加工した．なお，ガス分析の結果，C = 370～850 ppm，O = 210～410 ppm が認められた．冷間加工率は 10，20，30%，また，熱処理は 1173 K − 300 s の溶体化処理，673，773 K − 3.6 ks の時効処理を施した．

2.2　変態温度

Ti-Ni 合金の変態温度は，加工の有無や熱処理温度により異なることはすでに述べたが，Ni 濃度の影響を強く受ける．Ni 濃度が約 50 mol% 以下では影響をほとんど受けないが，50 mol% 以上では，Ni 濃度が 1 mol% 増加すると，変態温度は 160 K 程度低下する[5]．Ti-Ni 系合金の変態温度は，冷間加工を施すと転位が発生し，変態温度は低下する．Ti-Ni-Cu 合金では，加工率が 10% 増加すると 5～10 K 程度変態・逆変態温度が低下する[6][7]．

冷間加工と逆の効果をもたらすのが，熱処理である．Ti-Ni 系合金の場合，記憶処理は 623～773 K の温度で行われる．処理温度を高めると，加工時に導入された転位の回復や再結晶により転位密度が低下し，変態・逆変態温度が上昇する[6][7]．このように，変態温度は，合金の組成，冷間加工および熱処理温度に依存して変化する．そこで本項では，Ti-Ni-Nb 合金の変態温度に及ぼす合金組成，冷間加工および熱処理温度の影響について述べる．

2.2.1　Nb 濃度

Nb の添加量が増加すると，変態温度は Nb 濃度の増加に対して，ほぼ線形的に低下する．**図2** は，溶体化処理材における Ni/Ti = 1 の場合について，Nb 濃度と変態温度との関係を示したものである．なお，図中で，Nb = 12 mol% の変態温度の低下が大きくなっているのは，不純物 C の含有量が大きくなっていることに起因する．C が混入すると TiC の化合物[8]が生成されるため，相対的に Ni 濃度が高くなり，変態温度が低下する結果となる．

2.2.2　Ni/Ti 比

Nb 濃度が 6 mol% の場合について，Ni/Ti 比が変態温度に及ぼす影響を**図3** に示す．Ni/Ti 比が増加するにともない Ni 濃度が増大するため，変態温度はほぼ直線的に低下し，Ni/Ti = 1.1 では Ni/Ti = 1.0 に比べて 100 K 程度低下する．

−164−

第4章 形状記憶合金を利用したパイプ継手の設計

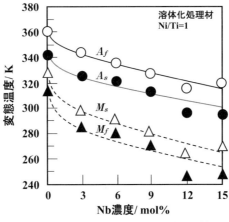

図2 変態温度に及ぼすNb濃度の影響

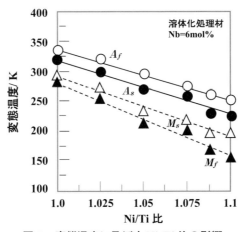

図3 変態温度に及ぼすNi/Ti比の影響

2.2.3 熱処理温度

Ni/Ti = 1.0 および Ni/Ti = 1.088 における変態温度に及ぼす熱処理温度の影響を図4に示す．ここで，熱処理は溶体化処理材に対して行ったものである．なお，M_p および A_p は，それぞれ変態および逆変態におけるピーク温度である．Ni/Ti = 1.0 の場合（図4(a)）では，Nb濃度によらず変態温度は熱処理温度の影響をほとんど受けない．一方，Ni/Ti = 1.088 の場合（図4(b)）では熱処理温度の影響が明瞭に現れる．熱処理温度 T_{HT} = 673 K の場合には変態温度は大きく低下し，T_{HT} = 773 K の場合では逆に上昇する．これは，熱処理によって生成された析出物の影響によるものと考えられる．溶体化処理材には析出物は存在しないが，673 K 程度の温度で熱処理すると，微細な析出物が高密度に生成され[9]，変態を抑制するため変態温度が低下する．熱処理温度が 773 K になると，析出物は大きく成長し，変態を抑制する効果は低下するとともに Ni 濃度が相対的に低下するため，変態温度は上昇する．

― 165 ―

第Ⅲ部　アクチュエータの設計

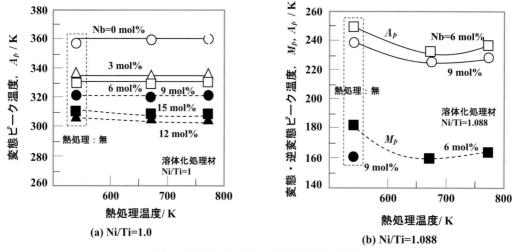

図4　変態温度に及ぼす熱処理温度の影響

2.2.4　冷間加工

Ni/Ti = 1 の場合について，変態・逆変態ピーク温度に及ぼす冷間加工率の影響を，Nb 濃度をパラメータとして図5に示す．ここで，冷間加工率 CW = 0 は，溶体化処理材である．冷間加工を施すとピーク温度はいずれも加工率の増加とともに低下する．Nb 濃度の影響についてみると，Nb を添加しない場合が最も変態・逆変態温度の低下が大きく，添加する Nb 濃度の増加にともない加工の影響が小さくなる．

一方，Ni/Ti > 1.0 の場合には，Ni/Ti 比によって変態温度に及ぼす影響が異なる．図6は，Nb = 6 mol%におけるピーク温度に及ぼす加工率の影響を，Ni/Ti 比をパラメータとして示してある．Ni/Ti > 1.05 では加工の影響が小さく，Ni/Ti = 1.088 では加工の影響がほとんど認められない．

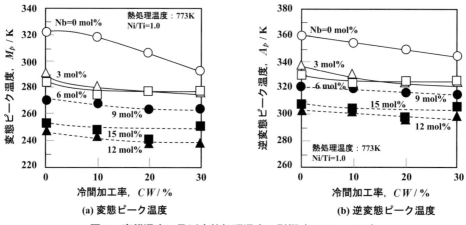

図5　変態温度に及ぼす熱処理温度の影響（Ni/Ti = 1.0）

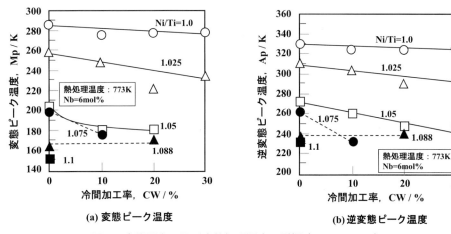

(a) 変態ピーク温度　　(b) 逆変態ピーク温度

図6　変態温度に及ぼす熱処理温度の影響（Ni/Ti > 1.0）

作製した継手を保存・管理し，使用環境下で所定の機能を発現し，それを維持するためには，継手材の変態温度は適性範囲内にある必要がある．また変態温度は，合金の組成，加工，熱処理条件等により異なる．以上の結果をまとめると以下のことがいえる．

(1) Nb濃度を増加すると，変態，逆変態温度は一様に低下し，Nb濃度が3％増加すると約10 K変態・逆変態温度が低下する．
(2) Ni/Ti比が増大すると，変態，逆変態温度は一様に低下する．
(3) 溶体化処理材においては，Ni/Ti = 1.0の場合には熱処理は変態・逆変態温度に影響しない．しかし，Ni/Ti > 1.0になると，熱処理の影響が現れる．
(4) 冷間加工は変態・逆変態温度に影響し，高加工率ほど温度低下が大きくなる．

2.3　機械的性質

継手は，形状記憶効果の機能を利用して締結を行うものである．したがって，この機能を利用するためには，あらかじめ変形（管の場合は拡管）させておく必要がある．しかし，変形量が大きくなると，通常の金属と同様に塑性変形し，形状記憶機能が喪失し，さらに大きな変形を与えると破壊する．そこで，次項以降では一定温度条件下で変形させたときの応力—ひずみ関係を調べ，継手の設計条件となる破断ひずみおよび破断応力について述べる．なお，機械的性質の試験方法は以下のように行った．

長さ70 mm，直径1 mmで直線形状に記憶処理した供試片に対して，引張，除荷を行って調べた．ひずみ速度は1.6％/minである．マルテンサイト相（M相）での引張試験は，供試片を$M_f - 30$ Kの状態に保持してマルテンサイト相に変態させ，その後加熱して$A_s - 20$ Kの一定温度下（供試片はマルテンサイト相）で行った．また母相での引張試験は，$A_f + 20$ Kの一定温度条件下で行った．

2.3.1 破断ひずみ，応力

継手リングはマルテンサイト相の状態であらかじめ所定の寸法まで変形（拡管）する必要がある．このとき材料の破断強度との関係から，変形（拡管）できる量には上限がある．また，次項以降で述べる変形にともなう変態温度との関係から，ある一定量以上に変形する必要がある．一方，継手は加熱により形状回復させ，このときに発生する形状回復力で締結力を確保する．したがって，継手は使用（高温）環境中においても，所定の強度を有している必要がある．以上のことから，継手素材に要求される機械的特性としては，マルテンサイト相における破断強度（破断ひずみおよび破断応力）と母相における破断強度（破断応力）が大きいことが望ましいことになる．

2.3.2 Nb濃度

Ni/Ti = 1.0 の場合の，溶体化処理材のマルテンサイト相における破断ひずみ ε_f・破断応力 σ_f とNb濃度との関係を図7に示す．Nb濃度の増加にともない破断ひずみ ε_f は低下し，9 mol%程度までは破断ひずみは急激に低下するが，それ以上のNb濃度では徐々に破断ひずみが低下し，Nb = 15 mol%で約15%の破断ひずみとなる．これに対し，破断応力 σ_f はNb濃度によら

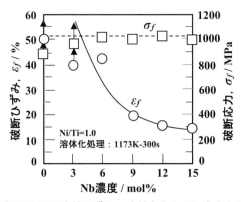

図7 マルテンサイト相における破断ひずみ・破断応力とNb濃度との関係（溶体化処理材）

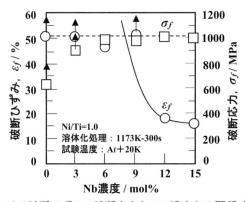

図8 母相における破断ひずみ・破断応力とNb濃度との関係（溶体化処理材）

ず，約 1000 MPa とほぼ一定であり，Nb 濃度の依存性は認められない．また，母相での破断応力は，図 8 に示すように，マルテンサイト相とほぼ同一の破断応力となり，Nb 濃度の影響はほとんど認められない．

2.3.3 Ni/Ti 比

Nb = 6 mol%，溶体化処理材のマルテンサイト相における破断ひずみ ε_f・破断応力 σ_f に及ぼす Ni/Ti 比の影響を，図 9 に示す．破断ひずみは Ni/Ti 比が 1.025 を超えると大きく低下するが，1.05 以上ではほとんど変化せず，約 20% の破断ひずみとなる．破断応力は，破断ひずみと同様に Ni/Ti 比が 1.05 を超えると低下し，Ni/Ti = 1.1 で約 700 MPa となる．

母相の Ni/Ti 比に対する破断応力の変化は，図 10 に示すようにマルテンサイト相の場合とほぼ同様である．

2.3.4 加工率

冷間加工を施すと，破断ひずみは大きく変化する．図 11 および図 12 は，Nb = 6 mol% におけるマルテンサイト相および母相の破断ひずみ・破断応力に及ぼす加工率の影響を，それぞれ示

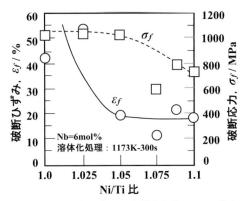

図 9 マルテンサイト相における破断ひずみ・破断応力と Ni/Ti 比との関係（溶体化処理材）

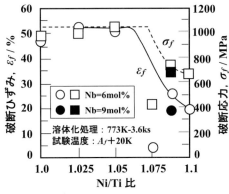

図 10 母相における破断ひずみ・破断応力と Ni/Ti 比との関係（溶体化処理材）

したものである．ここで，加工率 $CW = 0$ は，溶体化処理材である．図 11 に示すように，マルテンサイト相の破断ひずみは 10% の加工を施すと大きく低下し，さらに加工率が増大すると徐々に低下する．また，Ni/Ti 比については，有意な差は認められない．これに対し，破断応力は加工の影響がほとんど認められず，いずれの場合も 1000 MPa 以上の破断応力となる．

母相の破断応力については，図 12 に示すように，マルテンサイト相の場合と同様に加工率および Ni/Ti 比の影響は小さく，破断応力も 1000 MPa 程度となる．

以上の結果をまとめると，冷間加工を施すと破断応力はマルテンサイト相，母相いずれも 1000 MPa 程度の強度を有しているが，マルテンサイト相の破断ひずみは 20% 以下程度に低下する．また，継手を製作する場合，冷間加工を施すことは容易ではない．これらを勘案すると，継手製作においては破断強度の観点から冷間加工を施さないことが有効であるといえる．

2.4 熱力学特性

継手リングを製作した後，低温環境で拡管する．拡管用治具を取り除くとリング径は弾性回復して，拡管時の径よりも小さくなる．このときのリング径は，補修を必要とする配管等の管外径よりも，所定の寸法だけ大きくなっている必要がある．また，拡管したリングを室温環境等で保

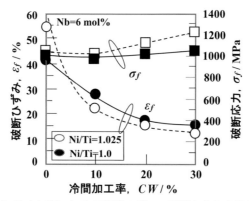

図 11 マルテンサイト相における破断ひずみ・破断応力と冷間加工率との関係

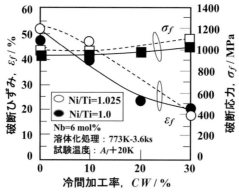

図 12 母相における破断ひずみ・破断応力と冷間加工率との関係

管する場合には，環境温度で形状記憶効果により形状回復しないことが要求される．さらに，継手を実際に補修部位に取り付けて加熱したときに，所定の締結力（回復力）を有し，締結部位の環境温度が変化（低下）しても所定の締結力を有していなければならない．

継手には以上のような種々の条件を満たす必要があるが，弾性回復量，回復力や形状回復を左右する変態温度は，合金組成および継手の変形量（拡管量）に依存して変化する．そこで次項以降では，Ni/Ti = 1.088，Nb = 6.9 mol%を対象に，拡管量に対応するひずみと弾性回復量，回復応力および変態温度との関係を明らかにする．

2.4.1 試験方法

熱力学特性を調べる試験は，図13(a)に示す方法で行う．マルテンサイト相の状態にある試験片をO→Aまで負荷し，所定のひずみ（予ひずみ）でA→Bに除荷する．Aにおけるひずみとにおけるひずみとの差が，弾性回復量となる．次に，Bにおいてひずみを拘束して加熱し，A_f点以上の温度に達したのち，M_s点以下の温度に達するまで降温する．この昇温，降温過程では，ひずみは拘束された状態にある．図13(b)に，昇温，降温過程での応力－温度関係を示す．除荷により応力ゼロの状態にある試験片を加熱すると，温度がA_s点までは，応力の変化はない．温度がA_s点を超えると応力が増大し，A_f点を超えると一定となり，それ以上加熱しても増加しない．A_f点以上の温度域から降温するとM_s点までは応力の変化はなく，さらに降温すると低下する．このような昇温，降温試験により予ひずみに対する変態温度A_s点，A_f点およびM_s点を，それぞれ調べる．試験片（線材）の寸法は，直径1 mm，長さ70 mmであり，組成はNi/Ti = 1.088，Nb = 6.9 mol%，1173 K － 300 sで溶体化処理してある．

2.4.2 弾性回復ひずみ

継手リングを拡管したときに，弾性的に回復する量が拡管量に対してどの程度になるかは，リング内径を決めるうえで把握しておく必要がある．溶体化処理材の予ひずみに対する弾性回復ひずみの変化を図14[10]に示す．弾性回復ひずみは，予ひずみの増大とともに増加し，予ひずみ10%で約2%が弾性回復し，15%では10%の2倍近く弾性回復する．また，Nb濃度による差異

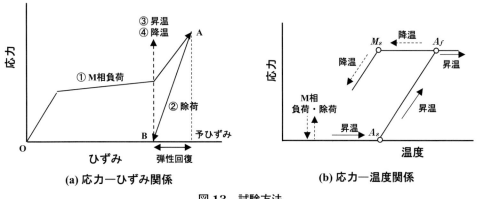

図13 試験方法

第Ⅲ部　アクチュエータの設計

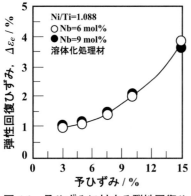

図14　予ひずみに対する弾性回復ひずみの変化

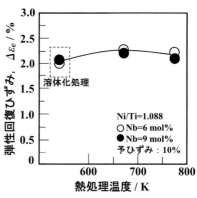

図15　弾性回復ひずみに及ぼす熱処理温度の影響

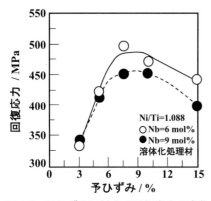

図16　予ひずみに対する回復応力の変化

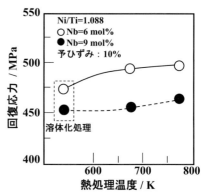

図17　回復応力に及ぼす熱処理温度の影響

はほとんど認められない．継手素材の熱処理の影響についてみると，図15[10]に示すように，熱処理温度の影響はほとんど認められず，また，Nb濃度による差異も認められない．

2.4.3　回復応力

継手リングは，形状回復力によって部材（配管など）を締結する．このため形状回復力は，引抜強さ以上など所定の締結力（回復力）が必要となる．溶体化処理材の予ひずみに対する回復応力の変化を，図16[10]に示す．回復力は，予ひずみに対して極大値を示す変化を呈し，予ひずみが9％前後で最大となり，450～500 MPaの回復力が発生する．9％程度以上の予ひずみを付与すると回復力が低下するが，大きなひずみを付与すると塑性変形により加熱後に形状回復するひずみが低下するため，回復力が低下するものと考えられる．

次に，熱処理温度の影響についてみることにする．図17[10]は，予ひずみ10％における回復応力に及ぼす熱処理温度の影響を示したものである．溶体化処理に比べ熱処理を施すと，回復応力はわずかに増大する．溶体化処理材には析出物は存在しないが，熱処理を施した場合には析出物

が生成される．回復応力を発生させる昇温過程では，マルテンサイト相から母相へと逆変態が進行する．このときの変態ひずみにより内部応力場が変化し，その結果として回復応力が増大するものと考えられる．

2.4.4 変態温度
(1) 予ひずみ

試料を冷却してマルテンサイト相にすると，自己調整機能によりマルテンサイト相中に弾性ひずみエネルギが蓄えられる．マルテンサイト相中に蓄えられた弾性ひずみエネルギは，逆変態を助長する効果があるため，逆変態温度は低下し，その結果変態温度も低下する．しかし，蓄えられた弾性ひずみエネルギが，すべり変形等により解放されると，変態温度は逆に上昇[4]する．

図18[10]は，予ひずみに対する変態温度の変化を示したものである．予ひずみの増加にともない，すべり変形が導入されて弾性ひずみエネルギが解放され，変態温度が上昇する．継手リングの保存・管理温度の余裕をみて313 K（40 ℃），継手リングを含む機器・プラント等が停止し，環境温度が273 K（0 ℃）になったと仮定すると，10%以上のひずみに相当する量だけ拡管する

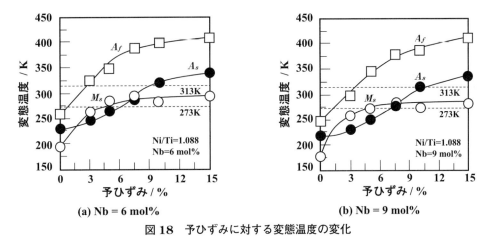

図18 予ひずみに対する変態温度の変化

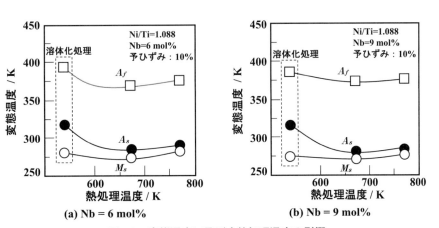

図19 変態温度に及ぼす熱処理温度の影響

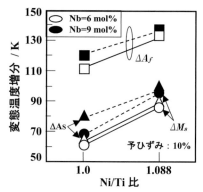

図20　変態温度上昇分とNi/Ti比との関係

必要がある．

(2) 熱処理温度

図19[10]は，予ひずみ10%における熱処理温度にともなう変態温度の変化を示したものである．溶体化処理材に比べて，熱処理を施すと変態温度は低下する．変態温度に及ぼす熱処理の影響は，すでに述べたように，析出物の生成による．

ここで注目すべき変化は，M_s点とA_s点にある．同図の(a)および(b)に示すように，M_s点に及ぼす熱処理温度の影響は小さい．これに対しA_s点については，熱処理を施すことにより，30〜40 K低下させることができる．したがって，適性組成を検討する場合，継手リングに要求されるM_s点およびA_s点の調整に，熱処理の効果を利用できる．

(3) Ni/Ti比

図20に，予ひずみ10%，Nb濃度6および9 mol%における，変態温度増分とNi/Ti比との関係を示す．Ni/Ti比が大きいほど，予ひずみに対する変態温度の上昇は増大する．また，Nb濃度についても同様に，濃度が高いほど変態温度の上昇は増大する．これは，Nbリッチ相での転位が，変態温度上昇に寄与しているものと考えられる．

Ni/Ti = 1.0の場合，M_s点は60 K以上，A_s点は65〜100 K上昇し，Ni/Ti = 1.088の場合では，それぞれ85〜100 K上昇する．したがって，実績組成以外の適性組成を検討する場合には，Ni/Ti比およびNb濃度による変態温度の上昇分を考慮して選定する必要がある．さらに，変態温度の変化は予ひずみにも依存するため，数種類の組成を選定して予ひずみ量に対する変化を調べ，適性組成を決定する必要がある．

3　継手の製作

3.1　熱間加工

継手素材の選定における各種の試験結果から，Ni/Ti = 1.088，Nb = 6 mol%，9 mol%および12 mol%を作製する．

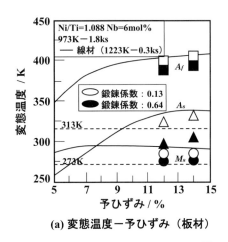
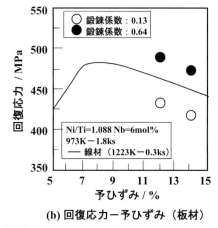

(a) 変態温度－予ひずみ（板材）　　(b) 回復応力－予ひずみ（板材）

図21　鍛造条件の影響

溶解は高周波真空溶解炉にて行い，インゴットを作製する．次に，インゴットを1173 K以上に加熱し，熱間プレス加工を行う．加工性は，Ni/Ti比およびNb濃度に関係なく良好である．加工材から試験片を切り出し，1173 Kで300秒の溶体化処理を行い，変態温度をDSCにより測定する．測定は，JIS H7101に準拠した方法で行った．ここで注意すべきは，熱間加工率が小さいと，DSCによる変態温度測定において明確なピークが認められないことである．熱間加工率を36～87%で行った結果，75%以上に高める必要があることがわかった．

3.1.1　鍛造条件

Ni/Ti = 1.088，Nb = 6 mol%（熱処理温度973 K）における変態温度に及ぼす鍛造条件の影響を，予ひずみとの関係で図21（a）に示す．なお同図には，線材でのデータ（図中の曲線）を参考として示してある．M_s点およびA_f点については，鍛錬係数による有意な差は認められない．しかしA_s点で比較してみると，鍛錬係数が0.13の場合は線材の結果とほぼ同等であるが，鍛錬係数が0.64の場合には，約300 Kと前者よりも低い．このことはリング拡管後において，室温近傍にて形状が不安定であることを示している．一方，回復応力については図21（b）に示すように，鍛錬係数0.64の方が係数0.13より高い値を示している．

以上の結果より，回復応力は鍛錬係数が0.64の方が高いものの，A_s点が低く，室温近傍で形状変化が生じる可能性があり，実用上の適性は劣る．したがって，鍛錬係数としては0.13が優れている．そこで，以降では鍛錬係数を0.13として熱間加工を定める．

3.1.2　熱処理条件

Ni/Ti = 1.088，Nb = 6 mol%（鍛錬係数0.13）における熱処理条件の影響について，破断ひずみと破断応力との関係を，図22に示す．熱処理温度で比較すると，1173 Kに比べて973 Kの方が，破断ひずみ，破断応力のいずれも高い値を示す．また，熱処理温度973 Kにおける熱処理時間を比較すると，処理時間が長い方が熱処理温度と同様に，破断ひずみ，破断応力のいずれも高

第Ⅲ部　アクチュエータの設計

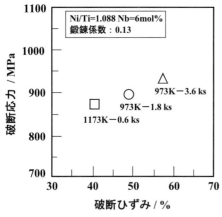

図22　破断応力と破断ひずみとの関係（板材）

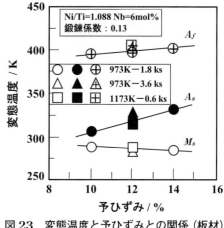

図23　変態温度と予ひずみとの関係（板材）

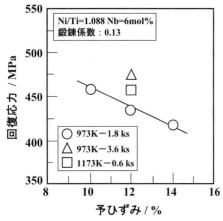

図24　回復応力と予ひずみとの関係（板材）

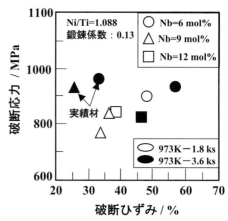

図25　破断応力と破断ひずみとの関係（板材）

い値を示す．この結果から，熱処理温度は973 K，熱処理時間は3.6 ksとすることが，機械的特性に優れる．また，リング拡管（約12％）の観点からも，熱処理温度973 Kで約50％以上の破断ひずみを有しており，継手リングの特性として適合できるものと考えられる．

次に，変態温度と予ひずみとの関係を，**図23**に示す．各変態温度には，熱処理温度・時間の影響はほとんどない．回復応力と予ひずみとの関係を，**図24**に示す．予ひずみ12％で比較すると，熱処理温度・時間は，973 K―3.6 ksの条件が最も高い回復応力を示す．

3.2　特性評価
3.2.1　機械的特性

Ni/Ti = 1.088，Nb = 6，9，12 mol％における破断応力と破断ひずみとの関係を，**図25**に示す．破断応力と破断ひずみを比較すると，Nb = 9 mol％，12 mol％，6 mol％の順に大きくなる．また，実績材と比較すると，破断応力は950 MPaと比較的大きいが，破断ひずみは30％程

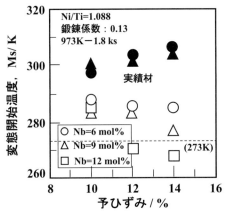
図26 変態開始温度と予ひずみとの関係（板材）

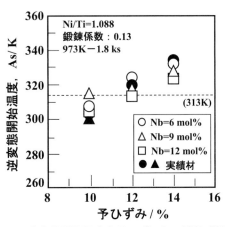
図27 逆変態開始温度と予ひずみとの関係（板材）

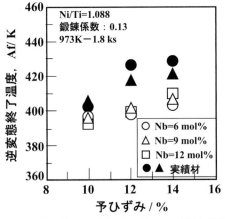
図28 逆変態終了温度と予ひずみとの関係（板材）

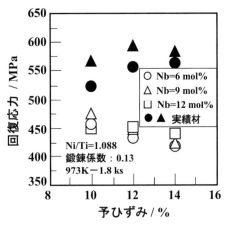
図29 回復応力と予ひずみとの関係（板材）

度と小さい．以上の結果から，採用した組成である Ni/Ti = 1.088，Nb = 6，9，12 mol％は実績材と同程度の機械的特性を有しているといえる．

3.2.2 変態温度，回復応力

継手リングの変態温度としては，下記の項目を満足させる必要がある．

① 継手の形状（寸法）安定性の観点から，M_s 点は 273 K 以下，A_s 点は 313 K 以上．
② A_f 点は継手の締結が完了する温度であり，必要以上に高くなければ（加熱用熱源の温度）実用上問題ない．
③ 回復応力は，継手の締結性に直結するものであり，大きいことが望ましいが，必要以上に大きくする必要はない．

以上の観点からそれぞれの変態温度をみると，図26 に示すように，M_s 点は実績材よりも低く，273 K に近い値である．A_s 点については，予ひずみの増大とともに上昇し，実績材とほぼ同

第Ⅲ部　アクチュエータの設計

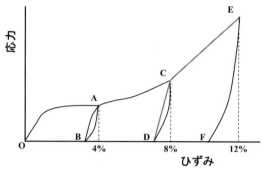

図30　拡管時の応力—ひずみ関係の模式図

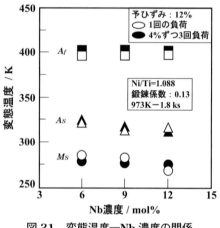

図31　変態温度—Nb濃度の関係

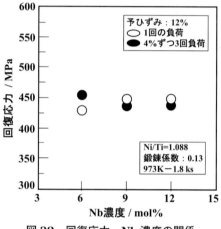

図32　回復応力—Nb濃度の関係

等の値を示す（図27参照）．また，予ひずみが12%以上では，313 K以上となる．次に，A_f点については図28に示すように，実績材よりも低いがいずれも373 K以上であり，実用上問題ないと考えられる．

締結力に関与する回復応力については，本溶解材は実績材より100〜130 MPa低いが，いずれも400 MPa以上（図29参照）であり，実用上問題ないと考えられるが，継手の性能評価において施工試験や引抜試験等で確認する必要がある．

以上の結果から，本溶解材は実績材と同等の特性を有していることが確認できる．

3.2.3　繰返し特性

継手リングの拡管は，1度では所定の寸法まで拡管できない場合がある（拡管量が大きいと拡管時に破断する場合がある）ため，数回に分けて拡管することが想定される．そこで，所定の寸法まで3回の拡管で行った場合について，変態温度および回復応力に及ぼす影響を調べた．図30は，3回の拡管を行う場合の応力とひずみの関係を模式的に示したものである．図31および図32は，変態温度および回復応力とNb濃度との関係を，それぞれ示したものである．1回の拡管で所定の寸法まで拡管（O→F）した場合と，3回の拡管（1回め：O→A→B，2回め：

B→C→D, 3回め：D→E→F) で所定の寸法まで拡管した場合を比較すると，変態温度および回復応力のいずれも，両者には有意な差は認められず，拡管工程数の差異はないものと考えられる．この結果は，継手リングの拡管方法や条件を選択するうえでの裕度を広げるものである．

3.3 時効処理

実機使用環境中での継手リングの性能・信頼性を評価するために，長時間使用環境中 (高温水中) に晒されたリング材の熱・力学特性を調べ，継手材の機能特性に及ぼす時効時間の影響を調べた．なお比較のために，同使用温度での窒素雰囲気中で，50 および 100 時間の時効処理を行った．時効処理をする試験片は，熱間鍛造後の丸棒からワイヤカットによりダンベル形に成形し，表面研磨後 973 K，3.6 ks の熱処理後，水中急冷した．

3.3.1 合金組織

SEM 観察および EPMA による組成分析を行った結果，時効前の試料において Ti-Ni マトリックス，Nb リッチ相および Ti リッチ相が存在していたが，時効処理後，マトリックスの組成が変化していることがわかった．**図 33**[12] に，マトリックスの Ni/Ti 比と時効時間との関係を示す．短時間の時効処理で Ni/Ti 比は増加し，時効時間の増加にともないその変化は緩やかとなる．Ti-Ni-Nb 合金に対する時効処理 (573〜773 K) により，マルテンサイト変態温度が低下することが報告されている[11]．その原因は，時効によるマトリックス濃度の変化，すなわち Ni/Ti 比が増加することであるとされている．これらの結果から，本時効処理においては時効時間の増加にともない変態温度が低下することが想定される．また，析出した Ti リッチ相は脆く，また Nb リッチ相の凝集にともなう粒径の粗大化が認められることから，時効により機械的強度の低下が推測される．そこで次項では，時効にともなう変態温度の変化および機械的強度について検討する．

3.3.2 変態温度

析出物が形成される温度 (873 K) 以上の温度で時効処理しても，変態温度は変化しない[9]．しかし，この温度以下の温度で時効処理すると，変態温度が変化する．時効による変態温度の変化は，2 つの原因が考えられる．まず 1 つめとして，析出物が形成されると，変態時のひずみ発生に対して析出物が抵抗となり，応力場が形成される．この応力場は変態を抑える効果がある．したがって，変態するためにはより大きな駆動力，すなわち過冷却が必要となり，変態温度は低下する．もう 1 つの原因は，析出物の形成と成長が進行することにより，Ti-Ni マトリックス中の Ni 濃度が変化し，Ni 濃度が低下すれば変態温度は上昇し，逆に Ni 濃度が増加すれば変態温度が低下する．**図 34**[12] は，使用環境温度 (561 K) における水中および窒素ガス雰囲気中での，時効処理時間にともなう変態温度 (M_s 点) の変化を示したものである．時効後の短時間で変態温度は大きく低下するが，その後は長時間の時効処理に対して，変態温度はほとんど変化しない．こうした変化は Nb 濃度によらず，ほぼ同様である[12]．時効時間に対する変態温度の変化は，Ni/Ti 比の時効時間に対する変化 (図 33 参照) と酷似している．したがって，本時効処理により変態温度が低下した理由は，析出物による応力場の形成に起因するものではなく，Ti リッチ相の

第Ⅲ部　アクチュエータの設計

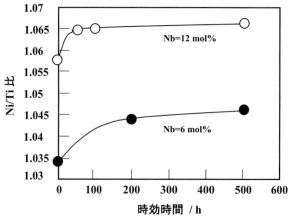

図33　時効時間にともなう Ni/Ti 比の変化

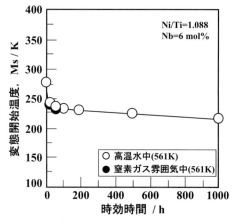

図34　時効時間にともなう M_s 点の変化

形成・成長により，Ti-Ni マトリックス中の Ni 濃度が相対的に増加した結果によるものである．変態温度の低下は，継手の性能保持の観点からは好都合であり，使用環境温度が何らかの理由で極端に低下しても，締結力を確保するうえで十分な変態温度となっている．

3.3.3　回復応力

　形状回復力は，冷間加工の影響を受け，高加工率ほど大きくなる．また溶体化処理した材料では，析出物の形成が影響する．微細な析出物が形成されるとすべりの臨界応力が高くなり，母相が強化され形状回復力が増大する．しかし，過熱などにより結晶粒が粗大化すると，すべり応力は低下する．時効時間に対する回復応力の変化を図35[12]に示す．回復応力は，時効時間の増加にともない緩やかに増大するが，約500時間以上の時効時間となると，逆に緩やかに低下する傾向を示す．すでに述べたように，時効により Ti リッチの析出物が形成され，時効時間の増加にともない微増する．しかし，時効時間の増加にともない Nb リッチ相が凝集して，粒径の粗大化が生じる．時効時間の変化に対する回復応力は時効による析出物の形成と成長，および粒径の粗

－180－

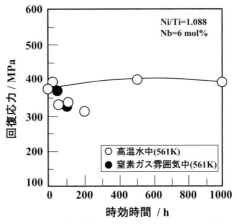

図35 時効時間にともなう回復応力の変化

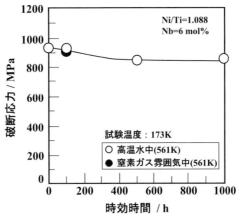

図36 時効時間にともなう破断応力の変化

大化に対応した変化を呈する．

3.3.4 機械的性質

　時効時間の増大にともない，脆い析出相（(Ti,Nb)$_2$Ni）が生成される．析出量はNi/Ti比の時効時間にともなう変化から推定されるように，数十時間～百時間程度を経過した以降での変化は小さくなる．さらに，Nbリッチ相の凝集による粒径の粗大化が認められる．したがって，継手素材の機械的強度は時効時間初期において低下し，その後はほぼ一定の強度を維持する傾向を呈する．図36[12]は，時効時間に対する破断応力の変化を示したものである．500時間以降での破断応力はほとんど変化せず，約850MPa以上の強度を有している．破断伸びについても破断応力と同様な変化を呈し，約500時間までは破断伸びは低下するが，それ以降の変化はほとんどなく，約40%の破断伸び[12]となる．

第III部　アクチュエータの設計

4　拡　管

　拡管は，テーパ付き中子の押込みにより行った．拡管装置は，油圧ポンプ，天板，中子取付チャック，テーパ付き中子，支柱，冷却層，継手リング支持ステージ，底板等で構成されている（図は省略）．油圧ポンプは，中子取付けチャックを介してテーパ付き中子を上下させてリングを拡管する駆動力となっている．また，拡管時の反力を板厚の厚い天板，底板および支柱により支える構造となっている．

　継手リングの変態温度が低いことから，リングを冷却層（温度 203 K）中で拡管するため，冷却層はエタノールとドライアイスで低温保持する．また，中子取付けチャック部はテーパ付き中子を固定する機能を有し，拡管時のリング中心と中子との芯ずれを防止する．事前の拡管試験の結果，拡管では，以下の点に留意した装置とする．

① 軸ぶれを防止する対策が必要→中子の取付けはチャッキング方式
② 軸ぶれ防止→防止用サポート版の設置
③ 装置の剛性を高める→天板を厚くする
④ 中子押込み用の油圧制御→バルブによる油圧量調整方式とし，半自動化（中子挿入速度：4 mm/min）
⑤ 押込み圧力，変位量の表示
　　さらに，リングの拡管においては次のことが重要である．
⑥ リング表面近傍にキズ，空孔等の欠陥がないこと．欠陥があると，拡管時にリングが竹を割ったように破壊する．
⑦ リングにかかる負荷を低減する必要がある→中子の前部テーパに加え，平行部および逆テーパ部を付与し（中子テーパ角度：1°以下），拡管後中子がリングを通り抜ける構造とするのがよい．

　上記に述べた留意点を考慮して拡管装置の製作を行い，拡管条件，変位制御，荷重制御等を管理し拡管を行う．拡管後のリングに対して，以下の項目を検査・評価する．

① 拡管率の測定
② PT 検査
③ リング形状回復量の測定

5　性能検査

5.1　継手施工性の確認試験

　継手の施工は，まず SUS 製のスリーブを 2 つのリング内に装着して，カップリングを作製．そののち，カップリングの両側から SUS 製配管をスリーブ内に挿入し，363 K の湯中で 10 分間加熱して，リングを形状回復させ締結する．このときスリーブは，リングの収縮により変形し締結されていることが，目視観察により確認する．そののち，使用環境温度（561 K）の恒温槽中で 1 時間加熱し，完全に締結する．

5.2 引抜試験

引抜試験は,室温および使用環境温度(561 K)での大気中で行う.カップリングと配管の間にクリップゲージを取り付け,引抜強度を測定する.室温環境における試験では,引張荷重は約 0.1 mm から増加し,変位約 1 mm で 120 kN,その後変位が増加すると配管に食込んだスリーブの突起がすべり,ずれを生じたために荷重は一時的に低下するが,変位が 4 mm までは徐々に荷重は増大し,最大荷重約 160 kN に達し,その後は減少傾向となり,変位が約 45 mm で,配管はカップリングから完全に離脱して荷重ゼロとなった.使用環境温度における試験では,室温での試験とほぼ同様な傾向を示し,変位約 15 mm で最大荷重約 210 kN に達し,変位 45 mm で,配管はカップリングから完全に離脱して荷重ゼロとなった.引抜試験の結果,室温よりも使用環境温度の方が最大引抜荷重が高い値を示した.これは,材料による線膨張係数の違いが原因として考えられる.リング(形状記憶合金)の線膨張係数が,スリーブおよび配管の材料であるステ

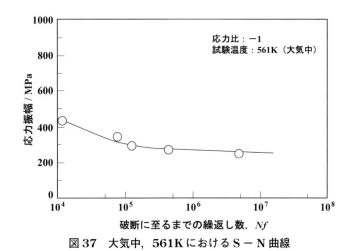

図 37 大気中,561K における S－N 曲線

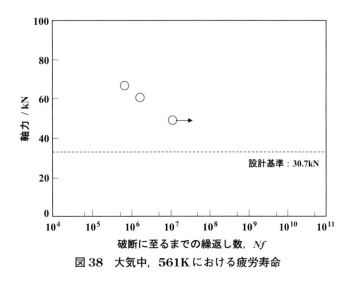

図 38 大気中,561K における疲労寿命

第Ⅲ部　アクチュエータの設計

ンレス鋼の線膨張係数よりも小さいため，温度が上昇することにより，リングがスリーブおよび配管の膨張を拘束し，室温状態よりも高い締結力が発生したものと考えられる．また，すべりが生じ始めると考えられる荷重は，いずれも設計基準を上回る（4倍以上）結果であった．

5.3　疲労試験

使用環境温度（561 K）における大気中での疲労試験を行い，高サイクル領域（$10^4 < N_f < 10^7$）における疲労寿命曲線を求める（**図 37** 参照）．試験方法および条件は，荷重制御，負荷速度：1〜10 Hz，波形：サイン波，応力比：-1，試験温度：561 K，環境：大気中である．カップリング部の温度は，試験温度の±2 K以内になるよう調整する．負荷速度は，応力振幅に応じて3〜10 Hzの範囲で調整し，試験体が破断するかまたはカップリングが配管からずれるまで行う．また，未破断の場合は 10^7 回まで行い，試験モードは軸力での疲労試験とする．その結果，10^6 回前後で配管部およびスリーブでの破断が認められたが（**図 38** 参照），10^7 回の疲労強度は 50 kN 程度と推定できる．

参考文献

1) 服部成雄：形状記憶合金の強度と破壊に関する調査研究分科会，報告書，日本機械学会，330（2000）．

2) 小山田修，天野和雄，榎本邦夫，茂中尚登，松本純，朝田泰英：日本機械学会論文集，A編，64-622, 1667（1998）．

3) 大塚広明，棚橋浩之，丸山忠克，村上雅人，山田寛之：まてりあ **37**（4）283（1998）．

4) M. Piao, K. Otsuka, S. Miyazaki and H. Horikawa : *Mater. Trans.*, JIM, **34**, 919（1993）．

5) 宮崎修一，佐久間俊雄，渋谷壽一編：形状記憶合金の特性と応用展開，シーエムシー出版，10（2001）．

6) T. Sakuma, S. Miyazaki, M. Hosogi and N. Okabe : *MRSJ,* **26**-1, 153（2001）．

7) 細木真保，岡部永年，佐久間俊雄，宮崎修一：材料，**51**-1, 48（2002）．

8) 船久保熙康 編：形状記憶合金，養賢堂，74（1986）．

9) 田中喜久昭，戸伏壽昭，宮崎修一：形状記憶合金の機械的性質，養賢堂，25（1993）．

10) K. Uchida, N. Shigenaka, T. Sakuma, Y. Sutou and K. Yamauchi : *Materials Transactions*, **49**（7）, 1650（2008）．

11) Y. Zheng, W. Cai, Y. Wang, Y. Luo and L. C. Zhao : *J. Mater. Sci. Technol.*, **14**, 37（1998）．

12) T. Yamamoto, T. Sakuma, K. Uchida, Y. Sutou and K. Yamauchi : *Mater. Trans.* **48**（3）439（2007）．

第Ⅳ部

アクチュエータ・センサの設計マニュアル

竹田　悠二

はじめに
第1章　位置制御システム
第2章　1本の形状記憶合金線で
　　　　温度とひずみを検知するセンサ
第3章　超弾性SMAをセンサとして使う方法
第4章　マクロ的ひずみセンサ

はじめに

　第Ⅰ部の形状記憶合金の特性では，形状記憶合金の基本的な性質，所定の機能を発現させるための加工・熱処理方法および同合金の変態・変形挙動を評価する試験方法等について述べ，また第Ⅱ部では形状記憶合金の変態・変形挙動に関するシミュレーション手法について述べ，アクチュエータ・センサシステムを設計する際の基本情報を取得する手法について述べた．さらに第Ⅲ部では，アクチュエータを設計・製作する上での基本的な考え方を述べるとともに，流体加熱（温水，過熱蒸気等），冷却（水等）によるアクチュエータの設計・製作手順および留意点等について述べた．

　第Ⅳ部では，アクチュエータ・センサシステムについて形状記憶合金に関する十分な情報（知識）がなくてもシステムが試作できるように，設計マニュアル的に記述してある．このために，システムの基本となる制御方法については，制御回路（抵抗値等の数値情報を可能な限り表記してある）を提示し，システムを試作する際にそのまま流用できるように記述した．

第IV部　アクチュエータ・センサの設計マニュアル

第1章
位置制御システム

　本章は，形状記憶合金（以下，SMA）材に通電加熱を初めてトライ，あるいは通電加熱で
SMAアクチュエータを任意の位置自動制御をしたい読者を対象としている．

1　一方向性と二方向性の形状記憶合金の相違点について

　SMAは組成，加工・熱処理によって変態・変形挙動が異なることを，第I部で述べた．また
成形形状（ワイヤ，コイル，プレート，リボン材等）によっては，通電式アクチュエータとして
不向きなものがある．本章では，SMAの形状はアクチュエータとして，位置および力の制御に
適切なワイヤについて述べる．

　SMAを記憶処理すると，加熱により記憶処理時の形状に戻る一方向性と，SMAに特殊な処理
（第I部第2章参照）を施すことにより，二方向（記憶処理時の形状と低温時に変形した形状を記
憶）の挙動，すなわち加熱時には記憶処理形状に，また，冷却時には低温で変形した形状に，そ
れぞれ形状回復する．

　以上の形状回復の様子を図で示すと，一方向性とは**図1**に示すように，室温（通電OFFの状
態）で無負荷（SMAに予変形を付与しない）の状態では，通電加熱しても形状は変化しない．こ
れに対し，引張ばね等で負荷をかけた状態（予変形を付与）で通電加熱すると，**図2**に示すよう
に形状回復（収縮）する．

　一方，二方向性は**図3**のように常温（通電OFFで冷めた状態）でバイアスばねなしで通電加
熱すると，ワイヤは形状回復（収縮）する．通電OFFで冷却すると初期の形状（長さ）に戻る
が，弛んだ状態となる場合がある．

　図4は，弛まない程度に引張りばねでテンションをかけた状態で加熱すると形状回復（収縮）
し，通電OFFで冷却すると元の長さに戻る．

　以上の説明から，引張ばねを連結した場合には一方向性（予変形を付与），二方向性にかかわ
らず加熱すれば縮み，冷めれば伸びる挙動自体に違いはない．しかし，図1，図2の引張りばね
には大きな違いがある．一方向性では，冷えた状態のSMAワイヤに引張ばね等で予変形を付与
する必要がある．これに対し，二方向性ワイヤの場合には弛まない程度に引張る作用のみである．

　一方向性の引張りばねは予変形を与える（予ひずみ）ためのばねであり，加熱時には，ばねの
力が倍増する．SMAワイヤに対しては，負荷が2倍になる．したがって，一方向性を使う場合
は，引張りばねを錘に換えれば定荷重になるため，縮んだ時の負荷は一定となる．（ばねでも，
定トルクゼンマイばねを使えば定荷重になる）．いずれにしても一方向性SMAワイヤには，常
に負荷がかかった状態となる．

－188－

第1章 位置制御システム

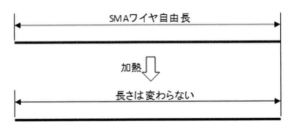

図1　一方向性を予ひずみ無しで加熱

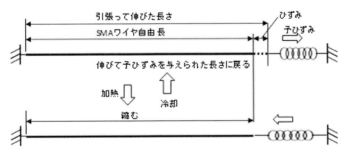

図2　一方向性に予ひずみを与えて加熱・冷却

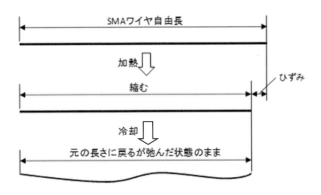

図3　バイアスばね無しで加熱・冷却したとき

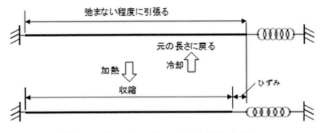

図4　ばねでテンションをかけたとき

第Ⅳ部　アクチュエータ・センサの設計マニュアル

　二方向性の引張りばねは，一般的に「バイアスばね」と呼ばれている（電気設計者には，「バイアス」というと入力信号に対して基準値を付加するという観点から，違和感がある表現であり，バイアスばねというより「補助ばね」，あるいは「アシストばね」と称した方がよいかもしれない）．二方向性SMAワイヤは，加熱による形状回復（縮む）時に大きな力を発生するが，冷えて低温時に記憶した形状に戻る力は非常に小さい．このため，「バイアスばね」は直線状に初期の長さに戻すために必要となる．「バイアスばね」も当然ワイヤの負荷になるが，一方向性に比べれば微小負荷といえる．

　したがって，通電アクチュエータとして方向性を選ぶとすれば，二方向性ワイヤを選択するのがよい．冷却時にも相応の力を発生させようとする，SMAに関するさまざまな研究・開発が行われてきたが，現状ではこのような特性を有するSMAの開発は，非常に困難な状況にある．

2　抵抗値とひずみとの関係

　SMAの抵抗値は，第Ⅰ部第5章で述べたように相状態（マルテンサイトまたは母相）や加工・熱処理によって異なる．抵抗値は，オーステナイト相（母相）に比べてマルテンサイト相の方が大きくなる．SMAワイヤは通電加熱で形状回復（収縮）し，室温時の長さより短くなり抵抗値は小さくなる．これは，通電加熱して形状回復させると，ワイヤ長が短くなるのに加えて，ワイヤ内の母相の割合が増加するため，抵抗値が小さくなるからである．したがって，抵抗値とひずみの関係は，図5に示すように，回復ひずみの増加にともない抵抗値が減少する．バイアスばねが変荷重でも定荷重でも，その特性に変わりはないが，変荷重ばねの場合には，室温時の荷重が小さいと戻る位置が不安定になりやすい．定荷重ばね（定トルクゼンマイばねもしくは錘）の方が戻り位置は安定するが，機構面を考慮すると，バイアスばねには通常変荷重ばね（引張りばね）を使用する．

　抵抗値とひずみの関係は，図5に示すように非線形となる．線形にならない理由は，導体の抵抗 R 〔Ω〕は長さ L 〔m〕に比例し，断面積 A 〔m^2〕に反比例し，次式で表わされる．

$$R = \rho \times (L/A) \tag{1}$$

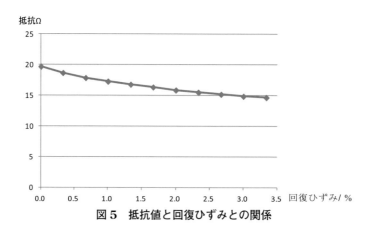

図5　抵抗値と回復ひずみとの関係

ρ はその物質の抵抗率（resistivity $[\Omega \mathrm{m}]$）で，物質に固有な値で材質と温度で決まる．この ρ が温度変化に対して非線形となるため，抵抗値は非線形となる．

図5は，組成が3元（Ti-Ni-Cu）で，$\phi 0.15 \times 300\,\mathrm{mm}$ の SMA ワイヤを 10 mm まで形状回復（収縮）したときの抵抗値［Ω］と，回復ひずみ［%］との関係を示したものである．ひずみは 0～3.3％で，抵抗値は 19.67 Ω～14.66 Ω と約 5 Ω 変化する．

3　SMA ワイヤを用いたアクチュエータの位置決め制御方式

SMA ワイヤをアクチュエータとして使うメリットは，位置検知用のセンサが不要，すなわちセンサレスでパワーレシオ（重量比）が大きいことである．しかしデメリットも多々ある．通電 ON で加熱すれば形状回復し，通電 OFF すれば自然冷却で元の長さに戻るが，戻るときには力の発生が微小であるため，前述したようにバイアスばねで引張る必要がある．応答性は加熱時の電流の大小で制御できるが，冷却は自然冷却のため環境温度に依存する．特に線径が小さい場合には，環境温度の変化に影響されるため注意が必要である．メリットとデメリットを勘案して，目的の SMA アクチュエータを設計する必要がある．

SMA アクチュエータの位置制御方法を理解する前に，まず SMA ワイヤを通電加熱して伸縮することを実感し，この伸縮を任意の位置に止めることができれば「SMA アクチュエータをサーボ化」できることになる．

3.1　通電加熱の基本

図6に示すように，二方向性ワイヤの一方を固定し，他方をバイアスばねに連結した状態でスイッチを ON にすると，SMA ワイヤに電圧を印加し，電流を t 時間流すと，ジュール熱 W［J］$= I^2 \times V \times t$ で加熱されて形状回復（収縮）する．通電 OFF で自然冷却によるバイアスばねの力により，元の形状に戻る（同図では電源が直流であるが，もちろん交流でもよい）．ワイヤの室温時の長さを L，加熱による回復量を ΔL とすると，ひずみ［%］$= (\Delta L / L) \times 100$ となる．

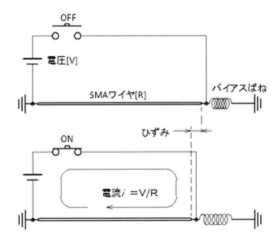

図6　通電加熱の基本 1

第IV部　アクチュエータ・センサの設計マニュアル

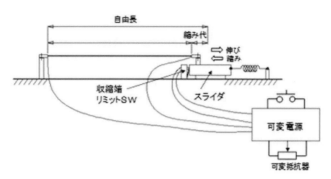

図7　通電加熱の基本2

通常二方向性ワイヤのひずみは3～5%程度であるが，実用上は4%くらいで使用するのがよい．

図6に示した基本回路を作製し，実際に押しボタンでON／OFFをして伸縮させてみると，意外と難しい．印加電圧が高すぎたり，スイッチを押している（通電）時間が長いと，異常加熱により二方向性の効果が消失し，再通電しても形状回復（収縮量）が減少したり，全く収縮しなくなることもある．そこで，図7に示す収縮端にマイクロスイッチを取り付け，印加電圧も可変にすると，この異常加熱が防止できる．

3.2　印加電圧の可変方法

印加電圧を可変する最も簡単な方法は，図8の回路図に示すようにトランジスタ1個でできるが，そのトランジスタは，使用するSMAの抵抗値の大小に応じてパワートランジスタ（ダーリントントランジスタ）を選定する．

パワートランジスタによる電圧可変は，供給電源が12 Vで，SMAの抵抗値が10 Ωで0.5 A流した場合，トランジスタは7 V × 0.5 A = 3.5 Wの負担になり発熱するので，放熱器を取り付ける必要がある．

図9は，発熱ロスの少ないPWM（Pulse Width Modulation パルス幅変調）による可変電圧回路である．同図では，タイマーIC 555とコンパレータで約200 Hzの周波数で，パルスのデューティー比を0～100%変えてNチャネルのMOS FETを駆動して，電圧を可変している．図10に示すように，Nチャネル MOS FETを使用してSMAの一端を電源側に接続すると，トランジスタと抵抗2本が不要となる．

表1は，二方向性ワイヤ（Ti-Ni-Cu）で長さが100 mmのときの抵抗値を，線径別に示したものである（参考値）．応答性と発生力の兼合いから，初めて通電加熱をする場合は，線径が150 μmで長さは200 mmくらいを使用するのがよい．冷却時の応答性を考慮すると線径が小さいほどよいが，発生力は φ150 μ で約1.47 N，ひずみを5%とすると150枚の1円玉を10 mm持ち上げることができる．ちなみに φ25 μ では1円玉3～5枚くらいしか持ち上げることはできない．

φ25 μm を使用する場合には，バイアスばねのばね定数が，9.8×10^{-4}/mm前後の引張りばねを選択する（市販では入手困難）．したがって，バイアス荷重には，ばねの代わりに1 gくらいの錘を使って定荷重バイアスとするのがよい．φ25 μm は応答性が高いうえ抵抗値も大きい

—192—

第1章 位置制御システム

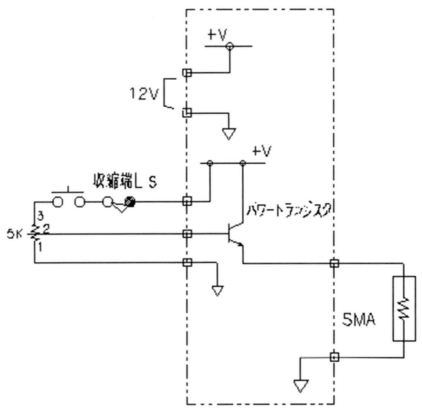

図8 パワートランジスタ駆動による電圧可変

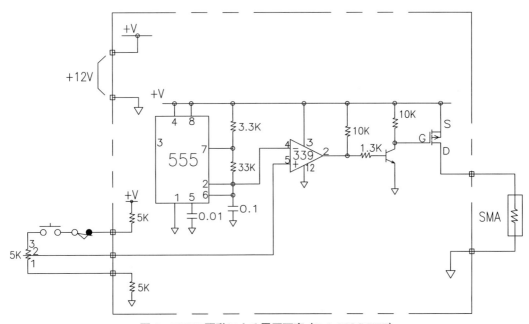

図9 PWM駆動による電圧可変（Pch MOS FET）

第IV部　アクチュエータ・センサの設計マニュアル

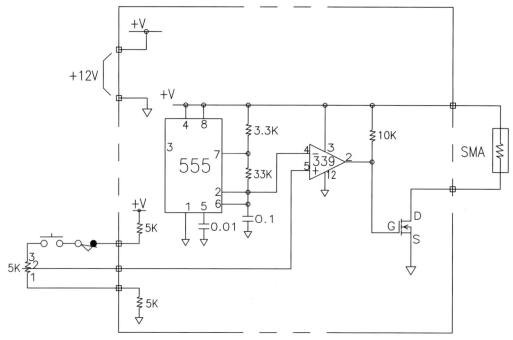

図10　PWM駆動による電圧可変（Nch MOS FET）

表1　長さ100 mmの線径と抵抗値（参考値）

線径（μm）	抵抗（Ω）
25	196.0
50	60.0
80	24.5
100	16.0
150	6.7
200	3.4

ため，20〜30 mAの微小電流で駆動でき，魅力的なワイヤである．しかし，25 μmという太さは人の髪の毛の1/3くらいであり，取扱いが厄介である．つまんだ感覚がなく床に落としたりすると，肉眼で探すのは困難であるため，材料の端にクラフトテープ等を貼って目印を付けておくのがよい．

　実際に通電ボタンを押して可変抵抗器で電圧を上下して伸縮することができても，止めたい位置に止めることは非常に困難である．唯一止めることができるのは，環境温度とSMAの温度が平衡になったときである．

3.3　SMAワイヤ駆動のアクチュエータをサーボ化するには

　電動モータを使用したサーボアクチュエータでは，位置，速度，推力（もしくはトルク）の制

御ができる．この制御は，外部に光学式エンコーダ等を取り付けることにより，常にモータの位置と速度の情報をフィードバックして，任意の位置決め制御を行うものである．前述したようにSMAワイヤは，サーボモータのようにエンコーダ等を必要としない，自己センサ内蔵型のムーブメントである．SMAワイヤは加熱・冷却による変位に応じて抵抗値が変化するため，抵抗値の変化を位置情報としてフィードバックすれば，位置の制御が可能になる．すなわち外部にセンサを必要としない自己センサ型アクチュエータといえる．

以下に，抵抗値を位置情報として制御する方法について述べる．

3.4　抵抗値の変化をフィードバックして位置制御するには

手動で伸縮動作をする場合，可変抵抗器を回して印加電圧を上下させる．このときの電圧の変化を，SMAの現在抵抗値を差動アンプにフィードバックすれば，抵抗値に相当する指令電圧と常に一致するように，SMAの電圧が制御される．抵抗値が一定になれば，その抵抗値に応じた変位を保持することになり，指令抵抗値に応じた任意の位置決めができる．**図11**は，抵抗値をフィードバックしたSMAアクチュエータの位置制御回路である．回路としては，多少複雑であるが，加熱／冷却中の現在抵抗値を検知してフィードバックする方法を理解するには，最適の回路である．メイン回路は，現在抵抗値を知るための割算回路部と差動アンプ部であり，割算ICはアナログマルチプライヤ（アナログ乗算器）を使用している．原理は，SMAの両端の電圧（V1 − V2）をSMAに流れる電流（$i = $ V2／5 Ω）で割れば，SMAの現在抵抗値となる．この抵抗値を差動アンプの反転入力に加えることで，抵抗値が小さくなれば電圧が上り，抵抗値が大きくなれば電圧が下がり，指令電圧と一致するようにSMAの両端の電圧を制御することになる．

パワー駆動部にある定電流ダイオードCD1は，起動時に微小電流を流して，制御電圧が負側に振れないようにするためのものである．指令電圧は，同図では可変抵抗器で指令抵抗値に相当する電圧，例えばSMAの抵抗値が10.3 Ωになる位置を保持するときには，電圧は1／10の1.03 Vとする．SMAの抵抗値は，形状回復変位大→抵抗値小，形状回復変位小→抵抗値大であるから，可変抵抗器を右回しで収縮，左回しで伸びにするには，可変抵抗器の端子2が右回しで端子1の方向へ行くように（回路図のように）接続する．

図11のポテンショメータPT1,2は，指令電圧がSMAの4～5％ひずみ時の抵抗変化値が変化範囲内で作動するように，電圧の上限，下限を設定している．下限の設定が小さすぎると過剰加熱になり，SMA形状回復機能を失うことになるので，注意する必要がある．この現在抵抗値をフィードバックする方法は，SMAアクチュエータの性能や，二方向性SMAワイヤの特性を調べるときに便利である．機構的に，リニアゲージを取り付けて図中の抵抗値モニターからデータロガー等に入力すれば，変位と抵抗値の特性が，データとして簡単に収集できる．さらにロードセルを取り付ければ，変位／抵抗値／発生力の関係のデータも収集できる．

3.5　計装アンプを用いた位置制御方法

前項で述べた回路に比べ，簡単な回路で位置制御ができる計装アンプ（Instrumentation Amplifier）を使用した方法を，**図12**に示す．計装アンプは通常，ひずみゲージ等で抵抗ブリッ

第IV部 アクチュエータ・センサの設計マニュアル

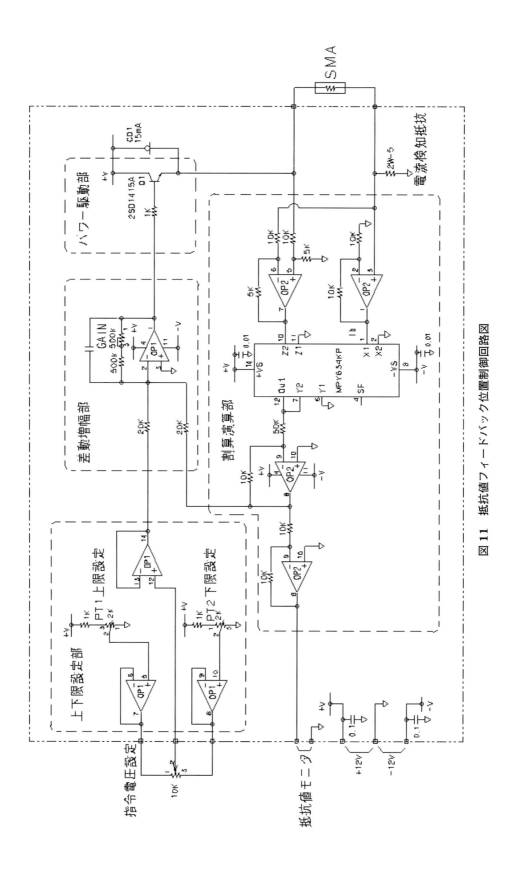

図11 抵抗値フィードバック位置制御回路図

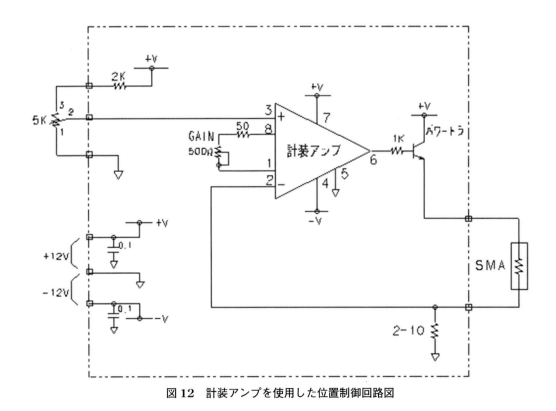

図 12　計装アンプを使用した位置制御回路図

ジを組み，抵抗値の差の微小変化を増幅するアンプとして使用されている．

　計装アンプの入力は，差動で＋入力と－入力の差にゲインを掛けた値がアンプの出力になる．SMAの抵抗値が小になると分圧抵抗 Rd の電圧 V2 も小になり，逆に抵抗値が大になると V2 も大になり，常に指令電圧と一致するようにアンプは動作する．部品点数も少なく計装アンプは数百円程度で入手できるので試作してみることをお勧めする．

3.6　パワー駆動部を PWM で制御する方法

　[3.2]で述べたように，パワー駆動をパワートランジスタで駆動すると発熱ロスが大きくなるため，図9，図10 の PWM による駆動回路を，図 12 の計装アンプを使用した位置制御回路に挿入すると，**図 13** のようになる．

3.7　力（推力，トルク）の制御方法

　通常の電動サーボモータでは，制御モードとして①位置制御，②位置制御＋電流制限，③トルク（推力）制御，④速度制御の4つの制御モードを選択することができる．

　これまで説明した SMA アクチュエータの回路では，図9 の抵抗値フィードバック位置制御回路のように①の位置制御以外の②電流制限，③推力制御，④速度制御はしていない．

　そこで，②の位置制御＋電流制限ができるように，図9 の回路図に点線部分を追加した回路図を，**図 14** に示す．図中の電流検知抵抗に流れる電圧を，電流設定器で分圧して，トランジスタ

第Ⅳ部 アクチュエータ・センサの設計マニュアル

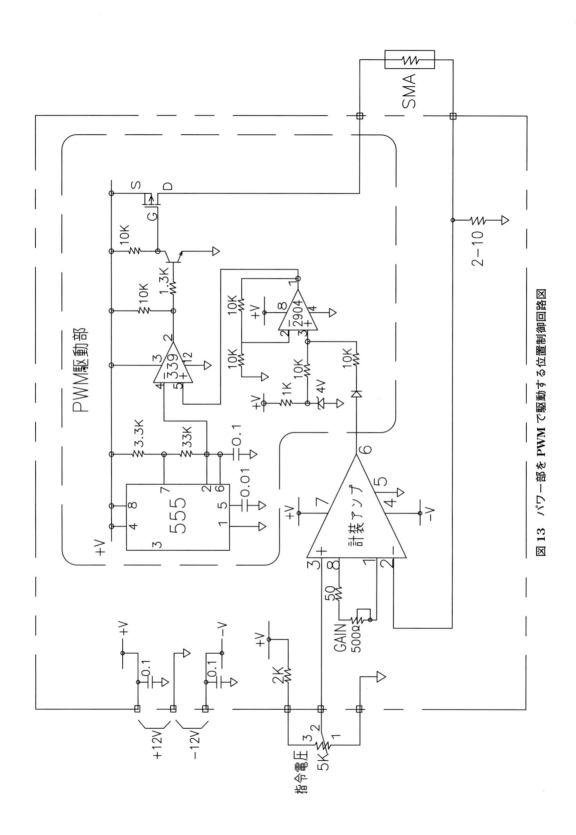

図13 パワー部をPWMで駆動する位置制御回路図

Q2 のベース電圧が 0.6 V 以上になると，パワートランジスタの電流が制限される．電流を制限することは，アクチュエータの力を制限することであるから，機構が直動型の場合には推力，回転型ではトルク制限になる．電流制限をかけると，目標位置に移動するときに障害等が発生し拘束されても，設定した電流制限値が定格値以内であれば，過電流が流れ SMA を焼損することはない．SMA にはダメージはなく拘束を解除すれば（障害等がなくなれば），目標位置に移動できる．

次に，③のトルク（推力）制御について述べる．電動サーボモータの場合，トルク制御は，電流の大小で回転する力を制御する．回転数の制御はしていないので，無負荷では，回転数は無限に回転しようとする（実際には，回転数の上限を設定できるようにしてある）．

SMA アクチュエータの場合も，同様に電流の大小で力を制御できるが，電流値によっては SMA は時間とともに徐々に加熱され，温度上昇が止まらず損傷するので，設定値が定格を越えないように注意する必要がある．

図 15 は，図 14 の回路にさらに電流制御を追加したものである．スイッチ S1 はニュートラルで起動 OFF，位置側で位置制御，電流側で電流制御と電流制限の制御を行う．SMA の定格に合った電流制限をかけておけば，誤って過剰電流を流しても損傷することはない．

3.8 外部センサを用いた位置制御方法

すでに述べたように，SMA をアクチュエータとして使うメリットの 1 つとして，外部にセンサを必要としない自己センサ型のムーブメントであることであるが，外部に取り付けたセンサで位置制御を行う方法を説明する．外部センサは光学式エンコーダでもポテンショメータでも，位置情報が得られれば種類は問わない．図 16 の制御回路と機構模式図に示すように，外部センサはスライド抵抗器としている．回路は前記の回路と比較すると，非常に簡単になっている．SMA とスライド抵抗器のレバーを連結し，SMA が伸縮すると抵抗器のレバーも動いて，位置指令の可変抵抗器の抵抗値とスライド抵抗器の抵抗値が一致したところで止まり，SMA の抵抗値がどのように変化しているかにかかわりなく制御できる．模式図にはスプリングコイルも記載してあるが，このコイルは SMA を圧縮ばね形状で成形し記憶処理したもので，二方向性の機能は有していない．

SMA コイルは，伸縮による変位と抵抗値の変化は関連性がほとんどないため，SMA ワイヤのように自己型センサとはならないが，魅力はある．SMA ワイヤの変位が 3~5% であるのに対し，SMA コイルは 100~200% の大きなひずみが可能である．

3.9 SMA ワイヤの拮抗制御方式

すでに述べたように，SMA ワイヤを伸縮するときには，必ずバイアスばねを必要とした．一方，バイアスばねを使わずに，SMA 二方向性ワイヤ同士を拮抗させる方法がある．図 17 の拮抗制御の模式図に示すように，長さが同じ 2 本の SMA ワイヤを通電 OFF の状態で連結し，SMA1 は直線の状態で，SMA2 は SMA1 が通電 ON で形状回復（収縮）する際に引張り負荷が加わらないよう，収縮量に相当する変位量を見込んで，弛んだ状態で両端を固定する．通電 ON

—199—

第Ⅳ部 アクチュエータ・センサの設計マニュアル

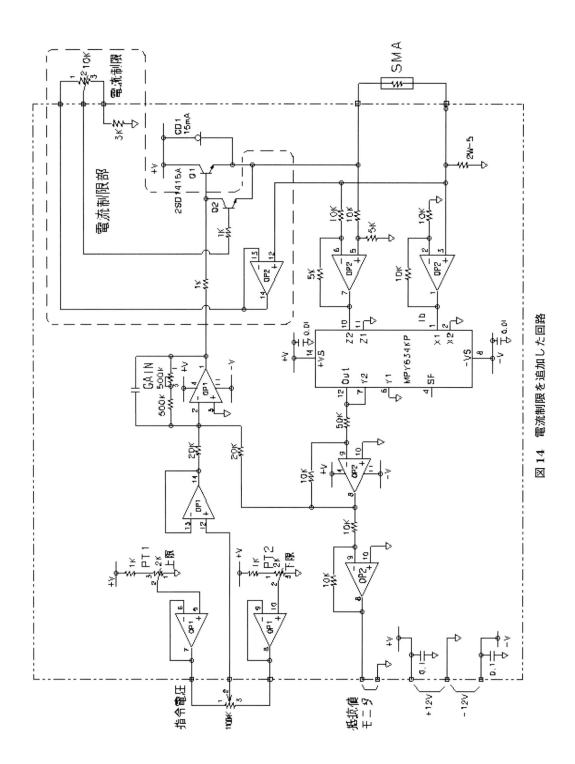

図14 電流制限を追加した回路

第1章 位置制御システム

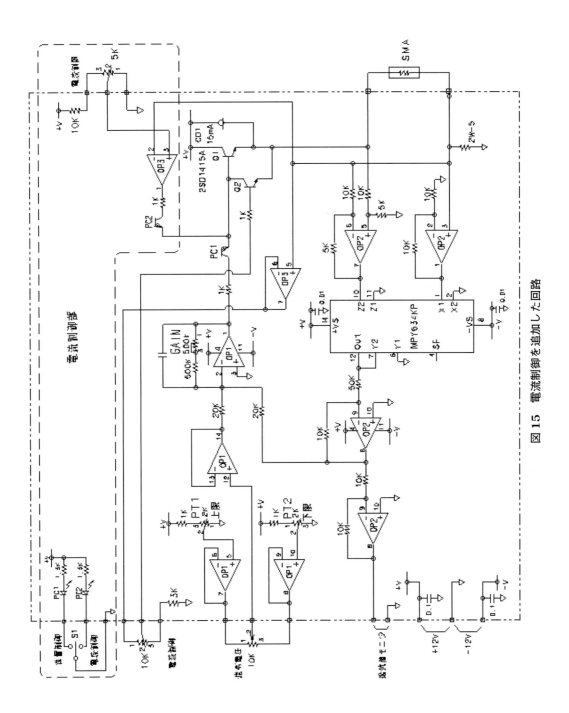

図15 電流制御を追加した回路

第Ⅳ部　アクチュエータ・センサの設計マニュアル

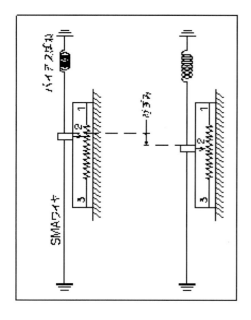
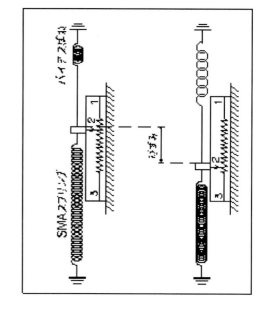

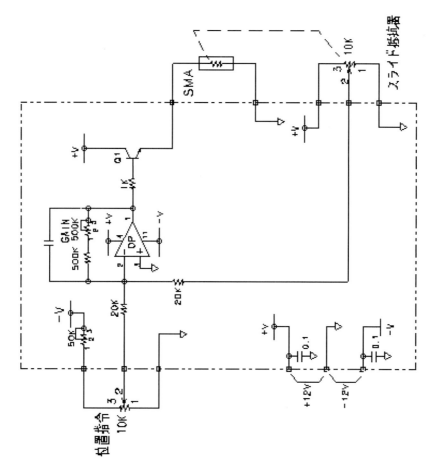

図16　外部センサを用いた位置制御回路

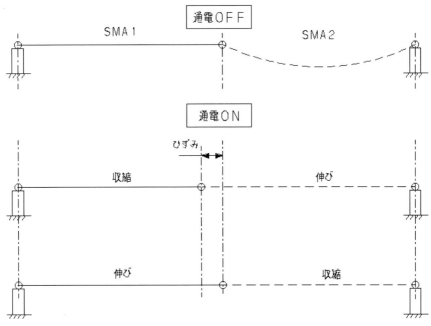

図 17 SMA ワイヤの拮抗制御模式図

で SMA1 が収縮すると SMA2 は伸び，逆に SMA1 が伸び，SMA2 は収縮して常に拮抗する制御をする．図 18 に，図 11 の回路に拮抗制御を追加した回路を示す．2 式の制御基板で拮抗制御をする回路図を，図 19 に示す．

しかし，拮抗方式を採用するメリットはほとんどなく，むしろデメリットの方が多い．一方の SMA を昇温する時は，他方は降温しなければならない．昇温速度は電流の大小で制御できるが，降温速度は環境温度に依存するため，応答速度は降温速度に依存することになり，応答速度が低下する．素材にもよるが，降温速度は昇温速度の 1/3〜1/6 となる．拮抗制御を採用したモデルを，[3.11.4] に示す．

3.10　位置制御システムの制御特性
3.10.1　各種バイアス方式による位置制御

各種のバイアス方式に対応した位置制御特性を評価するための装置を，図 20[1] に示す．使用したワイヤは，Ti-Ni-Cu，線径 0.156 mm，長さ 400 mm であり，各変態温度は，A_f = 350 K，A_s = 312 K，M_s = 336 K，M_f = 290 K である．本装置は，定荷重，ばねによるバイアス方式，および拮抗形方式による位置制御が可能である．拮抗形方式は，SMA ワイヤを同図に示すように，左右対称に配置したものであり，一方のワイヤ（SMA wire（1））が通電状態のときは，他方のワイヤ（SMA wire（2））は通電 OFF となる．バイアス力が定荷重の場合には，SMA wire（1）のみを使用する．また，バイアス力にばねを用いる場合には，同様に SMA wire（1）のみを用いる．外部負荷として，錘を用いた．また，用いたばねのばね定数は 0.0278 N/mm である．ばねはひずみ量に応じて負荷を変えるため，ばねの負荷は，試験中に生じたひずみ量の最大値および

第Ⅳ部　アクチュエータ・センサの設計マニュアル

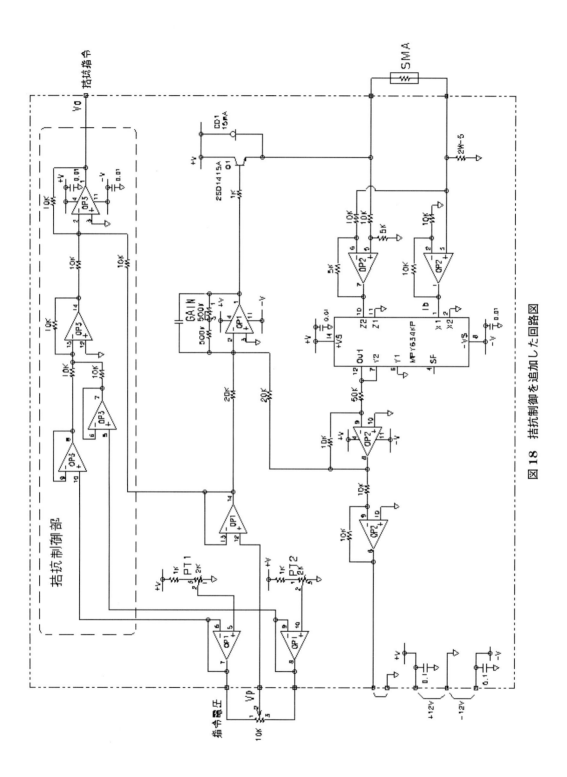

図18　抵抗制御を追加した回路図

-204-

第1章 位置制御システム

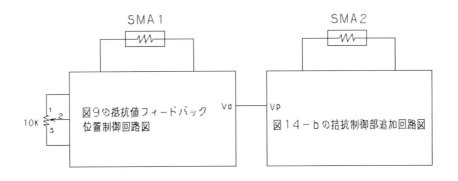

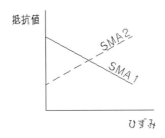

図19 拮抗制御ブロック図

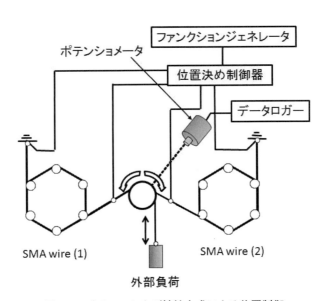

図20 バイアスおよび拮抗方式による位置制御

最小値から計算される負荷の平均値とした．

3.10.2 動特性および位置保持特性の評価方法

図21[1)]および図22[1)]は，動特性および位置保持特性の評価方法について示したものである．P_1は通電開始時の初期位置であり，P_2は制御目標位置である．制御開始時は，P_1から目標の

—205—

第Ⅳ部　アクチュエータ・センサの設計マニュアル

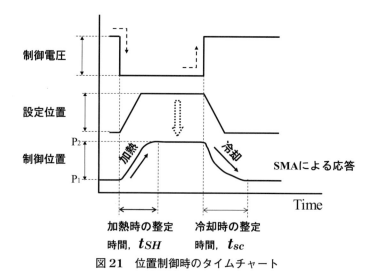

図21　位置制御時のタイムチャート

図22　位置保持特性の評価法

位置である P_2 への移動を行い，10秒間保持した後に初期位置である P_1 へと，再度移動する操作を行う．$P_1 \rightarrow P_2$ の制御時の整定時間 t_{SH}，整定速度 V_H および $P_2 \rightarrow P_1$ の制御時の整定時間 t_{SC}，整定速度 V_C は，図21，図22中および以下の式 (2)，(3) で定義する．また位置保持特性の評価として，$P_1 \rightarrow P_2$ 時には P_2 へ移動したあとの P_2 での保持，$P_2 \rightarrow P_1$ 時には，P_1 へ移動したあとの P_1 での保持中の位置誤差位 E および偏差 ΔS にて評価した．図17および以下の式 (4) ～ (7) に，位置誤差および偏差の計算方法を示す．ここで，各式における n は5である．

$$V_H = \frac{1}{n}\sum_{i=1}^{n} \frac{\{P_2(i) - P_1(i)\}}{t_{SH}(i)} \tag{2}$$

$$V_C = \frac{1}{n}\sum_{i=1}^{n} \frac{\{P_2(i) - P_1(i)\}}{t_{SC}(i)} \tag{3}$$

$$\Delta E_{P1} = \frac{1}{n}\sum_{i=1}^{n} \frac{|P_1(i) - P_1(i+1)|}{P_1(i)} \tag{4}$$

$$\Delta E_{P2} = \frac{1}{n}\sum_{i=1}^{n}\frac{|P_2(i)-P_2(i+1)|}{P_2(i)} \tag{5}$$

$$\Delta S_1 = \frac{1}{n}\sum_{i=1}^{n}\frac{\Delta P_1(i)}{P_1(i)} \tag{6}$$

$$\Delta S_2 = \frac{1}{n}\sum_{i=1}^{n}\frac{\Delta P_2(i)}{P_2(i)} \tag{7}$$

3.10.3 整定速度

　形状記憶合金の変態，逆変態温度は，外部負荷の増加とともに上昇するという特性をもっている．したがって，外部負荷が大きい場合には，逆変態に要する温度を高くする必要があり，加熱時のレスポンスが悪化することが予想される．図23[1]は，制御距離が3 mmの場合の各種バイアス方式における加熱時の整定速度と，外部負荷との関係を示したものである．バイアス方式にかかわらず，外部負荷の増加にともない整定速度が減少する傾向にあることがわかる．これは，第I部でも述べたように，応力の増加にともない逆変態温度が上昇し，逆変態に要する温度に達するまでの時間が長くなり，結果として整定時間が増加したためである．

　一方，冷却時においては，加熱時とは逆の変化を呈する．図24[1]は，制御距離3 mmにおける各種バイアス方式における冷却時の整定速度と外部負荷の関係を示している．図から，外部負荷の増加にともない整定速度が上昇していることがわかる．外部負荷の増加にともない，P_2へ移動させるために必要な温度が上昇するため，外部負荷が大きいほどP_2保持時のSMAワイヤの温度は高くなる．$P_2 \to P_1$へ移動するときは，図15に示すSMA wire (1) は通電OFFであり，自然冷却によりSMAワイヤの温度が低下する．このときの冷却速度は，SMAワイヤと環境温度（室温）との差に比例する．したがって，P_1へ移動する際の自然冷却による冷却速度は，外部

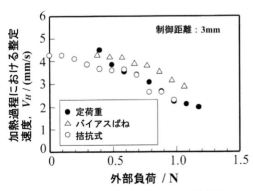

図23　各種バイアス方式における加熱過程における整定速度と外部負荷の関係

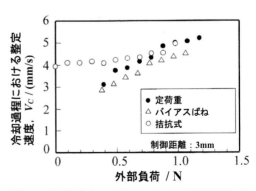

図24　各種バイアス方式における冷却過程における整定速度と外部負荷の関係

負荷が大きいほど早く，かつ外部負荷の増大にともない M_s 点も上昇する（M_s 点以下になると変形抵抗が減少する）ため，外部負荷が増大するにともない整定時間が減少し，結果として整定速度の増加を引き起こしたものと考えられる．

3.10.4 位置制御誤差

図 25[1] は，拮抗形アクチュエータを使用した場合の，制御距離と位置誤差との関係を示したものである．一方の SMA ワイヤ（SMA wire (1)）を通電加熱し，同時に他方の SMA ワイヤ（SMA wire (2)）を通電 OFF することにより，制御目標位置 P_2 での位置制御誤差 ΔE_{P2} および前記とは逆の通電加熱，OFF により，初期位置 P_1 での位置制御誤差 ΔE_{P1} は，ともに制御距離の依存性はほとんどなく，0.3％以内に納まっていることがわかる．この結果は，この拮抗形のアクチュエータがどのような制御距離であっても，繰返し安定した制御ができることを示唆している．

図 26[1] および図 27[1] は，各種バイアス方式において，初期位置 P_1 と制御目標位置 P_2 との制御を繰り返したときの，P_1 での位置制御誤差 ΔE_{P1} および P_2 での位置制御誤差 ΔE_{P2} と，外部負荷との関係を示したものである．ここで，制御距離は 3 mm である．拮抗形アクチュエータに

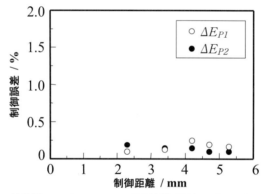

図 25　拮抗形アクチュエータの位置制御誤差と制御距離との関係

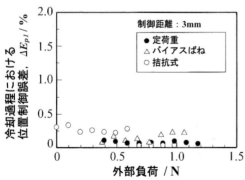

図 26　各種バイアス方式における初期位置への位置制御誤差と外部負荷との関係

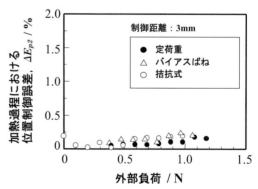

図 27　各種バイアス方式における制御目標位置への位置制御誤差と外部負荷との関係

第 1 章　位置制御システム

おける位置制御誤差 ΔE_{P1} は，外部負荷が 0.6 N 以下の小さい範囲では 0.3 % 程度の位置誤差が認められるが，0.7 N 以上での位置誤差はきわめて小さい．これに対し，定荷重のバイアス方式の位置制御誤差 ΔE_{P1} は，外部負荷の大小にかかわらず位置誤差はきわめて小さい．制御目標位置における位置制御誤差 ΔE_{P2} は，いずれの方式も外部負荷の増加にともない，わずかながら増加する傾向にあることが認められる．しかし，初期位置 P_1 および制御目標位置 P_2 への繰返し制御後の位置誤差は，いずれの方式も 0.3 % 以下と小さく，良好な位置制御が可能であることがわかる．

3.10.5　位置保持安定性

図 28[1] は，拮抗形アクチュエータにおける初期位置での位置保持安定性 ΔS_1，および制御目標位置での ΔS_2 と，制御距離との関係を示したものである．位置制御誤差と同様に制御距離の依存性はほとんどなく，また，一定保持時の変動は，0.5 % 以内と非常に小さな値であることがわかる．この結果からも，拮抗形アクチュエータが，制御距離にかかわらず優れた位置保持特性を有していることを示唆している．

図 29[1] および図 30[1] は，各種バイアス方式において初期位置から制御目標位置へ移動（$P_1 \rightarrow P_2$）後の，P_2 における位置保持安定性 ΔS_2，および制御目標位置から初期位置へ移動（$P_2 \rightarrow P_1$）後の，P_1 における位置保持安定性 ΔS_1 と，外部負荷との関係を示したものである．ここでの制御距離（移動距離）は 3 mm である．P_2 における位置保持安定性 ΔS_2 は，外部負荷の増大にともない増加し，安定性は低下する．また，P_1 における位置保持安定性 ΔS_1 は，外部負荷が抵負荷の範囲ではほとんど変化しないが，0.8〜1.0 N を超えると安定性が低下する．（$P_1 \rightarrow P_2$）への移動では，図 20 に示す SMA wire（1）が，通電加熱により形状回復して（$P_1 \rightarrow P_2$）へと移動するが，このとき wire（1）では，外部負荷と wire（2）の変形抵抗が負荷となる．ここで，wire（2）の変形量は 3 mm と一定であることから，wire（1）が形状回復し始める温度（As 点）は，外部負荷の増大にともない上昇する．一方，（$P_2 \rightarrow P_1$）への移動は，wire（2）の形状回復と外部負荷（錘）とにより，wire（1）を変形することになるため，wire（2）が負担する負荷は小さい（制御距離が小さいことに対応）．このため，P_1 における位置保持安定性 ΔS_1 は，外部負荷が小さい範囲内ではほぼ一定であり，外部負荷が大きく（0.8〜1.0 N 以上）なると（制御距離の増大に対応），安定性が低下したものと考えられる．

3.11　SMA ワイヤで動くモデル例

本項では，著者らが SMA ワイヤを用いて試作したモデルを紹介する．モデルでは，筏〜プレイスユニットとさまざまなアクチュエータであるが，使用した SMA ワイヤはいずれも二方向性ワイヤである．これらのモデルをヒントに，新規アクチュエータ等の開発・製作に参考となることを期待する．

3.11.1　SMA ワイヤで動く筏

図 31 は，SMA ワイヤを 8 本（φ 0.15 mm × 180 mm）使用して，羽根車を回転させて動く筏で

－209－

第Ⅳ部　アクチュエータ・センサの設計マニュアル

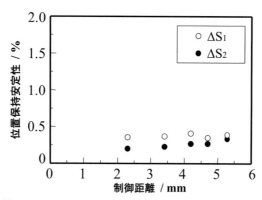

図28　拮抗形アクチュエータの位置保持安定性と制御距離との関係

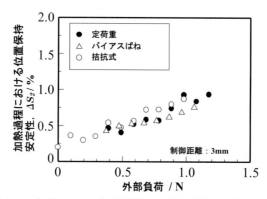

図29　各種バイアス方式における加熱過程での位置保持安定性と外部負荷との関係

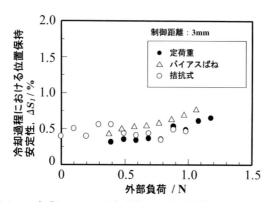

図30　各種バイアス方式における冷却過程での位置保持安定性と外部負荷との関係

ある．位置制御は行っていない．タイマーIC555のワンショットで通電時間を設定し，CMOSロジックのリングカウンタで8本のSMAワイヤの通電を次々に切り替えて，連続回転をさせる．1本で動かす角度は約45°，8本が全部動いて，増速ギアを介して2回転する．機構的には，ワイヤ1本ごとにワンウェイクラッチ1個を使って，SMAの冷却時に逆転しないようにしてい

-210-

第 1 章 位置制御システム

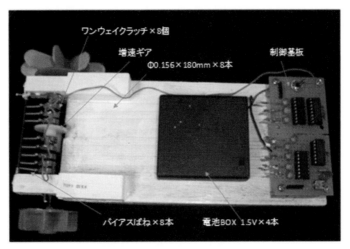

図 31 SMA ワイヤで動く筏

※口絵参照

る．ボディは発泡スチロール製で軽量であるため，筏の動きは良好である．

3.11.2 CCD カメラの自動雲台（パン／チルト）

図 32 は，旋回用に $\varphi 0.15\,\mathrm{mm} \times 250\,\mathrm{mm}$，仰角用に $\varphi 0.15\,\mathrm{mm} \times 160\,\mathrm{mm}$ の 2 本を使用した CCD カメラの位置の制御ができる雲台のモデルである．[3.4] の図 9 の，抵抗値フィードバック回路で製作した基板 2 枚を用いて，同時 2 軸で旋回（± 80°）と仰角（± 30°）を，任意の角度に位置決めすることができる．

3.11.3 SMA ワイヤ駆動の XY ステージ

図 33 は，$\varphi 0.15\,\mathrm{mm} \times 210\,\mathrm{mm}$ を 2 本使用して，スライダー 2 式を ± 5 mm に位置制御ができる，XY ステージである．[3.4] 図 11 の，抵抗値フィードバック回路で製作した基板 2 枚を用いて，ジョイスティックで左右，前後を，同時 2 軸で任意の位置に移動させることができる．

3.11.4 SMA ワイヤ駆動インチワーム式 X 軸ステージ

SMA ワイヤの「ひずみ」は 4% 程度であり，通常の金属と比べると（塑性変形しないひずみ範囲）大きいが，アクチュエータのムーブメントとすれば微小変位である．変位を拡大する方法は多々あるが，2 倍拡大すれば力は 1/2 となる．力を減少させずに変位量を増大（無限大）させるためには，SMA ワイヤの伸縮を繰り返したときに連続移動できる機構とすればよい．インチワーム機構を採り入れたモデルを図 34 に示す．SMA ワイヤは回転軸駆動に $\varphi 0.15\,\mathrm{mm} \times 160\,\mathrm{mm}$ を 4 本，クラッチに $\varphi 0.15\,\mathrm{mm} \times 80\,\mathrm{mm}$ を 1 本使用している．駆動部は，ワンウェイクラッチを付けたプーリを SMA ワイヤで伸縮すると，一方向に連続回転し，連結用クラッチを作動させて送りねじを回転させ，テーブルが直動する．バイアスばねは，本モデルでは使用せず，SMA ワイヤ同士で拮抗させて制御している．

第Ⅳ部　アクチュエータ・センサの設計マニュアル

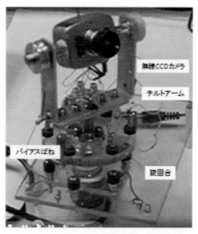

図32　SMAワイヤ駆動の自動雲台
※口絵参照

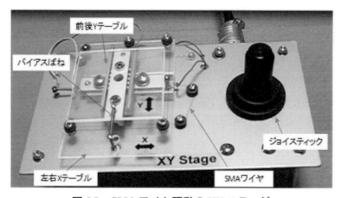

図33　SMAワイヤ駆動のXYステージ
※口絵参照

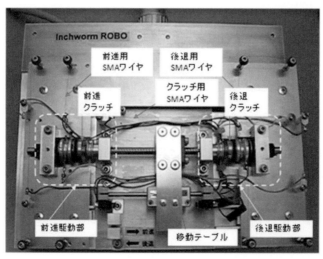

図34　SMAワイヤ駆動インチワーム式X軸ステージ
※口絵参照

3.11.5 SMAワイヤ駆動のパラレルリンク機構

図35は，φ0.15 mm × 215 mm × 3本を用いた，3次元制御動作をするパラレルリンク機構のモデルである．右側の機構を手動で操作すると，左側の機構が追従して動くマニピュレータ（manipulator）である．3本のスライドパイプの中には，SMAワイヤφ0.15 mm × 215 mmが内蔵され，右側のスライドパイプと連結されたスライドポテンショメータ×3式の動きに応じて，各々の抵抗値変化を指令として左側のSMAワイヤは伸縮し，可動デスクは3次元で動く．制御回路は，[3.4] 図11の抵抗値フィードバック回路で製作した基板3枚を使用している．

3.11.6 SMAワイヤ駆動のPPUモデル

ピック＆プレイスユニット（PPU: Pick and Place Unit）は，対象物をつまんで所定の位置に運んで置くユニットである．図36に，PPUのモデルを示す．φ0.15 mm × 150 mmのSMAワイヤを3本使用して，X,Y軸とグリッパを動かす．ストロークはX軸が20 mm，Y軸が5 mm，グリッパが5 mmである．X軸はストロークを大きくするために，リンクレバーで変位を4倍拡大している．グリッパーは位置制御＋力制御を行い，対象物の形状，硬軟に対応している．動作は図37に示すように，対象物を掴んで目標位置に置いたあと，置いたものを再度掴んで初期位置に戻る動作を繰り返す．

位置制御や力制御は，図38に示すように，制御マスタをシーケンサシステムで行っている．AD変換ユニットに，R1～3（1 Ω）の電圧とSMA1～3の電圧を入力し，電流を算出してSMAの電圧を電流で割れば現在抵抗値となる．現在抵抗値と指令抵抗値（目標位置）の差がゼロになるように，DAの出力でパワートランジスタを制御すれば，SMAは指令抵抗値の位置に変位する．

AD，DAの変換ユニットは12 bit（4000分解能）あれば，位置決め精度は0.05～0.1 mmの制御が可能である．シーケンサで制御すると，タッチパネルで移動ポジションを多点設定しておけば，種々の移動をシーケンシャルにて容易にできる．またリアルタイムで電圧，電流，抵抗がモニタできるので，外部にデータロガー等は不要であり，動作解析をするには便利である．図38

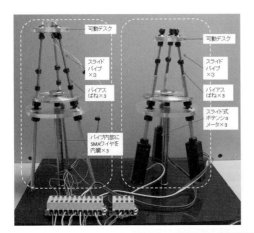

図35　SMAワイヤ駆動パラレルリンク機構モデル

※口絵参照

第Ⅳ部　アクチュエータ・センサの設計マニュアル

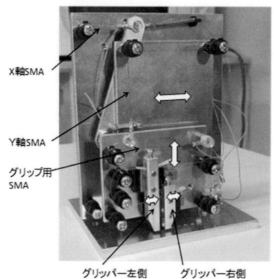

図36　PPU（ピック＆プレイスユニット）モデル
※口絵参照

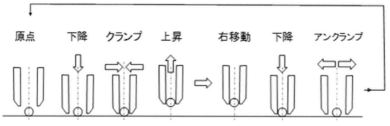

図37　PPU動作図

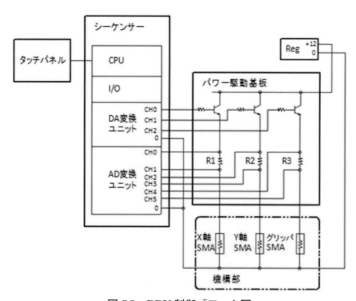

図38　PPU制御ブロック図

-214-

の制御ブロック図のシーケンサをマイコン（PIC，ARM，H8 等）に置き換えて制御することも，容易に可能である．

参考文献

1) Y. Takeda, Y. Kudo, T. Yamamoto, and T. Sakuma : *Trans. MRSJ*, **33**-4, 877（2008）.

第2章
1本の形状記憶合金線で温度とひずみを検知するセンサ

　通常，ひずみを検知する場合はストレインゲージ等を，温度を検知する場合は熱電対等を用い，回路的にはブリッジを組んで，基準抵抗値の差を計測アンプで増幅して測定する方法がとられている．この場合センサエレメントは，ストレインゲージおよび熱電対という，全く異なるタイプのセンサが必要となる．しかし，SMAワイヤを用い，引張れば伸びて抵抗値が増加し，環境温度が上昇すると縮み抵抗値が減少するという特性を応用すれば，「ひずみ」と「温度」の2つの物理量を，1つのエレメントで検知することが可能となる．精度面では，ストレインゲージ等を用いたひずみ測定器や，熱電対を使用した温度計には及ばないが，ひずみや環境温度が設定した値を超えたときに異常警報を発するための用途には，シンプルな回路で動作する最適なセンサである．ここで注意しなければならないのは，使用するSMAワイヤの変態温度である．逆変態開始温度A_s点が環境温度に近いと，環境温度のわずかな変化で作動してしまう．このために，使用するワイヤのA_s点は，検知対象となる温度よりも十分低いワイヤを使用することが重要である．なお，変態温度の調整方法については，第Ⅰ部第3章を参照いただきたい．

1　検知原理

　図1は，1本のSMAワイヤでひずみと温度を検知する原理図である．二方向性SMAワイヤを，定常時には弛んだ状態で筐体内に固定する．筐体が変形し，SMAワイヤが伸ばされれば抵抗値が大きくなり，内部温度が高温になるとワイヤは収縮し抵抗値は小さくなる．

2　回路図

　図2は，SMAワイヤに微小定電流を流し，SMAの抵抗値の変化を電圧に変換してポテンショ

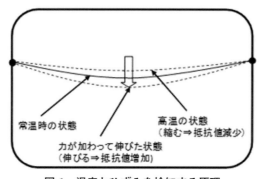

図1　温度とひずみを検知する原理

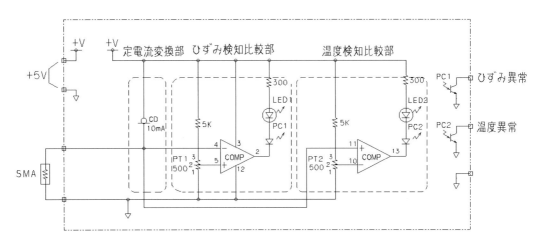

図2　ひずみと温度を検知する回路

メータPT1, 2で検知し, 設定した電圧と比較して, 基準値を越えたときにLEDが点灯して異常を知らせるシンプルな回路である. 外部出力を使えば, ブザーや無線で遠方に異常を知らせることも容易にできる.

3　応用への展望

　変形や異常温度が原因で大事故につながるような機器として, 例えばバッテリ, 変電トランス, 動力ケーブル等が考えられる. 圧力, 荷重, 引張り等の外部の作用力によるSMAワイヤの伸び, 環境温度上昇によるSMAワイヤの収縮, それらにともなう抵抗値の増減を検知して異常警報を出すことにより, 損傷, 焼損を未然に防ぐことができる.

第Ⅳ部　アクチュエータ・センサの設計マニュアル

第3章
超弾性 SMA をセンサとして使う方法

ここでは，SMA の超弾性特性を利用して SMA をセンサとして用いる方法について述べる．超弾性はまた疑似弾性とも呼ばれ，英語では superelasticity，略して SE と表記される．本章でも超弾性のことを SE と記す．A_f 点以上の温度環境において，SMA ワイヤに引張負荷を与えると変態をともなうひずみが生じる．このひずみは，通常の金属の弾性ひずみよりずっと大きい．しかるのち，負荷を取り去ると，逆変態により変態ひずみが消去され，ひずみは原点の値に戻る．このように，弾性変形ではないが弾性変形の場合と同じように，除荷によりひずみが原点に戻る現象を「超弾性」と呼んでいる．このとき SMA ワイヤの電気抵抗に注目すれば，SMA も金属であるから負荷をかければ（伸ばせば）抵抗値が増大し，除荷すれば（引張るのを止めると）元の抵抗値に戻ることになる．すなわち，SMA ワイヤの電気抵抗を測定することにより，荷重変動中のひずみを検出できることになる．

本章では，超弾性 SMA ワイヤ（SE ワイヤ）を振動センサとして使う場合について，続いて次の第4章では，SE ワイヤをマクロ的センサとして使う場合について述べる．

ここで，SE ワイヤを選定する際に，最も注意すべき変態温度について述べる．すでに述べたように，使用環境温度が，ワイヤの逆変態終了温度 A_f 点以上である必要がある．使用環境温度 T_a が，ワイヤの変態温度である A_s 点および A_f 点に対し，$A_s < T_a < A_f$ となる場合には，ワイヤへの外部負荷がゼロとなった場合でも元の長さには戻らない．その結果，抵抗値も初期の抵抗値には一致しなくなる．したがって，SE ワイヤを選定する場合には，使用環境温度が上下しても対応できるためには，ワイヤの A_f 点は使用環境温度よりも十分低いワイヤを選定する必要がある．なお，ワイヤの変態温度の調整方法については第Ⅰ部第3章を参照されたい．

1　SE ワイヤを用いた振動検知機構と原理

図1に示すように，振子を内蔵したケースが左右に揺れると振子も左右に振れ，P1 と P2 間に接続された SE ワイヤは錘が左側に振れると伸ばされ電気抵抗値は大になり，右側に振れると錘により収縮し抵抗値は小になる．その結果，錘の振れ角に応じて SE ワイヤの電気抵抗値が増減することになり，これを検出することにより，振動を電気的に検知できる．図2は，試作したモデルの写真である．アームの長さは 100 mm で錘は 5 円玉 4 個（4 g × 4 個 = 16 g），SE ワイヤの寸法は $\varphi 0.05$ mm × 130 mm である．

図3は，モデルをテーブルの上に固定してテーブルを左右に揺らしたときの，時間経過に対する振幅変化を示したものである．抵抗値の変化に応じて振幅が変化し，周期は変化しないのがわかる．

－218－

第 3 章　超弾性 SMA をセンサとして使う方法

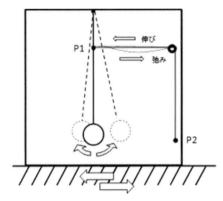

図 1　振り子による SE ワイヤ振動検知原理

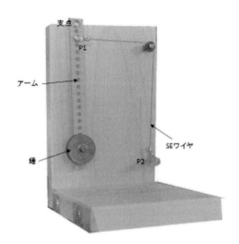

図 2　SE ワイヤ振動検知モデル
※口絵参照

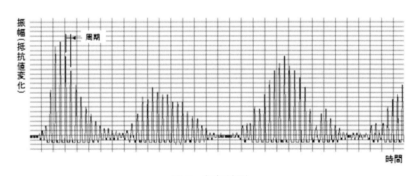

図 3　振幅波形

—219—

第Ⅳ部 アクチュエータ・センサの設計マニュアル

2 回路図

図4は，振幅（抵抗値）のレベルを大中小の3段階に分けて，設定抵抗値と比較して設定値以上になるとスピーカから音を鳴らして，振れの大きさを知らせる回路である．本回路では，比較基準値が小のコンパレータは小の基準値以上でON，比較基準値が中のコンパレータは中の基準値以上でONになる．発信周波数は中のときは小の2倍で，大のときは小の3倍の周波数としている．比較基準値の大，中，小に幅をもたせて個別に周波数を変えたい場合，各コンパレータはウィンドコンパレータにしなくてはならない．図5は，小の場合をウィンドコンパレータに

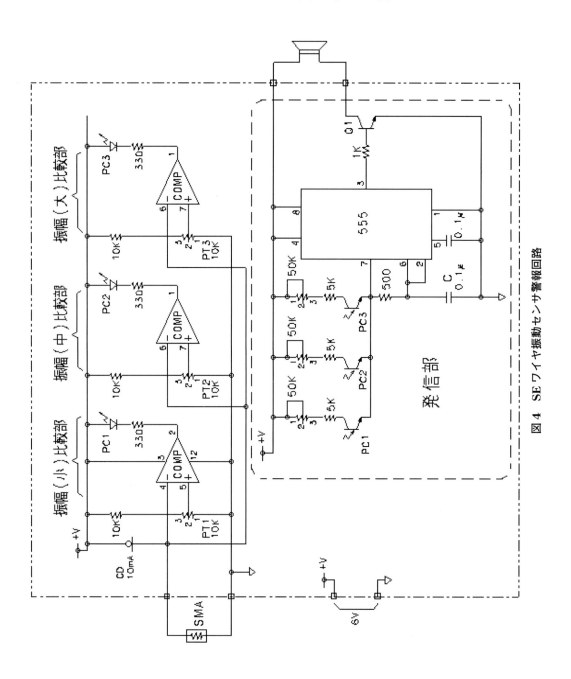

図4 SEワイヤ振動センサ警報回路

した場合の回路図である．

3 応用への展望

　1本のSEワイヤで振動の振幅と周期が検知できることを考慮すると，地震計への応用が考えられる．実際の地震計も振子を使って振幅，周期をペンオシロや錘を磁石にして，コイルを貫通するときの磁束の変化を，振幅，周期に変換して記録している．実際には東西で1台，南北で1台，上下で1台を1式として，地中に埋めて使用している．ここに提案した振動検知装置は，安価な簡易型地震警報装置として，家庭の柱に固定して使える可能性があるものと考えられる．

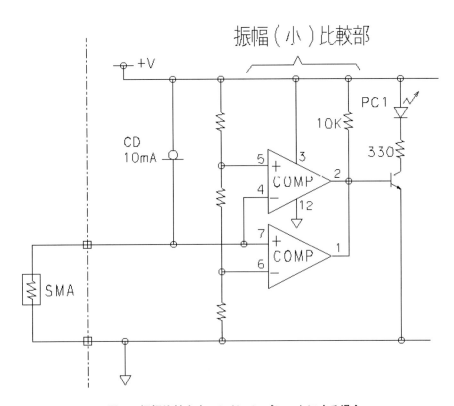

図5　振幅比較をウィンドコンパレータにする場合

第4章
マクロ的ひずみセンサ

1 マクロ的ひずみとは

　微小なひずみを測定するときには，通常，ひずみゲージ等を使用する．これらの機器は，ミクロ的（局所的）なひずみを測定するのに適している．しかし，測定対象物が大きくなればなるほど，ひずみゲージを多数個取り付け，個々の取付位置とひずみデータの相関処理が必要になる．そこで，巨大な対象物のひずみを1個のひずみセンサで測定できないかと考えたのが，SEワイヤである．巨視的に測定するということで，ここではマクロ的センサと称す．SEワイヤについては，3章で述べたように引張ると変態ひずみをともない通常の金属より大きく伸び，離すと元の長さに戻る．一般のひずみゲージの長さは数十mmであるが，SEワイヤは，数十〜数百mの長さの製造が可能である．この伸縮時の抵抗値の変化を，マクロ的ひずみセンサとして利用することが可能と考えられる．

2 ひずみセンサとして使用した場合の力の方向によるひずみ量の違い

　SEワイヤをひずみセンサとして使用するときの注意点として，測定ひずみのオーダを把握しておく必要があることがあげられる．同じ変位量が与えられた場合でも，それによって生じるひずみのモードが異なる場合は，生じるひずみ量が大きく異なることに注意する必要がある．図1に示すように，加わる力の方向が異なる場合は，発生するひずみの大きさが大きく異なる．例えば，長さ300 mmのワイヤが，直線方向に15 mm伸ばされたときのワイヤのひずみは5%である．同じ15 mmの変位を曲げ方向で与えると，SEワイヤのひずみは約0.5%となる．曲げ変位

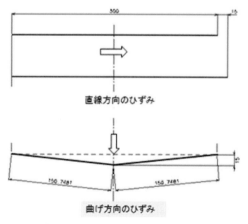

図1　加わる力の方向によるひずみ量の違い

によるひずみは，直線変位のひずみの10分の1にしかならない．変位が1.5 mmの場合は，曲げ変位によるひずみは，直線変位によるひずみの1/10以下になる．

3　建造物のひずみをSEワイヤで測定した場合

　ひずみ測定の対象物が巨大である例として，建造物をあげることができる．建造物は，国土交通省が建造物の構造に準じて耐震基準を定めている．例えば，鉄筋コンクリートでラーメン（Rahmen（独）：長方形に組まれた骨組み）構造の場合，鉄筋コンクリート層間変形角は200と規定されている．

　この層間変形角200は$\delta/h = 1/200$，すなわち高さhと変位δの比を意味している．図2は，建造物の高さhと水平の力による変位δを示した図である．表1に，SEワイヤの線径が0.025 mmと0.2 mmで，長さが300 mmと3000 mmの場合の，ひずみ[%]とそのときの抵抗値の変化量[Ω]を示す．

　線径が0.2 mmで長さが300 mmでは，抵抗値の変化は1.2 μΩと微小である．そのため，一般のテスタでは測定できず，微小な変化量を増幅する必要が生じる．通常ひずみゲージは，ホ

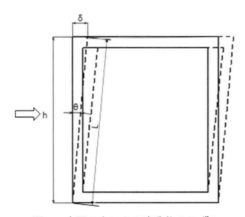

図2　水平の力による建造物のひずみ

表1　層間変形角＝200におけるSEワイヤ変位・ひずみ・抵抗値変化量

線径φ0.025 mm

高さh (mm)	変位δ (mm)	斜辺長さL (mm)	変形角 (θ)	ひずみ%	SEワイヤ 抵抗値 (Ω)	抵抗値 変化量 (Ω)
300	1.50	300.00375	0.28648	0.00125	559.5	0.00699
3000	15.00	3000.03750			5595.0	0.06994

線径φ0.20 mm

高さh (mm)	変位δ (mm)	斜辺長さL (mm)	変形角 (θ)	ひずみ%	SEワイヤ 抵抗値 (Ω)	抵抗値 変化量 (Ω)
300	1.50	300.00375	0.28648	0.00125	9.6	0.00012
3000	15.00	3000.03750			95.5	0.00119

第Ⅳ部　アクチュエータ・センサの設計マニュアル

イートストーンブリッジ回路を組んで，中間の電位の差を増幅する回路になっている．次項 [4] の回路図を参照されたい．

4　回路図

　SE ワイヤの抵抗値の微小変化を増幅する計装アンプ IC を用いた，基本回路を図3 に示す．SE ワイヤは 2 本使用しているが，これは環境温度の変化による抵抗値の変化の影響をなくすためである．一般的に，ひずみゲージアンプは抵抗ブリッジを組んで中間点の電位差を増幅するが，図に示す回路では，SE ワイヤに定電流を，比較電圧には一定電圧を与える回路を採用している．計装アンプは同相ノイズ除去（common mode rejection : CMR）が大きく，ゲイン用抵抗 1 個で差動増幅できる．図のワイヤ SE2 が伸びて抵抗値が大きくなると，V1 の電位が上がり，比較電圧 V2 との差 V1 − V2 を増幅する．本回路では，ゲインは 10000 倍増幅している．

　SE ワイヤとして ϕ0.025 mm × 3000 mmL のものを使用した場合，層間変形角が 200 のとき，アンプ出力は 1 V になる．

5　SE ワイヤを直線ひずみとして使用するマクロ的ひずみセンサ

　前項は曲げひずみを対象としたセンサであったが，直線でひずむ対象物として建造物，大地のすべり，地盤沈下等が考えられる．図4 に，建造物が鉛直荷重を受けた場合の変形状態を示す．SE ワイヤを，あらかじめ引張ひずみを与えた状態で建造物の側面に固定しておけば，建造物が鉛直方向へ縮んでも，SE ワイヤは弛むことなく直線状態で追従する．表2 に，直線ひずみ時の SE ワイヤの変位・ひずみ・抵抗値変化量を示す．前述の表2 と比較すると，直線ひずみは曲げひずみの 400 倍であり，抵抗値の変化量も 400 倍になるため，抵抗値の変化を増幅するときには，曲げ時の 1/400 ですむことになる．本回路のゲインは，10000 倍の 1/400 の 25 倍ですむ．信号を増幅するときには，必ずノイズ，温度ドリフトも増幅されるので，その点からはゲインが小さいほどよい．

6　応用への展望

　建造物の老朽化対策が急務になっている今日として，トンネルはもちろん橋（陸橋，地下道，歩道橋），ビル，ダム，原子力発電所等の建造物の異常ひずみの検知，地すべり，地殻変動等の異常検知として，コストパフォーマンスの高い，SE ワイヤのマクロ的ひずみセンサの実用化が期待される．

第4章 マクロ的ひずみセンサ

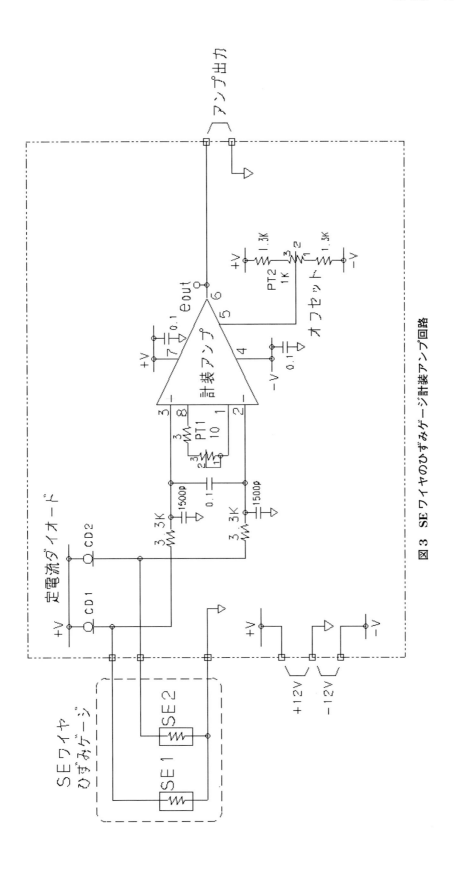

図3 SEワイヤのひずみゲージ計装アンプ回路

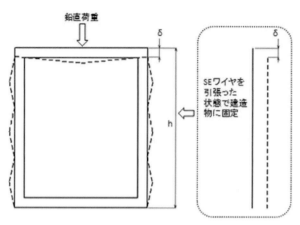

図4 鉛直荷重による建造物のひずみ

表2 直線ひずみ時のSEワイヤの変位・ひずみ・抵抗値変化量

線径 φ0.025 mm

長さL （mm）	変位δ （mm）	ひずみ%	SEワイヤ 抵抗値（Ω）	抵抗値 変化量（Ω）
300	1.50	0.5	559.5	2.79750
3000	15.00	0.5	5595.0	27.97500

線径 φ0.20 mm

長さL （mm）	変位δ （mm）	ひずみ%	SEワイヤ 抵抗値（Ω）	抵抗値 変化量（Ω）
300	1.50	0.5	9.6	0.04775
3000	15.00	0.5	95.5	0.47750

第 V 部

シミュレーションプログラム

山本　隆栄

はじめに
付録ソフトデータマニュアル

はじめに

　ここでは本書の付録として提供する形状記憶合金の変形・変態シミュレーションプログラムの紹介を行う．本シミュレーションプログラムは，「第Ⅱ部　変形挙動を表わすシミュレーション手法」の「第3章　現象論的構成式」で記述されている計算手法に基づいており，4種類の材料定数と，最大10ステップまでの垂直応力とせん断応力の組合せ，または，温度の変動負荷の負荷条件を入力することによって，形状記憶合金の複雑な変形・変態挙動をシミュレーションすることができる．「第2章　微視的変形・変態機構を考慮した構成式モデル」で記述されている計算手法と比べると，計算精度ではやや劣るものの，計算時間が大幅に削減されており非常に有効な計算手法である．また，本シミュレーションプログラムは，応力制御と温度制御に対応しており，ひずみ制御には対応していない．本シミュレーションプログラムを利用するにあたっては，先に「第Ⅱ部　変形挙動を表わすシミュレーション手法」を読まれることをお薦めする．また，本シミュレーションプログラムはくれぐれも自己責任にてご使用いただきたい．

第V部 シミュレーションプログラム

付録ソフトデータマニュアル

1 解析作業の流れ

図1にシミュレーションプログラムを用いた解析作業の流れを示す．解析作業は，入力データの作成，解析計算および結果の評価の3段階に分けることができる．

入力データの作成では，解析に必要な材料定数や負荷条件などの解析条件が記述された入力ファイルを，任意のテキストエディタを用いてアスキー形式で作成する．解析計算では，シミュレーションプログラムを起動し，作成した入力ファイルと解析結果が書き込まれる出力ファイルのファイル名を指定したのち，解析計算が実行される．結果の評価では，任意のグラフ作成ソフトで出力ファイルを読み込んでグラフを作成し，応力―ひずみ関係やひずみ―温度関係などの評価を行う．なお，出力ファイルにはアスキー形式でデータが書き込まれているので，多くのグラフ作成ソフトで読み込み可能である．

2 入力データの作成

入力ファイルを任意のテキストエディタを用いてアスキー形式で作成する．ファイル名の最大文字数は，拡張子を含めて半角で20文字までとする．付録として提供する入力ファイル sample.dat の入力データを，例として図2に示す．入力データは，材料定数 (MATERIAL CONSTANTS)，初期温度 (INITIAL TEMPERATURE) および負荷条件 (LOADING CONDITIONS) の3つの領域で構成されている．なお，この入力データは，第Ⅱ部第3章 [2.9] の「等応力モデルの応答計算例」で使用されている値に従って入力されている．

2.1 材料定数

材料定数の領域は，さらに7区分に分けて入力されている．1区分めから4区分めには，以下のように左から順に E14.4 形式で材料定数の値が入力されている．

1区分め：変態固有ひずみ E0 = 0.06928，母相の弾性定数 Ea = 65500 MPa，マルテンサイト相の弾性定数 Em = 14100 MPa，ポアソン比 POI = 0.3

2区分め：変態開始温度 M_s = 283 K，変態終了温度 M_f = 273.4 K，逆変態開始温度 As = 287.9 K，逆変態終了温度 297.3 K

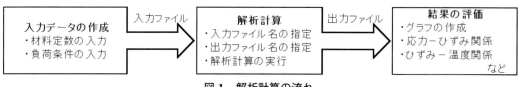

図1 解析計算の流れ

```
MATERIAL CONSTANTS
  E0           Ea           Em           POI                    ┐
   0.6928E-01   0.6550E+05   0.1410E+05   0.3000E+00  ] 1区分め
  Ms           Mf           As           Af                     │
   0.2830E+03   0.2734E+03   0.2879E+03   0.2973E+03  ] 2区分め
  Texp         Smsexp       Smfexp                              │
   0.3080E+03   0.3800E+03   0.4600E+03              ] 3区分め
  Sm0          Sms1         Smf1         Srv                    │
   0.5000E+01   0.2300E+02   0.9000E+02   0.1600E+03  ] 4区分め
  hardening                                                     │
   19                       ] 5区分め
  k     fk                                                      │
   10     0.2000E-05                                            │
   20     0.5800E-04                                            │
   30     0.1000E-03                                            │
  100     0.1200E-03                                            │
  200     0.1500E-03                                            │
  300     0.2000E-03                                            │
  400     0.3700E-03                                            │
  500     0.4800E-03                                            │
  600     0.7000E-03                                            │
 1400     0.7500E-03        6区分め                              材料定数
 1500     0.7000E-03                                            │
 1600     0.4800E-03                                            │
 1700     0.3700E-03                                            │
 1800     0.2000E-03                                            │
 1900     0.1500E-03                                            │
 1970     0.1200E-03                                            │
 1980     0.1000E-03                                            │
 1990     0.5800E-04                                            │
 2000     0.2000E-05                                            │
  fe                                                            │
    0.5000E-01                                                  │
    0.5000E-01                                                  │
    0.5000E-01                                                  │
    0.7000E+00        7区分め                                    │
    0.5000E-01                                                  │
    0.5000E-01                                                  │
    0.5000E-01                                                  ┘
                      ] 空行
INITIAL TEMPERATURE                                   ] 初期温度
   0.2900E+03
                      ] 空行
LOADING CONDITIONS                                    ┐
   4                       ] 1区分め
  Inc          Normal       Shear        Temp                   │
    0.5000E-01   0.0000E+00   0.0000E+00   0.2700E+03           負荷条件
    0.1000E+01   0.1200E+03   0.0000E+00   0.2700E+03 ] 2区分め
    0.1000E+01   0.0000E+00   0.0000E+00   0.2700E+03           │
    0.5000E-01   0.0000E+00   0.0000E+00   0.2980E+03 ┘
```

図2　入力データ

第V部　シミュレーションプログラム

　　　3区分め：変態応力測定温度 Texp = 308 K，変態開始応力 Smsexp = 380 MPa，変態終了
　　　　　　　応力 Smfexp = 460 MPa
　　　4区分め：Ms における変態開始応力 Sms0 = 5 MPa，Mf における変態開始応力 Sms1 =
　　　　　　　23 MPa，Mf における変態終了応力 Smf1 = 90 MPa，逆変態開始応力 Srv =
　　　　　　　160 MPa

　5区分めと6区分めは，各エレメントの体積分率に関する入力データである．計算には2000
個のエレメントの体積分率が必要であるが，すべてを算出して入力するのは現実的ではない．そ
こで作業を簡略化するために，硬化域の応力を2000等分された加工硬化曲線を，適切な数の区
分線形曲線に近似して区分毎に体積分率を算出し，同一区分内のエレメントには同一の体積分率
の値を与えるようにした．5区分めには区分線形曲線の分割数がI5形式で入力されており，図2
では19分割されている．6区分めには各区分に含まれるエレメントの最も大きな番号 k がI5形
式で，各区分の体積分率 fk が E14.4 形式で入力されている．なお，k の最後の値は必ず2000で
ある．

　7区分めには7つのサブエレメントの値が，E14.4 形式で順次入力されている．図2のこれら
の値には第Ⅱ部第3章の表1の値を用いており，通常はこれらの値から変更する必要はない．

2.2　初期温度

　解析の初期条件として，初期温度をE14.4形式で入力する．図2では初期温度として290 K が
入力されている．応力の初期条件は入力する必要はなく，0 MPa が自動的に設定される．

2.3　負荷条件

　負荷条件の領域は2区分で構成されている．1区分めには変動負荷のステップ数がI5形式で
入力されている．図2のステップ数は4であるが，最大10ステップまで入力可能である．2区
分めには各ステップにおける負荷の増分量 Inc と，垂直応力 Normal，せん断応力 Shear および
温度 Temp の最終値が，左から順に E14.4 形式で入力されている．各ステップにおいて垂直応力
とせん断応力の両方を変動させてもよいが，応力と温度を同時に変動させることはできない．
増分量 Inc は絶対値で入力し，応力が変動するステップでは1程度，温度が変動するステップで
は0.05程度を入力すればよい．より詳細な解析データを得たい場合は，それらよりも小さい値
を入力する．なお，図2の変動負荷は，
　　　ステップ1：温度が初期温度290 K から270 K まで減少
　　　ステップ2：垂直応力が0 MPa から120 MPa まで増加
　　　ステップ3：垂直応力が120 MPa から0 MPa まで減少
　　　ステップ4：温度が270 K から298 K まで増加
となっている．

　また，計算は母相から始めるようになっているので，マルテンサイト相の計算を始めるために
は初期温度を Af 点以上にして，変動負荷のステップ1で温度を Mf 点以下まで低下させる必要が
ある．

図3　入力ファイル名の入力画面

図4　出力ファイル名の入力画面

図5　解析計算終了画面

第Ⅴ部　シミュレーションプログラム

3　解析計算

　解析を始めるために，シミュレーションプログラム ssma.exe をダブルクリック，またはコマンドプロンプトを起動し，ssma.exe が保存されているフォルダで ssma と入力してプログラムを起動させる．

　プログラムが起動すると入力ファイル名の入力待ち状態になるので，**図3**のように「Input file name :」というメッセージに続いて入力ファイル名を入力する．図3では「sample.dat」というファイル名が入力されている．

　入力ファイル名の入力が終わると出力ファイル名の入力待ち状態になるので，**図4**のように「Output file name :」というメッセージに続いて出力ファイル名を入力する．図4では「output.dat」というファイル名が入力されている．出力ファイル名の最大文字数も，拡張子を含めて半角で20文字までである．

　出力ファイル名の入力が終わると計算が始まり，「Calculating…」というメッセージが表示され，計算が終了すると**図5**に示すように「Completed!」というメッセージが表示される．

ipath	istep	e33	s33	2*e31/r3	s31*r3	temp
0	1	0.0000E+00	0.0000E+00	0.0000E+00	0.0000E+00	0.2900E+03
1	2	0.0000E+00	0.0000E+00	0.0000E+00	0.0000E+00	0.2899E+03
1	3	0.0000E+00	0.0000E+00	0.0000E+00	0.0000E+00	0.2899E+03
1	4	0.0000E+00	0.0000E+00	0.0000E+00	0.0000E+00	0.2898E+03
1	5	0.0000E+00	0.0000E+00	0.0000E+00	0.0000E+00	0.2898E+03
1	6	0.0000E+00	0.0000E+00	0.0000E+00	0.0000E+00	0.2897E+03
1	7	0.0000E+00	0.0000E+00	0.0000E+00	0.0000E+00	0.2897E+03
1	8	0.0000E+00	0.0000E+00	0.0000E+00	0.0000E+00	0.2896E+03
1	9	0.0000E+00	0.0000E+00	0.0000E+00	0.0000E+00	0.2896E+03
1	10	0.0000E+00	0.0000E+00	0.0000E+00	0.0000E+00	0.2895E+03
1	11	0.0000E+00	0.0000E+00	0.0000E+00	0.0000E+00	0.2895E+03
1	12	0.0000E+00	0.0000E+00	0.0000E+00	0.0000E+00	0.2894E+03
1	13	0.0000E+00	0.0000E+00	0.0000E+00	0.0000E+00	0.2894E+03
1	14	0.0000E+00	0.0000E+00	0.0000E+00	0.0000E+00	0.2893E+03
1	15	0.0000E+00	0.0000E+00	0.0000E+00	0.0000E+00	0.2893E+03
1	16	0.0000E+00	0.0000E+00	0.0000E+00	0.0000E+00	0.2892E+03
1	17	0.0000E+00	0.0000E+00	0.0000E+00	0.0000E+00	0.2892E+03
1	18	0.0000E+00	0.0000E+00	0.0000E+00	0.0000E+00	0.2891E+03
1	19	0.0000E+00	0.0000E+00	0.0000E+00	0.0000E+00	0.2891E+03
1	20	0.0000E+00	0.0000E+00	0.0000E+00	0.0000E+00	0.2890E+03
1	21	0.0000E+00	0.0000E+00	0.0000E+00	0.0000E+00	0.2890E+03
1	22	0.0000E+00	0.0000E+00	0.0000E+00	0.0000E+00	0.2889E+03
1	23	0.0000E+00	0.0000E+00	0.0000E+00	0.0000E+00	0.2889E+03
1	24	0.0000E+00	0.0000E+00	0.0000E+00	0.0000E+00	0.2888E+03
1	25	0.0000E+00	0.0000E+00	0.0000E+00	0.0000E+00	0.2888E+03
1	26	0.0000E+00	0.0000E+00	0.0000E+00	0.0000E+00	0.2887E+03
1	27	0.0000E+00	0.0000E+00	0.0000E+00	0.0000E+00	0.2887E+03
1	28	0.0000E+00	0.0000E+00	0.0000E+00	0.0000E+00	0.2886E+03
1	29	0.0000E+00	0.0000E+00	0.0000E+00	0.0000E+00	0.2886E+03
1	30	0.0000E+00	0.0000E+00	0.0000E+00	0.0000E+00	0.2885E+03

図6　出力データ

4 結果の評価

解析計算が終了すると，アスキー形式でデータが書き込まれた出力ファイルが作成されている．出力ファイルの一部を抜粋して図6に示す．出力データは左から順に，変動負荷のステップ番号 ipath，計算ステップ istep，垂直ひずみ e33，垂直応力 s33，せん断ひずみ 2*e31/r3，せん断応力 s31*r3 および温度 temp の値が並んでいる．これらのデータを用いて，応力—ひずみ関係やひずみ—温度関係などのグラフを作成し，解析計算の評価を行う．

索 引

アルファベット順

B

Brinson らのモデル ……………………… 104

C

Clausius-Duhen 不等式 ……………… 105
Cu 濃度 …………………………………… 5

D

de-twinned (oriented)
　マルテンサイト変態 ………………… 104
DSC ……………………………………… 19

E

EPMA ……………………………………… 179

M

Mises の相当応力 ………………………… 81

N

Nb 濃度 …………………………………… 167
Ni/Ti 比 ………………………………… 167
Ni 濃度 …………………………………… 18

P

PWM ……………………………………… 192

S

SEM ……………………………………… 179

T

twinned マルテンサイト変態 …………… 104

五十音順

あ

アキュミュレータ ……………………… 146
アクチュエータ機能 …………………… 6
アコモデーション ………………… 60, 62, 64
アコモデーションモデル ………… 59, 65
アナログマルチプライヤ ……………… 195
安定き裂成長 …………………………… 39

い

一方向性 ………………………………… 188
逸散式 …………………………………… 109

う

渦巻ばね形熱エンジン ………………… 156

え

エクセルギ的利用 ……………………… 129
エネルギ貯蔵 ……………………… 131, 149
エネルギ変換効率 ……………………… 144
エネルギ変換システム ………………… 146
エネルギ変換素子 ………………… 7, 131

エレメント	87	過冷却	19
エレメント A	87	環境温度	127
エレメント B	87		
エンジン出力	137		
エンタルピ的利用	129		

き

円筒試験片	82	記憶処理温度	125
エントロピ	105	記憶熱処理	6
		機械的性質の測定	50

お

		疑似弾性	218
		拮抗型連結	124
オイラー角	66	拮抗制御	199
応力振幅	137	機能劣化	37
応力制御	95	逆変態	64
応力テンソル	113	逆変態温度	89, 127
応力誘起	5	逆変態開始応力	232
応力誘起変態	85	逆変態開始温度	230
オフセットクランク型	134	逆変態開始温度（A_s 点）	5
温水流量	148	逆変態終了温度	230
温度依存性	39, 62	逆変態終了温度（A_f 点）	4
温度応答性	5, 125	逆変態条件	68
温度感受性	6	吸熱反応	49
温度上昇分	128	強制対流	124
温度誘起変態	85	局所応力	111
		き裂発生起点	39

か

く

介在物	39	駆動力	19
解析計算	230		

け

回復仕事量	140		
回復ひずみ	32	形状回復	188
回復力	6	形状記憶効果	6, 63, 80
可逆形状記憶効果	12	形状記憶合金	59, 60
拡管	163	計装アンプ	195
加工硬化	68	結晶面	14
加工硬化曲線	97	結晶粒	66
荷重制御	184	結晶粒座標	70, 113
カスケード形変換システム	155	結晶粒方位	66
加熱温度	127	現象論的構成式	59, 84, 229
過熱温度	34	減衰性	8
加熱時間	137		
過熱度	7, 19		
加熱 / 冷却時間	137		

こ

合金組成	18
格子変形	60
構成式	59
拘束加熱	22
コンパティビリティ	65

さ

サイクル周期	137
再結晶	164
再結晶温度	19
最大出力	139
再配列	10
再配列条件	69
再配列バリア応力	69
材料定数	76, 96, 229
差動プーリ型	134
座標変換	70
座標変換公式	114
サブエレメント	87
酸洗い	43
散逸エネルギ	131
酸化被膜	43
残留ひずみ	14, 32, 62
残留マルテンサイト相分率	14

し

軸力・ねじり試験	82, 101
時効	4
時効時間	22, 179
時効試験	163
時効処理	20, 164
自己調整	62
示差走査熱量測定（DSC）	76
自然冷却	124
磁場駆動形形状記憶合金	6
シミュレーション	229
シミュレーションプログラム	229
斜板型	134

す

水中急冷	179
垂直応力	68
すべり	14
すべり臨界応力	11
寸法効果	140

せ

析出物	4, 46, 165
遷移領域	89
センサ機能	6
全仕事量	143
全ひずみ	94
全ひずみ理論	86
線膨張係数	183
全有効ひずみエネルギ	143

そ

層間変形角	223
双晶変形	60
相当変態ひずみ	81, 93
相変態	68
塑性変形	14, 108
存在確率密度	66

た

体積分率	66, 232
多結晶合金	14
田中のモデル	101
弾性回復	156
弾性回復ひずみ	11, 171

こ

収束計算	75
出力データ	235
出力ファイル	230
シュミットテンソル	115
晶癖面	60
初期温度	230

弾性定数	230	内部構造	84
弾性ひずみ	94	内部変数	84, 106
鍛造	175	内部摩擦	8
鍛錬係数	175		

ち

超弾性	6, 63
超弾性挙動	78
超弾性サイクル	24, 126

つ

通電加熱	124

て

低温廃熱	129
抵抗値制御	45
抵抗率	191
低弾性係数	6
転位	12, 164
転位密度	35
電解研磨	42
電気抵抗	44, 123
電気抵抗―温度	44

と

等応力モデル	59, 84
等ひずみモデル	65
動力回収	133
動力回収システム	131
特性評価試験法	49
徳田のモデル	102
トレーニング	12

な

内部エネルギ	105
内部応力	59
内部応力場	12

に

二方向	188
二方向形状記憶効果	12
二方向性	4
入力データ	230
入力ファイル	230

ね

熱エンジン	7, 134
熱エンジンの作動原理	136
熱間加工	174
熱間加工率	163, 175
熱間鍛造	179
熱間プレス加工	163
熱交換器	148
熱効率	144
熱処理温度	4, 164
熱処理条件	125
熱・力学サイクル	24, 126
熱力学第2法則	105
熱力学的駆動力	110

は

バイアス	188
バイアスばね	122
バイアス力	124
廃熱温度	130, 151
パイプ継手	5, 8, 162
破断応力	168
破断ひずみ	168
発電機	146
発展式	110
発熱反応	49
パラレルリンク	213
バリアント（兄弟晶）	60

パワーレシオ……………………………… 191

ひ

ヒートポンプ的利用………………………… 129
引抜強度…………………………… 163, 182
非拘束加熱…………………………………… 22
ヒステリシス………………………………… 78
ひずみエネルギ…………………………… 131
ひずみ—温度曲線…………………………… 11
ひずみ制御…………………………………… 95
ひずみテンソル…………………………… 113
ピック＆プレイスユニット……………… 213
比抵抗—温度関係…………………………… 44
非比例負荷…………………………………… 82
表面処理……………………………………… 42
疲労寿命…………………………………… 38, 136

ふ

不安定破壊…………………………………… 38
負荷条件…………………………………… 229
物質点………………………………………… 66
不働態領域…………………………………… 43
部分逆変態…………………………………… 89
部分変態……………………………………… 89
部分要素……………………………………… 65
不変量理論…………………………………… 82
分解せん断応力……………………………… 68
分散形独立電源…………………………… 155

へ

平均応力…………………………………… 111
並列構造……………………………………… 66
β -rule…………………………………… 108
ベクトルおよびテンソルの変換則……… 113
ヘルムホルツの自由エネルギ…………… 105
変換素子数………………………………… 150
変形応力……………………………………… 27
変形仕事量………………………………… 140
変形・変態挙動…………………………… 229

偏差応力……………………………………… 86
変態…………………………………………… 64
変態応力………………………………… 62, 68
変態応力相互作用線（面）………………… 81
変態応力の温度依存性……………………… 70
変態応力ヒステリシス……………………… 6
変態温度………………… 4, 62, 89, 125, 127
変態温度ヒステリシス…………… 5, 6, 127
変態開始応力…………………………… 80, 232
変態開始温度……………………………… 230
変態開始温度（M_s 点）…………………… 5
変態開始 / 終了温度差 ……………… 20, 125
変態（逆変態）開始 / 終了温度の差 …… 12
変態挙動……………………………………… 59
変態駆動応力………………………………… 68
変態限界応力………………………………… 54
変態固有ひずみ………………… 60, 93, 230
変態システム…………………………… 59, 60
変態システム座標………………………… 113
変態終了応力……………………………… 232
変態終了温度……………………………… 230
変態終了温度（M_f 点）…………………… 5
変態条件……………………………………… 68
変態—塑性相互作用……………………… 108
変態特性の劣化…………………………… 108
変態ピーク温度……………………………… 25
変態ひずみ……………………………… 11, 94
変態方向……………………………………… 59
変態面…………………………………… 59, 77
変態誘起応力………………………………… 11
変動負荷…………………………………… 229

ほ

ポアソン比………………………………… 230
母相………………………………………… 11, 60
母相（オーステナイト相）………………… 60

ま

マクロ座標………………………………… 113
マクロ座標系………………………………… 70

マルテンサイト……………………… 60
マルテンサイト再配列……………… 86
マルテンサイトの再配列…………… 64
マルテンサイトバリアント………… 10
マルテンサイトバリアントの再配列…… 156
マルテンサイト変態………………… 60

み

見かけの弾性係数…………………… 14
未利用エネルギ……………………… 133

ゆ

油圧モータ…………………………… 146
有効仕事量…………………………… 137
優先方位……………………………… 64

よ

溶体化処理……………………… 19, 165
余剰エネルギ………………………… 131
予ひずみ………………………… 14, 125
予変形………………………………… 22

ら

ラグランジェ乗数…………………… 107

り

力学的エネルギ……………………… 131
利用効率……………………………… 130

る

累積二方向ひずみ…………………… 16
累積ひずみエネルギ………………… 126

れ

冷間加工……………………………… 19
冷間加工率……………………… 19, 128
冷却時間……………………………… 137
冷却水温度…………………………… 139
レシプロ型…………………………… 135

わ

ワンウェイクラッチ………………… 158

形状記憶合金 産業利用技術

基礎およびセンサ・アクチュエータの設計技法

発行日	2016年7月27日　初版第一刷発行
発行者	吉田　隆
発行所	株式会社エヌ・ティー・エス
	〒102-0091 東京都千代田区北の丸公園 2-1 科学技術館2階
	TEL.03-5224-5430　http://www.nts-book.co.jp
印刷・製本	日本ハイコム株式会社

ISBN978-4-86043-448-9

ⓒ 2016　佐久間俊雄, 鈴木章彦, 竹田悠二, 山本隆栄

落丁・乱丁本はお取り替えいたします。無断複写・転写を禁じます。定価はケースに表示しております。
本書の内容に関し追加・訂正情報が生じた場合は、㈱エヌ・ティー・エスホームページにて掲載いたします。
※ホームページを閲覧する環境のない方は、当社営業部(03-5224-5430)へお問い合わせください。